U0214907

# 高温下的铁磁链方程及其数学理论

郭柏灵　李巧欣　曾明　李方方　裴一潼　著

浙江科学技术出版社

**图书在版编目（CIP）数据**

高温下的铁磁链方程及其数学理论 / 郭柏灵等著.
—杭州：浙江科学技术出版社，2023.8

ISBN 978-7-5341-8658-5

Ⅰ.①高… Ⅱ.①郭… Ⅲ.①铁磁性－偏微分方程
Ⅳ.①O482.52

中国版本图书馆 CIP 数据核字（2022）第 028755 号

高温下的铁磁链方程及其数学理论

郭柏灵　李巧欣　曾　明　李方方　裴一潼　著

| | | |
|---|---|---|
| **出版发行** | 浙江科学技术出版社 | |
| | 地址：杭州市体育场路 347 号　　邮政编码：310006 | |
| | 办公室电话：0571-85176593 | |
| | 销售部电话：0571-85176040 | |
| | E-mail：zkpress@zkpress.com | |
| **印　　刷** | 浙江新华数码印务有限公司 | |
| **经　　销** | 全国各地新华书店 | |
| **开　　本** | 787×1092　1/16 | **印　张**　17.25 |
| **字　　数** | 498 000 | |
| **版　　次** | 2023 年 8 月第 1 版 | **印　次**　2023 年 8 月第 1 次印刷 |
| **书　　号** | ISBN 978-7-5341-8658-5 | **定　价**　198.00 元 |

| | | | |
|---|---|---|---|
| **责任编辑** | 陈岚　柳丽敏 | **封面设计** | 陈可陈 |
| **责任美编** | 金晖 | **责任校对** | 张宁 |
| **责任印务** | 田文 | | |

# 序

    Landau-Lifshitz 方程是 Landau 和 Lifshitz 于 1935 年提出的铁磁链运动方程，它是在低温下 (居里温度附近) 得到的. 1990 年，物理学家 D. A. Garami 等提出了高温下 (高于居里温度) 的铁磁链运动方程 (Landau-Lifshitz-Bloch 方程，简称 LLB 方程)，引起了物理学家和数学家的高度关注. 2016 年，数学家 K. Ngonle 首先证明了 LLB 方程简化模型 (即在该模型中系数 L1 = L2 的情况) 弱解的存在性. 在此之后的几年间，我们集中收集了有关该模型的物理背景和研究成果，并对 LLB 方程的弱解和光滑解，Maxwell-LLB 方程的光滑解及其整体吸引子，具温度效应的 LLB 方程和非线性电子极化 LLB 方程的光滑解，随机和分数阶 LLB 方程的光滑解，多种广义 LLB 方程和 LLB 方程组的整体解，Maxwell-LLB 方程的周期解等方面进行了深入、系统的研究，取得了一系列具有创新性的成果. 本书就是根据这些成果整理而成的，对各种最新研究成果给予了深入浅出的证明，便于读者在浩瀚的文献中找到简捷的途径，开展研究工作.

    由于作者水平和篇幅有限，本书中难免会有错误和不足之处，敬请读者指正.

郭柏灵

2020 年 9 月

# 目　录

第1章　Landau-Lifshitz-Bloch 方程的物理背景 1

1.1　Landau-Lifshitz 方程 · · · · · · · · · · · · · · · · · · · · · · · · · · 1

1.2　Landau-Lifshitz-Bloch 方程 · · · · · · · · · · · · · · · · · · · · 2

1.3　具有温度效应的 Landau-Lifshitz-Bloch 方程 · · · · · · · · 5

第2章　Landau-Lifshitz-Bloch 方程的光滑解 9

2.1　二维光滑解的存在性 · · · · · · · · · · · · · · · · · · · · · · · · · · 12

2.2　三维小初值光滑解的存在性 · · · · · · · · · · · · · · · · · · · · 18

2.3　光滑解的唯一性 · · · · · · · · · · · · · · · · · · · · · · · · · · · · · 21

第3章　Landau-Lifshitz-Bloch-Maxwell 方程的初值问题 23

3.1　Landau–Lifshitz–Bloch-Maxwell 方程 · · · · · · · · · · · · 23

3.2　近似解和先验估计 · · · · · · · · · · · · · · · · · · · · · · · · · · · 27

3.3　广义解的存在性 · · · · · · · · · · · · · · · · · · · · · · · · · · · · · 35

3.4　正则性和整体光滑解 · · · · · · · · · · · · · · · · · · · · · · · · · · 43

第4章　带有温度效应的 Landau-Lifshitz-Bloch-Maxwell 方程的初值问题 63

4.1　带有温度效应的 Landau-Lifshitz-Bloch-Maxwell 方程 · · · · · · 63

4.2　整体弱解的存在性 · · · · · · · · · · · · · · · · · · · · · · · · · · · 66

4.3　二维整体光滑解的存在唯一性 · · · · · · · · · · · · · · · · · · · 80

4.4　三维整体光滑解的存在唯一性 · · · · · · · · · · · · · · · · · · · 90

第5章　高维广义 Landau-Lifshitz-Bloch-Maxwell 方程组的周期初值问题 95

5.1　Landau-Lifshitz-Bloch-Maxwell 方程组的周期初值问题 · · · · · 95

5.2 周期初值问题的近似解 · · · · · · · · · · · · · · · · 97

5.3 近似解的估计 98

5.4 整体弱解的存在性 · · · · · · · · · · · · · · · · 104

5.5 高维广义 Landau-Lifshitz-Bloch 方程的初值问题的解 · · · 105

5.6 光滑解的存在唯一性 · · · · · · · · · · · · · · · · 114

第 6 章 带极化的 Landau-Lifshitz-Bloch-Maxwell 方程的弱解和强解的
存在性 121

6.1 带极化的 Landau-Lifshitz-Bloch-Maxwell 方程的物理背景 · · · 121

6.2 带黏性的极化 Landau-Lifshitz-Bloch-Maxwell 方程的近似解 · · 129

6.3 近似解的先验估计 · · · · · · · · · · · · · · · · 130

6.4 弱解的存在性 · · · · · · · · · · · · · · · · 143

6.5 对黏性系数的一致先验估计和弱解的存在性 · · · · · · · · · 147

第 7 章 分数阶 Landau-Lifshitz-Bloch 方程的光滑解 165

7.1 局部光滑解的存在性先验估计 · · · · · · · · · · · · 166

7.2 解的唯一性证明 · · · · · · · · · · · · · · · · 173

第 8 章 随机 Landau-Lifshitz-Bloch 方程解的适定性和遍历性 175

8.1 随机 Landau-Lifshitz-Bloch 方程的光滑解 · · · · · · · · 175

8.2 随机 Landau-Lifshitz-Bloch 方程的遍历性 · · · · · · · · 185

8.3 不变可测集的存在性 · · · · · · · · · · · · · · · · 194

8.4 遍历性: 不变测度集的唯一性 · · · · · · · · · · · · 215

第 9 章 耦合自旋极化输运方程的 Landau-Lifshitz-Bloch 方程的初值问题 235

9.1 耦合自旋极化输运方程的 Landau–Lifshitz–Bloch 方程 · · · · · 235

9.2 整体光滑解的存在性 · · · · · · · · · · · · · · · · 237

9.3 整体光滑解的唯一性 · · · · · · · · · · · · · · · · 255

参考文献 259

# 第 1 章

# Landau-Lifshitz-Bloch 方程的物理背景

## 1.1 Landau-Lifshitz 方程

1935 年 Landau 和 Lifshitz 提出著名的铁磁介质中的运动方程, 它也称 Landau-Lifshitz 方程

$$\boldsymbol{z}_t = \lambda_1 \boldsymbol{z} \times \boldsymbol{H}_{\text{eff}} - \lambda_2 \boldsymbol{z} \times (\boldsymbol{z} \times \boldsymbol{H}_{\text{eff}}), \tag{1.1}$$

式中, $\boldsymbol{z} = (\boldsymbol{z}_1, \boldsymbol{z}_2, \boldsymbol{z}_3)$, 为磁化矢量; $\lambda_1$, $\lambda_2$ 为常数, $\lambda_2 > 0$; $\boldsymbol{H}_{\text{eff}}$ 为有效磁场强度, 且

$$\boldsymbol{H}_{\text{eff}} = \frac{\partial}{\partial \boldsymbol{s}} \varepsilon_{\text{mag}}(\boldsymbol{s}). \tag{1.2}$$

这里, $\varepsilon_{\text{mag}}(\boldsymbol{s})$ 表示整个磁化能量密度, 且

$$\varepsilon_{\text{mag}}(\boldsymbol{s}) := \varepsilon_{\text{an}}(\boldsymbol{s}) + \varepsilon_{\text{ex}}(\boldsymbol{s}) + \varepsilon_{\boldsymbol{H}}(\boldsymbol{s}), \tag{1.3}$$

其中, $\varepsilon_{\text{an}}(\boldsymbol{s})$ 代表不同方向的能量, 可以写成

$$\varepsilon_{\text{an}}(\boldsymbol{s}) := \int_\omega \varPhi(\boldsymbol{s}) \mathrm{d}x. \tag{1.4}$$

$\varPhi(\boldsymbol{s}) : \mathsf{R}^3 \to \mathsf{R}^+$ 为凸函数, 且依赖于物质的晶体结构, 取其一阶近似

$$\varPhi(\boldsymbol{s}) = \sum_{l,k} b_{lm} \boldsymbol{s}_l \boldsymbol{s}_k. \tag{1.5}$$

式中，$b_{lm}$ 为对称正定张量，$\varPhi(\boldsymbol{s}) = k|\boldsymbol{s}|^2(\sin\theta)^2$ 则是一个能量.

$\varepsilon_{\text{ex}}(\boldsymbol{s})$ 代表交换能量，可以写成

$$\varepsilon_{\text{ex}}(\boldsymbol{s}) = \frac{1}{2}\sum a_{lm}\int_{\boldsymbol{\Omega}}\frac{\partial\boldsymbol{s}}{\partial\boldsymbol{x}_l}\frac{\partial s}{\partial x_m}\mathrm{d}x, \tag{1.6}$$

对于定常情况，麦克斯韦电磁方程组可写为

$$\nabla\cdot(\boldsymbol{H}+4\pi\boldsymbol{s})=0,\ x\in\mathsf{R}^3, \tag{1.7}$$

$$\nabla\times\boldsymbol{H}=0,\ x\in\mathsf{R}^3. \tag{1.8}$$

对于不定常情况，麦克斯韦电磁方程组可写为

$$\nabla\times\boldsymbol{H}=\frac{\partial\boldsymbol{E}}{\partial t}+\sigma\boldsymbol{E},\ x\in\mathsf{R}^3, \tag{1.9}$$

$$\nabla\times\boldsymbol{H}=-\frac{\partial\boldsymbol{H}}{\partial t}-\rho\frac{\partial\boldsymbol{s}}{\partial t},\ x\in\mathsf{R}^3. \tag{1.10}$$

Landau-Lifshitz 方程在物理和数学上已有广泛的应用，并取得了一系列重要的成果，它和调和映照的热流存在客观联系，是调和映照在物理上的重要依据和应用.

Landau-Lifshitz 方程描述的是低温 (低于居里温度) 情况. 对于高温情况，它不符合物理规律，此时要用高温下的 Landau-Lifshitz-Bloch 方程 (以下简称 "LLB 方程") 来替代它.

## 1.2　Landau-Lifshitz-Bloch 方程

考虑随机 Landau-Lifshitz 方程

$$\boldsymbol{s} = \gamma[\boldsymbol{z}\times(\boldsymbol{H}+\boldsymbol{z})]-\gamma\lambda[\boldsymbol{z}\times(\boldsymbol{z}\times\boldsymbol{H})], \tag{1.11}$$

其中, 常数 $\lambda \ll 1$.

朗之万场 $\zeta(t)$ 为

$$\langle \zeta_\alpha(t), \zeta_\beta(t')\rangle = \frac{2\lambda T}{\gamma \mu_0}\delta_{\alpha\beta}\delta(t-t'), \tag{1.12}$$

其中, $\zeta_\alpha$、$\zeta_\beta$ 表示 $\delta_{\alpha\beta}$ 在 $x$、$y$ 或 $z$ 方向的分量. Fokker-Planck 方程对应于式 (1.11). 由分布函数 $f(\boldsymbol{N}, t)(\delta(\boldsymbol{N}-s(t)))$ 在球面 $|\boldsymbol{N}|=1$ 取定, $f$ 对 $t$ 求微分, 利用式 (1.11), 计算方程 (1.11) 的右端, 利用统计的方法可得 Fokker-Planck 方程

$$\frac{\partial f}{\partial t} + \frac{\partial}{\partial \boldsymbol{N}}\{\gamma[\boldsymbol{N}\times\boldsymbol{H}] - \gamma\lambda[\boldsymbol{N}\times[\boldsymbol{N}\times\boldsymbol{H}]] +$$
$$\frac{\gamma\lambda T}{\mu_0}[\boldsymbol{N}\times[\boldsymbol{N}\times\frac{\partial}{\partial\boldsymbol{N}}]]\}f = 0. \tag{1.13}$$

易见分布函数

$$f_0(\boldsymbol{N}) \propto \mathrm{e}^{-\mathcal{H}(N)/T}, \ \mathcal{H}(\boldsymbol{s}) = -\mu_0 H_s, \tag{1.14}$$

在平衡态时满足 Fokker-Planck 方程 (1.13).

对于分布函数旋极化的运动方程, 由

$$m = \int \mathrm{d}^3\boldsymbol{N}f(\boldsymbol{N}, t) \tag{1.15}$$

及方程 (1.13) 可得

$$\dot{m} = \gamma(m\times\boldsymbol{H}) - \Lambda_N m - \gamma\lambda\langle[\boldsymbol{s}\times(\boldsymbol{s}\times\boldsymbol{H})]\rangle, \tag{1.16}$$

其中, $\Lambda_N$ 为物质扩散弛豫率

$$\Lambda_N \equiv \tau_N^{-1} \equiv 2\gamma\lambda T/\mu_0. \tag{1.17}$$

方程 (1.16) 是不够确定的, 可利用

$$f(\boldsymbol{N}, t) = \frac{\mathrm{e}^{\xi(t)\boldsymbol{N}}}{z(\xi)},$$

$$z(\xi) = 4\pi \frac{\sin h\xi}{\xi}. \tag{1.18}$$

选取 $\xi(t)$ 满足方程 (1.16)，即

$$\dot{\xi}(t) = \gamma(\xi \times \boldsymbol{H}) - \Gamma_1\left(1 - \frac{\xi\xi_0}{\xi^2}\right)\xi - \Gamma_2\frac{\xi \times (\xi \times \xi_0)}{\xi^2}, \tag{1.19}$$

其中，纵向弛豫率和横向弛豫率分别为

$$\Gamma_1 = \Lambda_N \frac{B(\xi)}{\xi B'(\xi)},$$

$$\Gamma_2 = \frac{\Lambda_N}{2}\left(\frac{\xi}{B(\xi)} - 1\right). \tag{1.20}$$

$\Gamma_1, \Gamma_2$ 渐进形式为

$$\Gamma_1 \approx \begin{cases} \Lambda_N\left(1 + \dfrac{2}{15}\xi^2\right), & \xi \ll 1, \\ \Lambda_N\left(1 - \dfrac{1}{\xi}\right), & \xi \gg 1, \end{cases} \tag{1.21}$$

$$\Gamma_2 \approx \begin{cases} \Lambda_N\left(1 + \dfrac{1}{N}\xi^2\right), & \xi \ll 1, \\ \dfrac{1}{2}\Lambda_N\xi\left(1 + \dfrac{1}{\xi^2}\right), & \xi \gg 1, \end{cases} \tag{1.22}$$

当 $\xi = \xi_0$ 时，方程 (1.19) 为平衡态解. 我们也可把方程 (1.19) 用磁化函数 $z(t,x)$ 表示为 $z = m/m_s$，可得 LLB 方程为

$$\boldsymbol{z}_t = -\gamma M \times \boldsymbol{H}_{\text{eff}} + L_1\frac{1}{|z|^2}(z\boldsymbol{H}_{\text{eff}})z -$$

$$L_2\frac{1}{|z|^2}z \times (z \times \boldsymbol{H}_{\text{eff}}), \tag{1.23}$$

其中，$\gamma > 0$; $L_1$ 和 $L_2$ 分别为纵向阻尼参数和横向阻尼参数. 这里，

$$\boldsymbol{H}_{\text{eff}} = \boldsymbol{H} + \boldsymbol{H}^{\text{m}} + \boldsymbol{H}^{\text{ex}} + \boldsymbol{H}^{\text{an}}$$

$$= \boldsymbol{H} - \frac{1}{\mu_0}\left(A\frac{\theta - \theta_c}{\theta_c} + Bm^2\right)M+$$

$$\frac{l}{\mu_0}(M_x e_x + M_y e_y), \tag{1.24}$$

$\theta_c$ 为居里温度，$H^m$，$H^{ex}$，$H^{an}$ 分别对应 (1.3) 中的 $\varepsilon_{mag}$，$\varepsilon_{ex}$，$\varepsilon_{an}$.

其中，$A$，$B$，$l$，$\mu_0$ 为常数，可简记为

$$\boldsymbol{H}_{\text{eff}} = -\Delta \boldsymbol{z} + \frac{1}{x_{11}}\left(1 + \frac{3}{5}\frac{T}{T - T_e}|z|^2\right)\boldsymbol{z}, \tag{1.25}$$

其中，$x_{11}$ 为常数.

由矢量运算法则可得

$$\boldsymbol{z} \times (\boldsymbol{z} \times \boldsymbol{H}_{\text{eff}}) = (\boldsymbol{z} \cdot \boldsymbol{H}_{\text{eff}})\boldsymbol{z} - |\boldsymbol{z}|^2 \boldsymbol{H}_{\text{eff}}.$$

若 $L_1 = L_2 = k$，方程 (1.23) 可写为

$$\boldsymbol{z}_t = k\Delta \boldsymbol{z} + \gamma \boldsymbol{z} \times \Delta \boldsymbol{u} - k_2(1 + \boldsymbol{z}|\boldsymbol{z}|^2)\boldsymbol{z}, \tag{1.26}$$

其中，$k_2 = \dfrac{k_1}{x_{11}}$，$z = \dfrac{3T}{5(T - T_c)}$，$k_1$，$k_2$，$\gamma$，$z$ 为正常数.

## 1.3　具有温度效应的 Landau-Lifshitz-Bloch 方程

由前面已知，从 Landau-Lifshitz 方程 (低温) 到 Landau-Lifshitz-Bloch 方程 (高温) 有一个温度的相变过程，由此可推导出具有温度效应的 Landau-Lifshitz-Bloch 方程.

考虑一铁磁体位于某区域 $\boldsymbol{\Omega} \subset \mathrm{R}^3$ 中，$\partial\boldsymbol{\Omega}$ 是 $\boldsymbol{\Omega}$ 的边界，并以 $\boldsymbol{E}, \boldsymbol{H}, \boldsymbol{D}, \boldsymbol{B}$ 分别表示电场、磁场、电位和磁感应强度. 物质的运动状态可用麦克斯韦方程来描述，即

$$\nabla \times \boldsymbol{E} = -\dot{\boldsymbol{B}},$$

$$\nabla \times \boldsymbol{H} = \dot{\boldsymbol{D}} + \boldsymbol{J}, \tag{1.27}$$

$$\nabla \cdot \boldsymbol{B} = 0,$$

$$\nabla \cdot \boldsymbol{D} = \rho_e, \tag{1.28}$$

式中，$\boldsymbol{J}$ 为密度流，$\rho_e$ 为自由电荷密度. 假设电磁场物质呈现各向同性，则有

$$\boldsymbol{D} = \varepsilon \boldsymbol{E},$$

$$\boldsymbol{B} = \mu \boldsymbol{H} + \boldsymbol{M},$$

$$\boldsymbol{J} = \sigma \boldsymbol{E}. \tag{1.29}$$

由相变理论和热力学第一定律，可得内能

$$e = c(\theta) + \frac{1}{2}\varepsilon|\boldsymbol{E}|^2 + \frac{1}{2}\mu|\boldsymbol{H}|^2 + \frac{\theta_c}{4}(\boldsymbol{M}^2 - 1)^2 + \frac{v}{2}|\nabla \boldsymbol{M}|^2,$$

以及热流

$$q = -k(\theta)\nabla\theta, \text{ 其中，} \quad k(\theta) > 0, \tag{1.30}$$

可得温度 $\theta$ 满足的热传导方程

$$c(\theta)\dot{\theta} - \sigma|\boldsymbol{E}|^2 - \gamma|\dot{\boldsymbol{M}}|^2 - \theta\boldsymbol{M}\dot{\boldsymbol{M}} = \nabla(k(\theta)\nabla\theta) + r. \tag{1.31}$$

近似设

$$k(\theta) = k_0 + k_1\theta, \ c(\theta) = c_1\theta + \frac{c_2}{2}\theta^2, \tag{1.32}$$

其中，$k_0 > 0$，$k_1 > 0$，$c_2 > 0$，$c_1 \geqslant 0$. 在 $\boldsymbol{E}, \dot{\boldsymbol{M}}, \nabla\theta$ 中，平方项

$$-\sigma|\boldsymbol{E}|^2 - \gamma|\dot{\boldsymbol{M}}|^2 - k_1|\nabla\theta|^2 \tag{1.33}$$

充分小.

由方程 (1.31) 近似可得

$$(c_1 + c_2\theta)\dot{\theta} - \theta \boldsymbol{M}\dot{\boldsymbol{M}} = (k_0 + k_1\theta)\Delta\theta + r. \tag{1.34}$$

联合 (1.27)、(1.28) 可得

$$\mu\dot{\boldsymbol{H}} + \dot{\boldsymbol{M}} = -\frac{1}{\sigma}\nabla\times\nabla\times\boldsymbol{H}, \tag{1.35}$$

$$\nabla\cdot(\mu\boldsymbol{H} + \boldsymbol{M}) = 0. \tag{1.36}$$

于是具有温度效应的 LLB 方程组为

$$\gamma\dot{\boldsymbol{M}} = v\Delta\boldsymbol{M} - \theta_c(|\boldsymbol{M}|^2 - 1)\boldsymbol{M} - \theta\boldsymbol{M} + \boldsymbol{H}, \tag{1.37}$$

$$c_1\partial_t(\ln\theta) + c_2\dot{\theta} - \boldsymbol{M}\dot{\boldsymbol{M}} = k_0\Delta(\ln\theta) + k_1\Delta\theta + \hat{r}, \tag{1.38}$$

$$\mu\dot{\boldsymbol{H}} + \dot{\boldsymbol{M}} = -\frac{1}{\sigma}\nabla\times\nabla\times\boldsymbol{H}, \tag{1.39}$$

$$\nabla\cdot(\mu\boldsymbol{H} + \boldsymbol{M}) = 0, \tag{1.40}$$

其中，$\hat{r}$ 为 $(x,t)$ 的已知函数.

我们可给如下边值条件:

$$\boldsymbol{M}\cdot n|_{\partial\Omega} = 0, \tag{1.41}$$

$$\nabla\boldsymbol{M}\cdot n|_{\partial\Omega} = 0, \tag{1.42}$$

$$(\nabla\times\boldsymbol{H})\times n|_{\partial\Omega} = 0. \tag{1.43}$$

式中，$n$ 为 $\partial\Omega$ 的外法线方向. 初始条件为

$$\boldsymbol{M}(x,0) = \boldsymbol{M}_0(x),\ \theta(x,0) = \theta_0(x),\ \boldsymbol{H}(x,0) = \boldsymbol{H}_0(x). \tag{1.44}$$

　　本书的内容就是以 LLB 方程的物理背景及其各种数学模型为研究对象，对其周期的初值问题、边值问题、初边值问题，局部光滑解的存在唯一性、整体弱解和光滑解的存在唯一性，及当 $t \to \infty$ 时解的渐进性做深入细微的分析，得到系统的、深入的理论研究成果，这些成果均已列入参考文献 [1–4] 中.

# 第 2 章
# Landau-Lifshitz-Bloch 方程的光滑解

Landau-Lifshitz-Bloch 方程是一个研究磁性材料磁化强度的偏微分方程,它建立在著名的 Landau-Lifshitz 方程的基础上, 由苏联物理学家 Landau 和 Lifshitz 提出[5],其形式如下

$$z_t = -\gamma z \times H_{\text{eff}} - \lambda z \times (z \times H_{\text{eff}}). \tag{2.1}$$

式中,$z$ 是一个三维向量函数,表示磁化强度;$\gamma \geqslant 0$,表示电子回磁比 (electron gyromagnetic);$\lambda \geqslant 0$,表示阻尼参数;$H_{\text{eff}}$ 表示有效磁场强度 (effective field),它包含外加磁场、退磁磁场以及量子磁场效应. 一般来说,$H_{\text{eff}}$ 可以写成磁化能量 $E$ 的变分

$$H_{\text{eff}} = \frac{\delta E}{\delta z}. \tag{2.2}$$

其中,$E = \int e(z, \nabla z) \mathrm{d}x$,$e$ 表示磁化能量密度. 从方程 (2.1) 出发,两边对 $z$ 作三维向量内积,可以知道如果 $z$ 的初值的模是一个常数,则 $z$ 的模始终是一个常数,不会随时间而变化,我们把这个常数称为饱和磁化强度 (saturation magnetization). 对 Landau-Lifshitz 方程, 通常考虑最多的一种形式是

$$E = \int |\nabla z|^2 \mathrm{d}x. \tag{2.3}$$

在这种情况下,$H_{\text{eff}} = \Delta z$,于是 Landau-Lifshitz 方程就变为

$$z_t = -\gamma z \times \Delta z - \lambda z \times (z \times \Delta z). \tag{2.4}$$

Landau-Lifshitz 方程在铁磁物体的动态磁化理论中扮演了极为重要的角色，Landau 和 Lifshitz 借此预言了磁共振现象. 关于此方程的物理方面的综述，可参阅参考文献 [6]；关于此方程的数学方面的综述，可参阅参考文献 [7]. 需要指出的是，如果 $\lambda = 0$，利用球极平面投影的方法，Landau-Lifshitz 方程则变成以下非线性薛定谔方程[8]

$$z_t = i\left(\Delta z - \frac{2\bar{z}}{1+|z|^2}|\nabla z|^2\right). \tag{2.5}$$

该方程也称为薛定谔映射 (Schrödinger map). 如果 $\gamma = 0$，Landau-Lifshitz 方程则变成著名的调和映照热流[9]

$$u_t = \Delta u + |\nabla u|^2 u. \tag{2.6}$$

这说明 Landau-Lifshitz 方程和薛定谔映射以及调和映照热流有着非常密切的关系，郭柏灵和洪敏纯[10] 就证明了 Landau-Lifshitz 方程有着跟调和映照热流[9] 类似的爆破性质. 另外，关于 Landau-Lifshitz 方程的数值计算方面的结果，可参阅鄂维南和王小平的研究[11].

Landau-Lifshitz 方程必须在所考察的铁磁物体处于居里温度 (Curie point) 附近时才成立. 当温度比较高的时候，必须把纵向弛豫 (longitudinal relaxation) 也纳入考虑范围，此时磁化强度的模不再保持不变. D.A. Garanin[12] 为解决这个问题，引进了 Fokker-Planck 方程和 Bloch 方程，得到了以下 Landau-Lifshitz-Bloch 方程

$$z_t = \gamma z \times H_{\text{eff}} + L_1\frac{z \cdot H_{\text{eff}}}{m^2} - L_2\frac{z \times (z \times H_{\text{eff}})}{m^2}, \tag{2.7}$$

式中，$z(z > 0)$，$\gamma(\gamma \geqslant 0)$ 和 $H_{\text{eff}}$ 的定义与方程 (2.1) 一致；$m$ 为饱和磁化强度；$L_1(L_1 > 0)$，$L_2(L_2 > 0)$ 分别是纵向弛豫系数 (longitudinal relaxation coefficient) 和横向弛豫系数 (transverse relaxation coefficient).

K.N. Le[13] 对上述方程做了进一步的简化处理, 得到方程

$$z_t = \Delta z + z \times \Delta z - k(1 + \mu|z|^2)z, \tag{2.8}$$

式中, $k > 0, \mu > 0$.

目前关于 Landau-Lifshitz-Bloch 方程的研究比较少, 大部分集中在物理推导和数值计算方面. 如: 参考文献 [14] 考虑了不同亚铁磁材料 (ferrimagnetic material) 的 Landau-Lifshitz-Bloch 方程的形式; 参考文献 [15] 推导了随机形式的 Landau-Lifshitz-Bloch 方程并且做了数值计算; 在偏微分方程理论方面, 参考文献 [13] 利用先验估计和 Galerkin 方法, 得到了 Landau-Lifshitz-Bloch 方程弱解的存在性.

本章主要证明方程 (2.8) 在柯西初值条件下的解的存在性, 即

$$z(x, 0) = z_0, x \in \mathbb{R}^d. \tag{2.9}$$

主要结果为:

**定理 2.1** 如果维数 $d = 2$ 且 $z_0 \in \boldsymbol{H}^m (m \geqslant 2)$, 那么对任意的 $T > 0$, 上述方程 (2.9) 存在唯一解 $z$ 满足下列条件

$$\partial_t^j \partial_x^\alpha z \in L^\infty([0, T]; L^2(\mathbb{R}^2)), \tag{2.10}$$

$$\partial_t^k \partial_x^\beta z \in L^\infty([0, T]; L^2(\mathbb{R}^2)). \tag{2.11}$$

其中, $2j + |\alpha| \leqslant m$, 并且 $2k + |\beta| \leqslant m + 1$.

**定理 2.2** 如果维数 $d = 3$ 且 $z_0 \in \boldsymbol{H}^m (m \geqslant 2)$, 另外如果 $\|z_0\|_{\boldsymbol{H}^2}$ 充分小, 那么对任意的 $T > 0$, 方程 (2.9) 存在唯一解 $z$ 满足下列条件

$$\partial_t^j \partial_x^\alpha z \in L^\infty([0, T]; L^2(\mathbb{R}^3)), \tag{2.12}$$

$$\partial_t^k \partial_x^\beta \boldsymbol{z} \in L^\infty([0,T]; L^2(\mathbb{R}^3)). \tag{2.13}$$

其中，$2j + |\alpha| \leqslant m$，并且 $2k + |\beta| \leqslant m + 1$.

证明的思路是，先利用压缩映像原理通过构造空间的方法证明局部光滑解的存在性，然后证明先验估计，先验估计的作用在于保证了解在其存在区间上的模的一致有界性，于是可以通过延拓的办法得到解的全局存在性. 和参考文献 [13] 所用的方法相比，该方法主要特点是先验估计做得更为精确和复杂. 我们针对不同的维数展开讨论，利用广义的 Gronwall 不等式得到了关键的 $\boldsymbol{H}^2$ 估计. 对于维数较高的情况，我们附加了一个小初值条件，从而得到了与低维类似的 $\boldsymbol{H}^2$ 估计，进而得到了 $\boldsymbol{H}^\infty$ 估计.

## 2.1　二维光滑解的存在性

首先证明局部光滑解的存在性. 类似于 Landau-Lifshitz-Gilbert 方程的情况，定义空间

$$X = \{\boldsymbol{z}|\boldsymbol{z} \in C([0,T]; \boldsymbol{H}^m(\mathbb{R}^d)), t^\alpha \boldsymbol{z}(t) \in C^\alpha([0,T]; \boldsymbol{H}^m(\mathbb{R}^d)), \boldsymbol{z}(0) = \boldsymbol{z}_0\}$$

和

$$Y = \{\boldsymbol{z}|\boldsymbol{z} \in X, \|\boldsymbol{z}\|_{C([0,T]; \boldsymbol{H}^m(\mathbb{R}^d))} + [t^\alpha \boldsymbol{z}]_{C^\alpha([0,T]; \boldsymbol{H}^m(\mathbb{R}^d))} \leqslant \rho\}.$$

其中，$0 < \alpha < 1, m \geqslant 2$. 在 $Y$ 上定义映射 $\Gamma: \Gamma(\boldsymbol{z}) = \boldsymbol{v}$，其中 $\boldsymbol{v}$ 是下列方程的解:

$$\boldsymbol{v}_t = \Delta \boldsymbol{v} + \boldsymbol{z} \times \Delta \boldsymbol{z} - k(1 + \mu|\boldsymbol{z}|^2)\boldsymbol{z}, \ \boldsymbol{v}(0) = \boldsymbol{z}_0. \tag{2.14}$$

于是根据参考文献 [16] 中的定理 4.3.5，$\Gamma$ 是从 $Y$ 到 $X$ 的映射. 并且，当 $T$ 足够小时，它还是一个压缩映射. 根据压缩映像原理，方程存在唯一的局部光滑解. 因此，下面只需要对方程的解做先验估计即可.

**引理 2.1** 如果维数 $d = 2, 3$，且初值 $\boldsymbol{z}_0 \in \boldsymbol{H}^m(m \geqslant 2)$，对于 Landau-Lifshitz-Bloch 方程的光滑解，有

$$\|\boldsymbol{z}(\cdot, t)\|_2^2 + 2\int_0^t \|\nabla \boldsymbol{z}(\cdot, s)\|_2^2 \mathrm{d}s + 2k \int_0^t (1 + \boldsymbol{\mu}|\boldsymbol{z}|^2)\boldsymbol{z}(\cdot, s)\mathrm{d}s = \|\boldsymbol{z}_0\|_2^2, \tag{2.15}$$

$$\|\nabla \boldsymbol{z}(\cdot, t)\|_2^2 + \int_0^t \|\Delta \boldsymbol{z}(\cdot, s)\|_2^2 \mathrm{d}s \leqslant C\|\boldsymbol{z}_0\|_2, \tag{2.16}$$

$$\|\boldsymbol{z}(\cdot, t)\|_\infty \leqslant \|\boldsymbol{z}_0\|_{\boldsymbol{H}^2}. \tag{2.17}$$

**证明.** 方程 (2.8) 两边与 $\boldsymbol{z}$ 做点乘，然后在 $\mathbb{R}^d \times [0, t]$ 上积分，就得到方程 (2.15).

方程 (2.8) 两边与 $|\boldsymbol{z}|^{p-2}\boldsymbol{z}(p \geqslant 2)$ 做点乘，然后在 $\mathbb{R}^d$ 上积分，则有

$$\begin{aligned}
&\int_{\mathbb{R}^d} |\boldsymbol{z}|^{p-2}\boldsymbol{z}\boldsymbol{z}_t \mathrm{d}x \\
&= \frac{1}{p}\frac{\mathrm{d}}{\mathrm{d}t}\|\boldsymbol{z}(\cdot, t)\|_{\boldsymbol{L}^p}^p \\
&= \int_{\mathbb{R}^d} |\boldsymbol{z}|^{p-2}\boldsymbol{z} \cdot \Delta \boldsymbol{z}\mathrm{d}x - k\int |\boldsymbol{z}|^{p-2}(1 + \boldsymbol{\mu}|\boldsymbol{z}|^2)\boldsymbol{z}^2 \mathrm{d}x \\
&\leqslant -\int_{\mathbb{R}^d} |\boldsymbol{z}|^{p-2}\nabla \boldsymbol{z} \cdot \nabla \boldsymbol{z}\mathrm{d}x - (p-2)\int_{\mathbb{R}^d} |\boldsymbol{z}|^{p-4}(\boldsymbol{z} \cdot \nabla \boldsymbol{z})^2 \mathrm{d}x \\
&\leqslant 0.
\end{aligned}$$

由上式能够推导出

$$\|\boldsymbol{z}(\cdot, t)\|_{\boldsymbol{L}^p} \leqslant \|\boldsymbol{z}_0\|_{\boldsymbol{H}^2}, \forall p \geqslant 2,\ t \geqslant 0. \tag{2.18}$$

这里我们用到了嵌入定理，接下来令 $p \to \infty$，就得到了方程 (2.17).

对方程 (2.8) 两边与 $\Delta \boldsymbol{z}$ 做点乘，然后在 $\mathbb{R}^d \times [0, t]$ 上积分，则有

$$\begin{aligned}
&\|\nabla \boldsymbol{z}(\cdot, t)\|_{\boldsymbol{L}^2}^2 + 2\int_0^t \|\Delta \boldsymbol{z}(\cdot, s)\|_{\boldsymbol{L}^2}^2 \mathrm{d}s + \\
&\quad 2k\int_0^t (1 + \boldsymbol{\mu}|\boldsymbol{z}|^2)\boldsymbol{z} \cdot \Delta \boldsymbol{z}(\cdot, s)\mathrm{d}s
\end{aligned}$$

$$= \|\nabla \boldsymbol{z}_0\|_{\boldsymbol{L}^2}^2, \ \forall t \geqslant 0,$$

$$\left| 2k \int_{\mathbb{R}^d} (1 + 2\boldsymbol{\mu}|\boldsymbol{z}|^2)\boldsymbol{z} \cdot \Delta \boldsymbol{z}(\cdot, s)\mathrm{d}s \right|$$

$$\leqslant 2k\|\boldsymbol{z}\|_{\boldsymbol{L}^\infty} \int_{\mathbb{R}^d} (1 + \boldsymbol{\mu}|\boldsymbol{z}|^2)|\Delta \boldsymbol{z}(\cdot, s)|\mathrm{d}s$$

$$\leqslant \int_0^t \|\Delta \boldsymbol{z}(\cdot, s)\|_{\boldsymbol{L}^2}^2 \mathrm{d}s + C\|\boldsymbol{z}_0\|_{\boldsymbol{H}^2}, \tag{2.19}$$

由此就得到了方程 (2.16).

**引理 2.2** 如果维数 $d = 2$ 且 $\boldsymbol{z}_0 \in \boldsymbol{H}^m (m \geqslant 2)$, 对于 Landau-Lifshitz-Bloch 方程的光滑解, 我们有

$$\|\Delta \boldsymbol{z}(\cdot, t)\|_{\boldsymbol{L}^2}^2 + \int_0^t \|\Delta \nabla \boldsymbol{z}(\cdot, s)\|_{\boldsymbol{L}^2}^2 \mathrm{d}s$$

$$\leqslant C(T; \|\boldsymbol{z}_0\|_{\boldsymbol{H}^2}), \ \forall T > 0, \ t \in [0, T], \tag{2.20}$$

$$\|\boldsymbol{z}_t(\cdot, t)\|_{\boldsymbol{L}^2}^2 + \int_0^t \|\nabla \boldsymbol{z}_t(\cdot, s)\|_{\boldsymbol{L}^2}^2 \mathrm{d}s$$

$$\leqslant C(T; \|\boldsymbol{z}_0\|_{\boldsymbol{H}^2}), \ \forall T > 0, \ t \in [0, T]. \tag{2.21}$$

另外, 如果 $m \geqslant 3$, 那么

$$\|\Delta \nabla \boldsymbol{z}(\cdot, t)\|_{\boldsymbol{L}^2}^2 + \int_0^t \|\Delta^2 \boldsymbol{z}(\cdot, s)\|_{\boldsymbol{L}^2}^2 \mathrm{d}s$$

$$\leqslant C(T; \|\boldsymbol{z}_0\|_{\boldsymbol{H}^3}), \ \forall T > 0, \ t \in [0, T], \tag{2.22}$$

$$\|\nabla \boldsymbol{z}_t(\cdot, t)\|_{\boldsymbol{L}^2}^2 + \int_0^t \|\Delta \boldsymbol{z}_t(\cdot, s)\|_{\boldsymbol{L}^2}^2 \mathrm{d}s$$

$$\leqslant C(T; \|\boldsymbol{z}_0\|_{\boldsymbol{H}^3}), \ \forall T > 0, \ t \in [0, T]. \tag{2.23}$$

证明. 经计算, 有

$$\Delta \boldsymbol{z}_t = 2\sum_{j=1}^2 \partial_{x_j} \boldsymbol{z} \times \Delta \partial_{x_j} \boldsymbol{z} + \boldsymbol{z} \times \Delta^2 \boldsymbol{z} + \Delta^2 \boldsymbol{z} - k\Delta[(1 + \boldsymbol{\mu}|\boldsymbol{z}|^2)\boldsymbol{z}]. \tag{2.24}$$

上式两边与 $\Delta z$ 做点乘，然后在 $\mathbb{R}^d$ 上积分，有

$$\int_{\mathbb{R}^2} \Delta z_t \cdot \Delta z \mathrm{d}x$$

$$= \int_{\mathbb{R}^2} \Delta^2 z \cdot \Delta z \mathrm{d}x + 2\sum_{j=1}^{2} \int_{\mathbb{R}^2} (\partial_{x_j} z \times \Delta\partial_{x_j} z)\Delta z \mathrm{d}x +$$

$$\int_{\mathbb{R}^2} (z \times \Delta^2 z)\Delta z \mathrm{d}x - \int_{\mathbb{R}^2} k\Delta[(1+\mu|z|^2)z]\Delta z \mathrm{d}x,$$

分部积分后得到

$$\frac{1}{2}\frac{\mathrm{d}}{\mathrm{d}t}\int_{\mathbb{R}^2}|\Delta z|^2\mathrm{d}x + \int_{\mathbb{R}^2}|\nabla\Delta z|^2\mathrm{d}x +$$

$$k\int|\Delta z|^2\mathrm{d}x + k\int\Delta(|z|^2z)\Delta z\mathrm{d}x$$

$$= \sum_{j=1}^{2}\int_{\mathbb{R}^2}(\partial_{x_j}z \times \Delta\partial_{x_j}z)\cdot\Delta z\mathrm{d}x. \tag{2.25}$$

根据 Hölder 不等式，有

$$\left|\sum_{j=1}^{2}\int_{\mathbb{R}^2}(\partial_{x_j}z \times \Delta\partial_{x_j}\mu)\Delta z\mathrm{d}x\right| \leqslant 2\|\nabla z\|_{L^4}\|\Delta z\|_{L^4}\|\Delta\nabla z\|_{L^2}.$$

再利用 Gagliardo-Nirenberg 不等式，有

$$\|\nabla z\|_{L^4} \leqslant C\|\nabla z\|_{H^2}^{\frac{1}{4}}\|\nabla z\|_{L^2}^{\frac{3}{4}},$$

$$\|\Delta z\|_{L^4} \leqslant C\|\Delta z\|_{H^1}^{\frac{1}{2}}\|\Delta z\|_{L^2}^{\frac{1}{2}}.$$

最后

$$\sum_{j=1}^{2}\int_{\mathbb{R}^2}(\partial_{x_j}z \times \Delta\partial_{x_j}z)\Delta z\mathrm{d}x$$

$$\leqslant \frac{1}{4}\|\Delta\nabla z\|_{L^2}^2 + C(\|\nabla z_0\|_{L^2})(1+\|\Delta z\|_{L^2}^2),$$

$$\left| \int \Delta(|\boldsymbol{z}|^2\boldsymbol{z})\Delta\boldsymbol{z}\mathrm{d}x \right|$$

$$\leqslant C\|\boldsymbol{z}\|_{\boldsymbol{L}^\infty}^2(\|\nabla\boldsymbol{z}\|_{\boldsymbol{L}^4}^2 + \|\Delta\boldsymbol{z}\|_{\boldsymbol{L}^2}^2)$$

$$\leqslant \frac{1}{4}\|\Delta\nabla\boldsymbol{z}\|_{\boldsymbol{L}^2}^2 + C(\|\boldsymbol{u}_0\|_{\boldsymbol{H}^2}).$$

利用 Gronwall 不等式，就证明了引理 2.2.

下面做高阶导数的范数估计，首先需要下面的定理.

**定理 2.3** 如果维数 $d = 2$，且初值 $\nabla\boldsymbol{z}_0 \in \boldsymbol{H}^k (k \geqslant 2)$，那么方程的光滑解满足如下估计：

$$\sup_{0\leqslant t\leqslant T}\|D^{m+1}\boldsymbol{z}(\cdot,t)\|_{\boldsymbol{L}^2}^2 + \int_0^t\|D^{m+2}\boldsymbol{z}(\cdot,s)\|_{\boldsymbol{L}^2}^2\mathrm{d}s \leqslant C,\, 2\leqslant m\leqslant k. \tag{2.26}$$

这里，$C$ 依赖于 $T$ 和 $\|\nabla\boldsymbol{z}_0\|_{\boldsymbol{H}^k}$.

证明. 首先，证明 $\|\nabla\boldsymbol{z}\|_{\boldsymbol{L}^\infty}$ 的有界性. 对方程两边同时作用一次 Laplace 算子，然后再点乘 $\Delta^2\boldsymbol{z}$，最后在 $\mathbb{R}^2$ 上积分，则有

$$-\frac{1}{2}\frac{\mathrm{d}}{\mathrm{d}t}\|\nabla\Delta\boldsymbol{z}\|_{\boldsymbol{L}^2}^2$$

$$= \|\Delta^2\boldsymbol{z}\|_{\boldsymbol{L}^2}^2 + 2\sum_{j=1}^2\int_{\mathbb{R}^2}\partial_{x_j}\boldsymbol{z}\times\Delta\partial_{x_j}\boldsymbol{z}\cdot\Delta^2\boldsymbol{z}\mathrm{d}x -$$

$$\int_{\mathbb{R}^2}k\Delta[(1+|\boldsymbol{z}|^2)\boldsymbol{z}]\Delta\boldsymbol{z}\mathrm{d}x. \tag{2.27}$$

根据 Hölder 不等式，则有

$$\left|\sum_{j=1}^2\int_{\mathbb{R}^2}\partial_{x_j}\boldsymbol{z}\times\Delta\partial_{x_j}\boldsymbol{z}\cdot\Delta^2z\mathrm{d}x\right|$$

$$\leqslant 2\|\nabla\boldsymbol{z}\|_{\boldsymbol{L}^{\frac{16}{5}}}\|\nabla\Delta\boldsymbol{z}\|_{\boldsymbol{L}^{\frac{16}{3}}}\|\Delta^2\boldsymbol{z}\|_{\boldsymbol{L}^2}.$$

利用 Gagliardo-Nirenberg 不等式

$$\|\nabla z\|_{L^{\frac{16}{5}}} \leqslant C\|\nabla z\|_{H^3}^{\frac{1}{8}}\|\nabla z\|_{L^4}^{\frac{7}{8}},$$

$$\|\nabla\Delta z\|_{L^{\frac{16}{3}}} \leqslant \|\nabla\Delta z\|_{H^1}^{\frac{5}{8}}\|\nabla\Delta z\|_{L^2}^{\frac{3}{8}},$$

由引理 2.2 可以推出 $\|\nabla z\|_{L^4}$ 的有界性，于是有

$$\|\nabla\Delta z\|_{L^2}^2 \leqslant C. \tag{2.28}$$

所以，根据 Galiardo-Nirenberg 不等式，有

$$\|\nabla z\|_{L^\infty} \leqslant C. \tag{2.29}$$

接下来方程 (2.26) 两边同时作用一次微分算子 $D^{m+1}$，然后再与 $D^{m+1}z$ 做点乘，最后在 $\mathbb{R}^2$ 上积分，则有

$$-\frac{1}{2}\frac{\mathrm{d}}{\mathrm{d}t}\|D^{m+1}z\|_{L^2}^2$$

$$= \|\nabla D^{m+1}z\|_{L^2}^2 + 2\sum_{j=1}^2 \int_{\mathbb{R}^2} D^{m+1}(z\times\Delta z)\cdot D^{m+1}z\mathrm{d}x -$$

$$\int_{\mathbb{R}^2} kD^{m+1}[(1+|z|^2)z]D^{m+1}z\mathrm{d}x. \tag{2.30}$$

既然

$$\int_{\mathbb{R}^2} D^{m+1}(z\times\Delta z)\cdot D^{m+1}z\mathrm{d}x$$

$$= -\int_{\mathbb{R}^2} D^{m+1}(z\times\nabla z)\cdot\nabla D^{m+1}z\mathrm{d}x, \tag{2.31}$$

且

$$D^{m+1}(z\times\nabla z)$$

$$= D^{m+1}z\times\nabla z + z\times D^{m+1}\nabla z +$$

$$\sum_{h=1}^{m} C_h (D^h \boldsymbol{z} \times D^{m+1-h} \nabla \boldsymbol{z}), \tag{2.32}$$

则

$$
\begin{aligned}
& \left| \iint_{\mathbb{R}^2} D^{m+1} (\boldsymbol{z} \times \Delta \boldsymbol{z}) \cdot D^{m+1} \boldsymbol{z} \mathrm{d}x \right| \\
& \leqslant \left| \iint_{\mathbb{R}^2} D^{m+1} (\boldsymbol{z} \times \nabla \boldsymbol{z}) \cdot \nabla D^{m+1} \boldsymbol{z} \mathrm{d}x \right| + \\
& \quad \left| \iint_{\mathbb{R}^2} \sum_{h=1}^{m} C_h (D^h \boldsymbol{z} \times D^{m+1-h} \nabla \boldsymbol{z}) \cdot \nabla D^{m+1} \boldsymbol{z} \mathrm{d}x \right| \\
& \leqslant \|\nabla \boldsymbol{z}\|_{\boldsymbol{L}^\infty} \|D^{m+1} \boldsymbol{z}\|_{\boldsymbol{L}^2} \|D^{m+2} \boldsymbol{z}\|_{\boldsymbol{L}^2} + \\
& \quad C \|D^h \boldsymbol{z}\|_{\boldsymbol{L}^4} \|D^{m+1-h} \nabla \boldsymbol{z}\|_{\boldsymbol{L}^4} \|D^{m+2} \boldsymbol{z}\|_{\boldsymbol{L}^2} \\
& \leqslant \|\nabla \boldsymbol{z}\|_{\boldsymbol{L}^\infty} \|D^{m+1} \boldsymbol{z}\|_{\boldsymbol{L}^2} \|D^{m+2} \boldsymbol{z}\|_{\boldsymbol{L}^2} + \\
& \quad C \|\boldsymbol{z}\|_{\boldsymbol{L}^\infty} \|D^{m+1} \boldsymbol{z}\|_{\boldsymbol{L}^2} \|D^{m+2} \boldsymbol{z}\|_{\boldsymbol{L}^2}. \tag{2.33}
\end{aligned}
$$

利用 Gagliardo-Nirenberg 不等式，于是

$$\frac{\mathrm{d}}{\mathrm{d}t} \|D^{m+1} \boldsymbol{z}\|_{\boldsymbol{L}^2}^2 + \|D^{m+2} \boldsymbol{z}\|_{\boldsymbol{L}^2}^2 \leqslant C \|D^{m+1} \boldsymbol{z}\|_{\boldsymbol{L}^2}^2.$$

利用 Gronwall 不等式，定理 2.3 证毕.

## 2.2　三维小初值光滑解的存在性

定理 2.2 中解的存在性证明与定理 2.1 的证明类似，区别在于维数多了之后，先验估计更难获得. 为克服这一困难，我们提出一个条件，见下面引理.

**引理 2.3** 如果维数 $d = 2$ 且 $\boldsymbol{z}_0 \in \boldsymbol{H}^m (m \geqslant 2)$，另外 $\|\boldsymbol{z}_0\|_{\boldsymbol{H}^2}$ 足够小，那么对于方程的光滑解，它满足估计

$$\|\Delta \boldsymbol{z}(\cdot, t)\|_{\boldsymbol{L}^2}^2 + \int_0^t \|\Delta \nabla \boldsymbol{z}(\cdot, s)\|_{\boldsymbol{L}^2}^2 \mathrm{d}s$$

$$\leqslant C(T;\|\boldsymbol{z}_0\|_{\boldsymbol{H}^2}),\ \forall T>0,\ t\in[0,T], \tag{2.34}$$

$$\|u_t(\cdot,t)\|_{\boldsymbol{L}^2}^2+\int_0^t\|\nabla \boldsymbol{z}_t(\cdot,s)\|_{\boldsymbol{L}^2}^2\mathrm{d}s$$

$$\leqslant C(T;\|\boldsymbol{z}_0\|_{\boldsymbol{H}^2}),\ \forall T>0,\ t\in[0,T], \tag{2.35}$$

$$\|\Delta\nabla \boldsymbol{z}(\cdot,t)\|_{\boldsymbol{L}^2}^2+\int_0^t\|\Delta^2 \boldsymbol{z}(\cdot,s)\|_{\boldsymbol{L}^2}^2\mathrm{d}s$$

$$\leqslant C(T;\|\boldsymbol{z}_0\|_{\boldsymbol{H}^3}),\ \forall T>0,\ t\in[0,T], \tag{2.36}$$

$$\|\nabla \boldsymbol{z}_t(\cdot,t)\|_{\boldsymbol{L}^2}^2+\int_0^t\|\Delta \boldsymbol{z}_t(\cdot,s)\|_{\boldsymbol{L}^2}^2\mathrm{d}s$$

$$\leqslant C(T;\|\boldsymbol{z}_0\|_{\boldsymbol{H}^3}),\ \forall T>0,\ t\in[0,T]. \tag{2.37}$$

证明. 利用与引理 2.2 相同的论证方法, 有

$$\Delta \boldsymbol{z}_t=2\sum_{j=1}^3\partial_{x_j}\boldsymbol{z}\times\Delta\partial_{x_j}\boldsymbol{z}+\boldsymbol{z}\times\Delta^2\boldsymbol{z}+\Delta^2\boldsymbol{z}-$$

$$k\Delta(1+\boldsymbol{\mu}|\boldsymbol{z}|^2)\boldsymbol{z}, \tag{2.38}$$

$$\frac{1}{2}\frac{\mathrm{d}}{\mathrm{d}t}\int_{\mathbb{R}^3}\|\Delta \boldsymbol{z}(\cdot,t)\|^2\mathrm{d}x+\int_{\mathbb{R}^3}|\Delta\nabla \boldsymbol{z}(\cdot,t)|^2\mathrm{d}x+$$

$$k\int_{\mathbb{R}^3}\Delta(1+\boldsymbol{\mu}|\boldsymbol{z}|^2)\boldsymbol{z}\cdot\Delta \boldsymbol{z}$$

$$=\sum_{j=1}^3\int_{\mathbb{R}^3}\partial_{x_j}\boldsymbol{z}\times\Delta\partial_{x_j}\boldsymbol{z}\Delta \boldsymbol{z}\mathrm{d}x$$

$$\leqslant 2\|\nabla \boldsymbol{z}\|_{\boldsymbol{L}^6}\|\Delta \boldsymbol{z}\|_{\boldsymbol{L}^3}\|\Delta\nabla \boldsymbol{z}\|_{\boldsymbol{L}^2}$$

$$\leqslant C\|\boldsymbol{z}\|_{\boldsymbol{L}^\infty}\|\boldsymbol{z}\|_{\boldsymbol{H}^3}^2$$

$$\leqslant \frac{1}{3}\|\Delta\nabla \boldsymbol{z}\|_{\boldsymbol{L}^2}^2. \tag{2.39}$$

此处用到了条件 $\|\boldsymbol{z}_0\|_{\boldsymbol{H}^2}\ll 1$.

$$\left|\int_{\mathbb{R}^3}k\boldsymbol{\mu}\Delta(|\boldsymbol{z}|^2\boldsymbol{z})\Delta \boldsymbol{z}\mathrm{d}x\right|\leqslant\frac{1}{3}\|\Delta\nabla \boldsymbol{z}\|_{\boldsymbol{L}^2}^2, \tag{2.40}$$

将方程 (2.40) 代入方程 (2.39)，就得到方程 (2.34).

将方程 (2.38) 两边与 $\Delta^2 z$ 点乘，然后在 $\mathbb{R}^3$ 上积分，则有

$$\int_{\mathbb{R}^3} \Delta z_t \cdot \Delta^2 z \mathrm{d}x$$

$$= \int_{\mathbb{R}^3} \Delta^2 z \Delta^2 z \mathrm{d}x + 2 \sum_{j=1}^{3} \int_{\mathbb{R}^3} (\partial_{x_j} z \times \partial_{x_j} z) \Delta^2 z - $$

$$k \int_{\mathbb{R}^3} \Delta(1 + \boldsymbol{\mu}|z|^2)z \Delta^2 z \mathrm{d}x,$$

分部积分，得到

$$\frac{1}{2}\frac{\mathrm{d}}{\mathrm{d}t} \int_{\mathbb{R}^3} |\Delta \nabla z|^2 \mathrm{d}x + \int_{\mathbb{R}^3} |\Delta^2 z|^2 \mathrm{d}x + $$

$$k \int_{\mathbb{R}^3} \Delta(1 + \boldsymbol{\mu}|z|^2)z \Delta^2 z \mathrm{d}x$$

$$= 2\sum_{j=1}^{3} \int_{\mathbb{R}^3} (\partial_{x_j} z \times \Delta \partial_{x_j} z) \cdot \Delta^2 z \mathrm{d}x, \tag{2.41}$$

$$2\left| \sum_{j=1}^{3} \int_{\mathbb{R}^3} (\partial_{x_j} z \times \Delta \partial_{x_j} z) \Delta^2 z \mathrm{d}x \right|$$

$$\leqslant 6\|\nabla z\|_{\boldsymbol{L}^4}\|\Delta \nabla z\|_{\boldsymbol{L}^4}\|\Delta^2 z\|_{\boldsymbol{L}^2}$$

$$\leqslant C(T; \|z_0\|_{\boldsymbol{H}^2})\|\Delta \nabla z\|_{\boldsymbol{L}^2}^{\frac{1}{4}}\|\Delta^2 z\|_{\boldsymbol{H}^2}^{\frac{7}{8}}$$

$$\leqslant \frac{1}{3}\|\Delta^2 z\|_{\boldsymbol{L}^2}^2 + C(\|z_0\|_{\boldsymbol{H}^2})(1 + \|\Delta \nabla z\|_{\boldsymbol{L}^2}^2), \tag{2.42}$$

$$\left| k\boldsymbol{\mu} \int_{\mathbb{R}^3} \Delta(|z|^2 z)\Delta^2 z \mathrm{d}x \right| \leqslant \frac{1}{3}\|\Delta^2 z\|_{\boldsymbol{L}^2}^2 + C(\|z_0\|_{\boldsymbol{H}^2}). \tag{2.43}$$

将方程 (2.42)、(2.43) 代入方程 (2.41)，再利用 Gronwall 不等式，就得到方程 (2.36). 利用 Hölder 不等式和嵌入定理，就得到了方程 (2.35) 和方程 (2.37).

同样地，我们能证明下列引理.

**引理 2.4** 如果 $m \geqslant 4$，那么在定理 2.1 和定理 2.2 的条件下，有估计

$$\|\Delta^2 \boldsymbol{u}(\cdot, t)\|_{\boldsymbol{L}^2}^2 + \int_0^t \|\Delta^2 \nabla \boldsymbol{u}(\cdot, s)\|_{\boldsymbol{L}^2}^2 \mathrm{d}s$$

$$\leqslant C(T; \|\boldsymbol{u}_0\|_{\boldsymbol{H}^4}), \ \forall T > 0, \ t \in [0, T], \tag{2.44}$$

$$\|\Delta \boldsymbol{u}_t(\cdot, t)\|_{\boldsymbol{L}^2}^2 + \int_0^t \|\Delta \nabla \boldsymbol{u}_t(\cdot, s)\|_{\boldsymbol{L}^2}^2 \mathrm{d}t$$

$$\leqslant C(T; \|\boldsymbol{u}_0\|_{\boldsymbol{H}^4}), \ t \in [0, T]. \tag{2.45}$$

**引理 2.5** 在定理 2.1 和定理 2.2 的条件下，有估计

$$\|\partial_t^j \partial_x^\alpha \boldsymbol{u}(\cdot, t)\|_{\boldsymbol{L}^2}^2 \leqslant C(T; \|\boldsymbol{u}_0\|_{\boldsymbol{H}^m}), \ \forall T > 0, \ t \in [0, T], \tag{2.46}$$

$$\int_0^t \|\partial_t^h \partial_x^\beta \boldsymbol{u}(\cdot, s)\|_{\boldsymbol{L}^2}^2 \mathrm{d}s \leqslant C(T; \|\boldsymbol{u}_0\|_{\boldsymbol{H}^m}), \ \forall T > 0, \ t \in [0, T]. \tag{2.47}$$

其中，$2j + |\alpha| \leqslant m, 2k + |\beta| \leqslant m + 1$.

## 2.3　光滑解的唯一性

本节将证明 LLB 方程的光滑解的唯一性，即证明：

**定理 2.4** 如果 $\boldsymbol{u}$ 和 $\boldsymbol{v}$ 是方程的两个光滑解，它们的初值相同，满足 $\boldsymbol{u}_0 = \boldsymbol{v}_0 \in H^\infty(\mathbb{R}^d)$，则有 $\boldsymbol{u} \equiv \boldsymbol{v}$.

证明. 设 $\boldsymbol{w} = \boldsymbol{u} - \boldsymbol{v}$，只需证明 $\boldsymbol{w} \equiv 0$. 由于 $\boldsymbol{u}$ 和 $\boldsymbol{v}$ 都满足同一个方程，经计算可知，$\boldsymbol{w}$ 满足方程

$$\boldsymbol{w}_t = \Delta \boldsymbol{w} + \boldsymbol{u} \times \Delta \boldsymbol{u} - \boldsymbol{v} \times \Delta \boldsymbol{v} - k\boldsymbol{w} - k((|\boldsymbol{u}|^2)\boldsymbol{u} - (|\boldsymbol{v}|^2)\boldsymbol{v}).$$

上式中的叉乘可以改写为

$$\boldsymbol{u} \times \Delta \boldsymbol{u} - \boldsymbol{v} \times \Delta \boldsymbol{u} + \boldsymbol{v} \times \Delta \boldsymbol{u} - \boldsymbol{v} \times \Delta \boldsymbol{v} = \boldsymbol{w} \times \Delta \boldsymbol{u} + \boldsymbol{v} \times \Delta \boldsymbol{w}.$$

于是

$$\boldsymbol{w}_t = \Delta\boldsymbol{w} + \boldsymbol{w} \times \Delta\boldsymbol{u} + \boldsymbol{v} \times \Delta\boldsymbol{w} - k\boldsymbol{w} - k(|\boldsymbol{u}|^2 + |\boldsymbol{v}|^2 + \boldsymbol{u} \cdot \boldsymbol{v})\boldsymbol{w},$$

上式两边同时与 $\boldsymbol{w}$ 做点乘，则有

$$\frac{1}{2}\frac{\mathrm{d}}{\mathrm{d}t}\int_{\mathbb{R}^d}|\boldsymbol{w}|^2\mathrm{d}x$$

$$= -\int_{\mathbb{R}^d}|\nabla\boldsymbol{w}|^2\mathrm{d}x + \int_{\mathbb{R}^d}(\boldsymbol{v} \times \Delta\boldsymbol{w}) \cdot \boldsymbol{w}\mathrm{d}x -$$

$$k\int_{\mathbb{R}^d}|\boldsymbol{w}|^2\mathrm{d}x - k\int_{\mathbb{R}^d}(|\boldsymbol{u}|^2 + |\boldsymbol{v}|^2 + \boldsymbol{u} \cdot \boldsymbol{v})|\boldsymbol{w}|^2\mathrm{d}x,$$

其中

$$\left|\int_{\mathbb{R}^d}(\boldsymbol{v} \times \Delta\boldsymbol{w}) \cdot \boldsymbol{w}\mathrm{d}x\right|$$

$$= \left|\int_{\mathbb{R}^d}(\nabla\boldsymbol{v} \times \nabla\boldsymbol{w}) \cdot \boldsymbol{w}\mathrm{d}x\right|$$

$$\leqslant 2\|\nabla\boldsymbol{v}\|_{\boldsymbol{L}^\infty}^2\|\boldsymbol{w}\|_{\boldsymbol{L}^2}^2 + \frac{1}{2}\|\nabla\boldsymbol{w}\|_{\boldsymbol{L}^2}^2, \tag{2.48}$$

$$k\left|\int_{\mathbb{R}^d}(|\boldsymbol{u}|^2 + |\boldsymbol{v}|^2 + \boldsymbol{u} \cdot \boldsymbol{v})|\boldsymbol{w}|^2\mathrm{d}x\right|$$

$$\leqslant 2k(\|\boldsymbol{v}\|_{\boldsymbol{L}^\infty}^2 + \|\boldsymbol{u}\|_{\boldsymbol{L}^\infty}^2)\|\boldsymbol{w}\|_{\boldsymbol{L}^2}^2. \tag{2.49}$$

因为 $\boldsymbol{u}$ 和 $\boldsymbol{v}$ 是光滑解，故范数 $\|\nabla\boldsymbol{v}\|_{\boldsymbol{L}^\infty}^2, \|\boldsymbol{u}\|_{\boldsymbol{L}^\infty}^2$ 和 $\|\boldsymbol{v}\|_{\boldsymbol{L}^\infty}^2$ 可以用常数代替，于是可得

$$\frac{\mathrm{d}}{\mathrm{d}t}\int_{\mathbb{R}^d}|\boldsymbol{w}|^2\mathrm{d}x \leqslant C\int_{\mathbb{R}^d}|\boldsymbol{w}|^2\mathrm{d}x.$$

根据 Gronwall 不等式和条件 $\boldsymbol{w}(x,0) \equiv 0$，则有 $\boldsymbol{w} \equiv 0$。

# 第 3 章

# Landau-Lifshitz-Bloch-Maxwell 方程的初值问题

在物理学中，Landau-Lifshitz-Bloch-Maxwell 方程适用于大范围的温度，因此可以用来研究铁磁体中磁化矢量的动力学性质. 本章中研究的是 Landau-Lifshitz-Bloch-Maxwell 方程的初值问题，如果初值属于 $(H^1, L^2, L^2)$，则建立了整体弱解的存在性；如果初值在 $(H^{m+1}, H^m, H^m)(m \geqslant 1)$，则建立了整体光滑解的存在唯一性.

## 3.1 Landau–Lifshitz–Bloch-Maxwell 方程

考虑 Landau-Lifshitz-Bloch-Maxwell 方程

$$\frac{\partial Z}{\partial t} = \Delta Z + Z \times (\Delta Z + H) - k(1 + \mu|Z|^2)Z, \tag{3.1}$$

$$\frac{\partial E}{\partial t} + \sigma E = \nabla \times H, \tag{3.2}$$

$$\frac{\partial H}{\partial t} + \beta \frac{\partial Z}{\partial t} = -\nabla \times E, \tag{3.3}$$

$$\nabla \cdot (H + \beta Z) = 0, \ \nabla \cdot E = 0, \tag{3.4}$$

$$Z(x + 2De_i, t) = Z(x, t), \ H(x + 2De_i, t) = H(x, t),$$

$$E(x + 2De_i, t) = E(x, t). \tag{3.5}$$

初值条件为

$$Z(x, 0) = Z_0(x),$$

$$H(x, 0) = H_0(x),$$

$$E(x, 0) = E_0(x),\ x \in \mathbb{R}^d, \tag{3.6}$$

其中，$\sigma, k, \mu, \beta$ 为正的常数. $Z \in \mathbb{R}^3$ 为自旋极化，$H(x, t) = (H_1, H_2, H_3)$ 为磁场，$E(x, t) = (E_1(x, t),\ E_2(x, t), E_3(x, t))$ 为电场，$H^e = \Delta Z + H$ 为有效磁场.

$$x \in \Omega \subset \mathbb{R}^d,\ d = 2, 3,\ \Omega = \prod_{j=1}^{d}(-D, D),\ t > 0.$$

算子 $\nabla$ 定义如下：

$$\nabla = \nabla_x = \begin{cases} (\partial_{x_1}, \partial_{x_2}, 0), & d = 2,\ x = (x_1, x_2) \in \mathbb{R}^2, \\ (\partial_{x_1}, \partial_{x_2}, \partial_{x_3}), & d = 3,\ x = (x_1, x_2, x_3) \in \mathbb{R}^3. \end{cases}$$

在假设温度等于一个常数的情形下，可以由文献 [17] 得到方程组 (3.1)~(3.4).

在文献 [17,18] 中，Berti 等人提出了一种铁磁体磁化矢量动力学研究模型. 这个模型适用于大范围的温度，从而可以用来建立微磁学与从顺磁到铁磁相变的联系.

方程组 (3.1) ~ (3.4) 推广了一些磁饱和体的经典模型，如著名的 Landau–Lifshitz 方程. Landau–Lifshitz 方程很好地描述了铁磁体在低温下的磁化动力学[19]. Landau–Lifshitz–Gilbert 方程描述如下：

$$Z_t = Z \times \Delta Z - \lambda Z \times (Z \times \Delta Z),\ Z \in \mathbb{S}^2, \tag{3.7}$$

其中，$Z(x, t) = (Z_1(x, t), Z_2(x, t), Z_3(x, t))$ 为磁化矢量. $\lambda > 0$ 为 Gilbert 常数. "×" 表示向量的外积. 方程 (3.7) 被广泛研究，并且已经取得了许多重要的成果，例如文献 [20–23] 和其引用.

当 $\lambda = 0$ 时，方程 (3.7) 称为 Schrödinger 映射[29]. Schrödinger 映射的研究是非常广泛的，例如文献 [23–31] 等.

文献 [17] 中的模型与 Landau-Lifshitz-Bloch (LLB) 方程是非常接近的. 为了描述铁磁体中磁化矢量 $Z$ 在大范围的温度下的动力学特性,Garanin 等人[32-34] 用平均场近似从统计力学中导出 Landau-Lifshitz-Bloch (LLB) 方程. 在高温 ($\theta \geqslant \theta_c$, $\theta_c$-Curie 值) 下, LLB 模型通常用来描述非恒定模量磁场的动力学.

LLB 方程如下:

$$M_t = -\gamma M \times \boldsymbol{H}_{\text{eff}} + \frac{L_1}{|M|^2}(M \cdot \boldsymbol{H}_{\text{eff}})M -$$
$$\frac{L_2}{|M|^2} M \times (M \times \boldsymbol{H}_{\text{eff}}), \tag{3.8}$$

其中, $\gamma$, $L_1$, $L_2$ 为常数, $\boldsymbol{H}_{\text{eff}}$ 为有效场. 我们还可以重写 (3.8), 即

$$m_t = -\gamma m \times \boldsymbol{H}_{\text{eff}} + \frac{\gamma a_{\parallel}}{|m|^2} - \frac{\gamma a_{\perp}}{|m|^2} m \times (m \times \boldsymbol{H}_{\text{eff}}),$$

其中, $\gamma a_{\parallel} = L_1$, $\gamma a_{\perp} = L_2$. $a_{\parallel}$ 和 $a_{\perp}$ 为依赖于温度的无量纲阻尼参数并且定义如下[40]

$$a_{\parallel}(\theta) = \frac{2\theta}{3\theta_c}\lambda, \ a_{\perp}(\theta) = \begin{cases} \lambda\left(1 - \dfrac{\theta}{3\theta_c}\right), & \text{if } \theta < \theta_c, \\ a_{\parallel}(\theta), & \text{if } \theta \geqslant \theta_c, \end{cases}$$

其中 $\lambda > 0$ 是一个常数. 在文献 [13] 中, 作者指出如果 $L_1 = L_2$, 则方程 (3.8) 可以化简为

$$Z_t = \Delta Z + Z \times \Delta Z - k|Z|^2 Z, \ k > 0, \tag{3.9}$$

并且得到了方程 (3.9) 的弱解的存在性.

当 $k = 0$ 时, 方程 (3.9) 可以用来讨论 Heisenberg 顺磁体动力学[35]. 文献 [36] 的作者建立了当 $k = 0$ 时方程 (3.9) 全局光滑解的存在唯一性.

注意到方程组 (3.1) ~ (3.4) 是超定的, 因此必须假设初值 $Z_0$, $H_0$ 和 $E_0$ 在分

布意义下满足以下方程

$$\nabla \cdot (H_0 + \beta Z_0) = 0, \ \nabla \cdot E_0 = 0. \tag{3.10}$$

令 $(Z_0, H_0, E_0) \in (H^{m+1}, H^m, H^m)$. 对于 $m = 0$，问题 $(3.1) \sim (3.6)$ 的整体解的存在性已经被证明.

在证明该模型的初值问题的过程中，最主要的困难源于系统 $(3.1) \sim (3.4)$ 是超定且方程 $(3.1)$ 是拟线性的. 超定的困难可以利用 Maxwell 方程 $(3.2) \sim (3.4)$ 的守恒率来克服. 另外一部分可以用来得到一致的先验估计，这包括 $Z \times \Delta Z$ 项的辛结构，$-k(1 + \mu|Z|^2)Z$ 项的耗散性以及由方程 $(3.1)$ 中 $\Delta Z$ 项得到的正则性.

为了找到问题 $(3.1) \sim (3.6)$ 的解，引入变换

$$w = H + \beta Z, \tag{3.11}$$

并将方程 $(3.1) \sim (3.6)$ 改写成以下的形式

$$\frac{\partial Z}{\partial t} = \Delta Z + Z \times (\Delta Z + w) - k(1 + \mu|Z|^2)Z, \tag{3.12}$$

$$\frac{\partial E}{\partial t} + \sigma E = \nabla \times (w - \beta Z), \tag{3.13}$$

$$\frac{\partial w}{\partial t} = -\nabla \times E, \tag{3.14}$$

$$\nabla \cdot w = 0, \nabla \cdot E = 0, \tag{3.15}$$

$$Z(x + 2De_i, t) = Z(x, t), \ w(x + 2De_i, t) = w(x, t),$$

$$E(x + 2De_i, t) = E(x, t), \tag{3.16}$$

$$Z(x, 0) = Z_0(x), \ w(x, 0) = w_0 = H_0(x) + \beta Z_0(x), \ E(x, 0) = E_0(x). \tag{3.17}$$

首先构造满足条件 $(3.16)$、$(3.17)$ 的方程 $(3.12) \sim (3.14)$ 的解，并证明这些解在条件 $(3.10)$ 下满足方程 $(3.15)$. 因此，问题 $(3.12) \sim (3.17)$ 的解存在.

## 3.2　近似解和先验估计

在本节中，采用 Galerkin 方法来求解具有初值条件 (3.16) ~ (3.17) 的方程组 (3.12) ~ (3.14)，并建立这些 Galerkin 近似解在 $(H^1, L^2, L^2)$ 中的一致估计. 首先，建立带有初值条件 (3.16)、(3.17) 的方程组 (3.12) ~ (3.14) 的近似解的先验估计.

设 $\omega_n(x) \in H_{\text{per}}^{\infty}(\Omega)(n = 1, 2, \cdots)$ 为满足方程组

$$\Delta\omega_n + \lambda_n\omega_n = 0 \tag{3.18}$$

的单位特征函数.

周期为 $\omega_n(x - De_i) = \omega_n(x + De_i)(i = 1, 2, \cdots, d)$，$\lambda_n(n = 1, 2, \cdots)$ 为特征函数对应的特征值且两两不同. $\{\omega_n(x)\}$ 构成 $H_{\text{per}}^m(\Omega) \ (m = 0, 1, \cdots)$ 的正交法向量.

因此，

$$Z_0(x) = \sum_{s=1}^{\infty} \alpha_{0s}\omega_s(x),$$

$$w_0(x) = \sum_{s=1}^{\infty} \beta_{0s}\omega_s(x),$$

$$E_0(x) = \sum_{s=1}^{\infty} \gamma_{0s}\omega_s(x),$$

$$Z_{0N}(x) = \sum_{s=1}^{N} \alpha_{0s}\omega_s(x),$$

$$w_{0N}(x) = \sum_{s=1}^{N} \beta_{0s}\omega_s(x),$$

$$E_{0N}(x) = \sum_{s=1}^{N} \gamma_{0s}\omega_s(x),$$

其中，

$$\alpha_{0s} = \int_{\Omega} Z_0(x)\omega_s(x)\mathrm{d}x,$$

$$\beta_{0s} = \int_{\Omega} w_0(x)\omega_s(x)\mathrm{d}x,$$

$$\gamma_{0s} = \int_{\Omega} E_0(x)\omega_s(x)\mathrm{d}x.$$

如果 $(Z_0, w_0, E_0) \in (H_{\mathrm{per}}^{m+1}(\Omega), H_{\mathrm{per}}^m(\Omega), H_{\mathrm{per}}^m(\Omega))\,(m \geqslant 0)$，则

$$\|Z_{0N} - Z_0\|_{H_{\mathrm{per}}^{m+1}} \to 0, \ N \to \infty, \tag{3.19}$$

$$\|w_{0N} - w_0\|_{H_{\mathrm{per}}^m} \to 0, \ N \to \infty, \tag{3.20}$$

$$\|E_{0N} - E_0\|_{H_{\mathrm{per}}^m} \to 0, \ N \to \infty. \tag{3.21}$$

用 $Z_N(x,t)$，$w_N(x,t)$ 和 $E_N(x,t)$ 来表示问题 (3.12)~(3.14) 的近似解，并定义为如下形式

$$Z_N(x,t) = \sum_{s=1}^{N} \alpha_{sN}(t)\omega_s(x),$$

$$w_N(x,t) = \sum_{s=1}^{N} \beta_{sN}(t)\omega_s(x),$$

$$E_N(x,t) = \sum_{s=1}^{N} \gamma_{sN}(t)\omega_s(x). \tag{3.22}$$

$\alpha_{sN}(t)$，$\beta_{sN}(t)$ 和 $\gamma_{sN}(t)$ 是三维向量值函数，$s = 1, 2, \cdots, N; N = 1, 2, \cdots$，满足以下条件的一阶常微分方程组

$$\int_{\Omega} Z_{Nt}\omega_s(x)\mathrm{d}x = -\int_{\Omega} \nabla Z_N \nabla \omega_s(x)\mathrm{d}x +$$

$$\int_{\Omega} Z_N \times (\Delta Z_N + w_N)\omega_s(x)\mathrm{d}x -$$

$$\int_{\Omega} k(1 + \mu|Z_N|^2)Z_N w_s(x)\mathrm{d}x, \tag{3.23}$$

$$\int_{\Omega} w_{Nt}\omega_s(x)\mathrm{d}x = -\int_{\Omega}(\nabla \times E_N)\omega_s(x)\mathrm{d}x, \tag{3.24}$$

$$\int_{\Omega} E_{Nt}\omega_s(x)\mathrm{d}x + \sigma \int_{\Omega} E_N\omega_s(x)\mathrm{d}x$$

$$= \int_{\Omega}(\nabla \times (w_N - \beta Z_N))\omega_s(x)\mathrm{d}x. \tag{3.25}$$

满足的初值条件为

$$\alpha_{sN}(0) = \int_{\Omega} Z_N(x,0)\omega_s(x)\mathrm{d}x = \int_{\Omega} Z_0(x)\omega_s(x)\mathrm{d}x = \alpha_{0s},$$

$$\beta_{sN}(0) = \int_{\Omega} w_N(x,0)\omega_s(x)\mathrm{d}x = \int_{\Omega} w_0(x)\omega_s(x)\mathrm{d}x = \beta_{0s},$$

$$\gamma_{sN}(0) = \int_{\Omega} E_N(x,0)\omega_s(x)\mathrm{d}x = \int_{\Omega} E_0(x)\omega_s(x)\mathrm{d}x = \gamma_{0s}, \tag{3.26}$$

显然有

$$\int_{\Omega} Z_{Nt}\omega_s(x)\mathrm{d}x = \alpha'_{sN}(t),$$

$$\int_{\Omega} w_{Nt}\omega_s(x)\mathrm{d}x = \beta'_{sN}(t),$$

$$\int_{\Omega} E_{Nt}\omega_s(x)\mathrm{d}x = \gamma'_{sN}(t). \tag{3.27}$$

为了简单起见，我们将引入以下符号

$$\|\cdot\|_{L^p_{\mathrm{per}}(\Omega)} = \|\cdot\|_p, p \geqslant 2. \tag{3.28}$$

**引理 3.1** 假设 $(Z_0(x), w_0(x), E_0(x)) \in (H^1_{\mathrm{per}}(\Omega), L^2_{\mathrm{per}}(\Omega), L^2_{\mathrm{per}}(\Omega))$，则对于初值问题 (3.23)~(3.26) 的解，有以下估计

$$\sup_{0 \leqslant t \leqslant T}\{\|Z_N(\cdot,t)\|_{H^1_{\mathrm{per}}(\Omega)} + \|w_N(\cdot,t)\|_{L^2_{\mathrm{per}}(\Omega)} +$$

$$\|E_N(\cdot,t)\|_{L^2_{\mathrm{per}}(\Omega)}\} \leqslant K_0, \tag{3.29}$$

$$\int_0^T \|\Delta Z_N\|^2_{L^2_{\mathrm{per}}(\Omega)}\mathrm{d}t \leqslant K_1, \ \forall T \geqslant 0, \tag{3.30}$$

其中 $K_0$，$K_1$ 是不依赖于 $N$ 和 $D$ 的常数.

证明. 用 $\alpha_{sN}(t)$ 乘以 (3.23)，并关于 $s = 1, 2, \cdots, N$ 求和，则有

$$\frac{1}{2}\frac{\mathrm{d}}{\mathrm{d}t}\|Z_N(\cdot,t)\|_2^2 + \int_\Omega |\nabla Z_N(\cdot,t)|^2\mathrm{d}x + k\int_\Omega (1 + \mu|Z_N|^2)|Z_N|^2\mathrm{d}x = 0.$$

因为 $k, \mu > 0$，则

$$\|Z_N(\cdot,t)\|_2^2 \leqslant \|Z_N(\cdot,0)\|_2^2 e^{-2kt} \leqslant \|Z_0(x)\|_2^2 e^{-2kt}, \tag{3.31}$$

$$\int_0^t \|\nabla Z_N(\cdot,t)\|_2^2\mathrm{d}t + k\int_0^t\int_\Omega (1 + \mu|Z_N|^2)|Z_N|^2\mathrm{d}x\mathrm{d}t$$

$$\leqslant 2\|Z_0(x)\|_2^2. \tag{3.32}$$

分别用 $\beta_{sN}(t)$ 和 $\gamma_{sN}(t)$ 与方程 (3.24) 和方程 (3.25) 做标量积，并将结果相加，关于 $s = 1, 2, \cdots, N$ 求和，则有

$$\frac{1}{2}\frac{\mathrm{d}}{\mathrm{d}t}(\|E_N(\cdot,t)\|_2^2 + \|w_N(\cdot,t)\|_2^2) + \sigma\|E_N(\cdot,t)\|_2^2$$

$$= -\beta\int_\Omega (\nabla \times Z_N) \cdot E_N\mathrm{d}x$$

$$\leqslant \frac{\sigma}{2}\|E_N\|_2^2 + C\|\nabla Z_N\|_{L^2}^2. \tag{3.33}$$

由 (3.33)、(3.32) 可得

$$\|E_N(\cdot,t)\|_2^2 + \|w_N(\cdot,t)\|_2^2 + \sigma\int_0^t \|E_N(\cdot,\tau)\|_2^2\mathrm{d}\tau$$

$$\leqslant \|E_0\|_2^2 + \|w_0\|_2^2 + C\|Z_0\|_{L^2}^2. \tag{3.34}$$

分别用 $-\lambda_s\alpha_{sN}(t)$ 与方程 (3.23) 做标量积，并关于 $s = 1, 2, \cdots, N$ 求和，并注意到

$$\Delta Z_N = -\sum_{s=1}^N \lambda_s\alpha_{sN}(t)w_s(x),$$

则有

$$
\int_{\Omega} Z_{Nt} \cdot \Delta Z_N \mathrm{d}x
$$

$$
= \int_{\Omega} \Delta Z_N \cdot \Delta Z_N \mathrm{d}x -
$$

$$
k \int_{\Omega} (1 + \mu|Z_N|^2) Z_N \cdot \Delta Z_N \mathrm{d}x +
$$

$$
\int_{\Omega} (Z_N \times w_N) \cdot \Delta Z_N \mathrm{d}x -
$$

$$
k \int_{\Omega} (1 + \mu|Z_N|^2) Z_N \cdot \Delta Z_N \mathrm{d}x,
$$

$$
= k\|\nabla Z_N\|_2^2 + \int_{\Omega} k\mu|Z_N|^2 \nabla Z_N \cdot \nabla Z_N \mathrm{d}x +
$$

$$
\int_{\Omega} k\mu \nabla|Z_N|^2 \cdot \nabla|Z_N|^2 \mathrm{d}x,
$$

则有

$$
\frac{1}{2}\frac{\mathrm{d}}{\mathrm{d}t}\|\nabla Z_N(\cdot, t)\|_2^2 + \|\Delta Z_N(\cdot, t)\|_2^2 + k\|\nabla Z_N\|_2^2 +
$$

$$
\int_{\Omega} k\mu|Z_N|^2|\nabla Z_N|^2 \mathrm{d}x + \int_{\Omega} k\mu|\nabla|Z_N|^2|^2 \mathrm{d}x
$$

$$
= -\int_{\Omega} (Z_N \times w_N) \cdot \Delta Z_N \mathrm{d}x. \tag{3.35}
$$

利用 Gagliardo-Nirenberg 不等式和估计 (3.31), (3.34)，可得

$$
\left| -\int_{\Omega} (Z_N \times w_N) \cdot \Delta Z_N \mathrm{d}x \right|
$$

$$
\leqslant \|w_N\|_2\|Z_N\|_{\infty}\|\Delta Z_N\|_2
$$

$$
\leqslant C\|w_N\|_2\|Z_N\|_2^{1-d/4}\|\Delta Z_N\|_2^{1+d/4}
$$

$$
\leqslant \frac{1}{2}\|\Delta Z_N\|_2^2 + C(\|Z_0\|_2^2 + \|w_0\|_2^2 +
$$

$$
\|E_0\|_2^2)^{4/(4-d)}\|Z_0\|_2^2 e^{-2kt}. \tag{3.36}
$$

利用 (3.35)、(3.36) 和 Gronwall 不等式，可证估计 (3.29) 和 (3.30).

**引理 3.2** 假设满足引理 3.1 的条件，对于初值问题 (3.23)~(3.26) 的解 $(Z_N(x,t),$ $w_N(x,t),\ E_N(x,t))$，则存在以下估计

$$\|Z_{Nt}(\cdot,t)\|_{H^{-2}(\Omega)} + \|E_{Nt}(\cdot,t)\|_{H^{-1}(\Omega)} +$$

$$\|w_{Nt}(\cdot,t)\|_{H^{-1}(\Omega)} \leqslant K_2,\ \forall t \geqslant 0.$$

其中，$K_2$ 不依赖于 $N$ 和 $D$，$H^{-m}(\Omega)$ 是 $H^m_{\mathrm{per}}(\Omega)$ 的对偶空间.

证明. 对于任何 $\varphi \in H^2_{\mathrm{per}}$，$\varphi$ 可以表示为

$$\varphi = \varphi_N + \overline{\varphi}_N,$$

其中

$$\varphi_N = \sum_{s=1}^{N} \beta_s \omega_s(x),$$

$$\overline{\varphi}_N = \sum_{s=N+1}^{\infty} \beta_s \omega_s(x).$$

对于 $s \geqslant N+1$，

$$\int_{\Omega} Z_{Nt} \omega_s(x) \mathrm{d}x = 0.$$

则由引理 3.1，存在以下估计

$$\int_{\Omega} Z_{Nt} \varphi \mathrm{d}x = \int_{\Omega} Z_{Nt} \varphi_N(x) \mathrm{d}x$$

$$= -\int_{\Omega} \nabla Z_N \nabla \varphi_N \mathrm{d}x +$$

$$\int_{\Omega} Z_N \times (\Delta Z_N + w_N) \varphi_N(x) \mathrm{d}x -$$

$$k \int_{\Omega} (1 + \mu|Z_N|^2) Z_N \varphi_N \mathrm{d}x$$

$$= - \int_{\Omega} \nabla Z_N \nabla \varphi_N \mathrm{d}x +$$

$$\int_{\Omega} (\nabla Z_N \times Z_N) \cdot \nabla \varphi_N \mathrm{d}x +$$

$$\int_{\Omega} (Z_N \times w_N) \cdot \varphi_N \mathrm{d}x -$$

$$k \int_{\Omega} (1 + \mu|Z_N|^2) Z_N \varphi_N \mathrm{d}x$$

$$\leqslant \|\nabla Z_N\|_2 \|\nabla \varphi_N\|_2 + \|\nabla Z_N\|_2 \|Z_N\|_4 \|\nabla \varphi_N\|_4 +$$

$$\|Z_N\|_4 \|w_N\|_2 \|\varphi_N\|_4 +$$

$$C(\|Z_N\|_6^6 + \|Z_N\|_2^2) \|\varphi_N\|_2$$

$$\leqslant C\|\varphi_N\|_{H^2_{\mathrm{per}}(\Omega)}$$

$$\leqslant C\|\varphi\|_{H^2_{\mathrm{per}}(\Omega)}.$$

类似地，对于 $s \geqslant N + 1$，

$$\int_{\Omega} w_{Nt} \omega_s(x) \mathrm{d}x = 0,$$

$$\int_{\Omega} E_{Nt} \omega_s(x) \mathrm{d}x = 0.$$

则由引理 3.2，存在以下估计

$$\int_{\Omega} E_{Nt} \varphi \mathrm{d}x$$

$$= \int_{\Omega} E_{Nt} \phi_N \mathrm{d}x$$

$$\leqslant C_1 (\|E_N\|_2 + \|w_N\|_2 + \|Z_N\|_2)(\|\nabla \phi_N\|_2 + \|\phi_N\|_2)$$

$$\leqslant C_1 \|\varphi\|_{H^1_{\mathrm{per}}},$$

$$\int_\Omega w_{Nt}\varphi\mathrm{d}x$$

$$= \int_\Omega w_{Nt}\phi_N\mathrm{d}x$$

$$\leqslant C_2\|E_N\|_2\|\nabla\phi_N\|_2$$

$$\leqslant C_2\|\varphi\|_{H^1_{\mathrm{per}}}.$$

因此以下估计成立

$$\|Z_{Nt}\|_{H^{-2}(\Omega)} + \|E_{Nt}\|_{H^{-1}(\Omega)} + \|w_{Nt}\|_{H^{-1}(\Omega)} \leqslant K_2.$$

引理得证.

**引理 3.3** 在引理 3.1 的条件下，对于初值问题 (3.23) $\sim$ (3.26) 的解 $(Z_N(x,t),$ $w_N(x,t), E_N(x,t))$，则存在以下估计

$$\|Z_N(\cdot,t_1) - Z_N(\cdot,t_2)\|_2 \leqslant K_3|t_1-t_2|^{\frac{1}{3}}, \ \forall t_t, t_2 \geqslant 0,$$

$$\|w_N(\cdot,t_1) - w_N(\cdot,t_2)\|_{H^{-\epsilon}} + \|E_N(\cdot,t_1) - E_N(\cdot,t_2)\|_{H^{-\epsilon}}$$

$$\leqslant K_4|t_1-t_2|^\epsilon, \ \forall\epsilon\in(0,1), \ \forall t_t, t_2 \geqslant 0,$$

其中 $K_3$ 和 $K_4$ 不依赖于 $N$ 和 $D$.

证明. 由负序的 Sobolev 插值不等式，可得

$$\|Z_N(\cdot,t_1) - Z_N(\cdot,t_2)\|_2$$

$$\leqslant C\|Z_N(\cdot,t_1) - Z_N(\cdot,t_2)\|_{H^{-2}(\Omega)}^{\frac{1}{3}}\|Z_N(\cdot,t_1) - Z_N(\cdot,t_2)\|_{H^1(\Omega)}^{\frac{2}{3}}$$

$$\leqslant C\left\|\int_{t_1}^{t_2}\frac{\partial Z_N}{\partial t}\mathrm{d}t\right\|_{H^{-2}(\Omega)}^{\frac{1}{3}}$$

$$\leqslant C|t_2-t_1|^{\frac{1}{3}}.$$

类似地，$\forall \epsilon \in (0, 1)$，可得

$$\|w_N(\cdot, t_1) - w_N(\cdot, t_2)\|_{H^{-\epsilon}} + \|E_N(\cdot, t_1) - E_N(\cdot, t_2)\|_{H^{-\epsilon}}$$

$$\leqslant C\|w_N(\cdot, t_1) - w_N(\cdot, t_2)\|_{H^{-1}}^{\epsilon}\|w_N(\cdot, t_1) - w_N(\cdot, t_2)\|_2^{1-\epsilon} +$$

$$C\|E_N(\cdot, t_1) - E_N(\cdot, t_2)\|_{H^{-1}}^{\epsilon}\|E_N(\cdot, t_1) - E_N(\cdot, t_2)\|_2^{1-\epsilon}$$

$$\leqslant C\left\|\int_{t_1}^{t_2} \frac{\partial w_N}{\partial t}\mathrm{d}t\right\|_{H^{-1}}^{\epsilon} + C\left\|\int_{t_1}^{t_2} \frac{\partial E_N}{\partial t}\mathrm{d}t\right\|_{H^{-1}}^{\epsilon}$$

$$\leqslant C|t_2 - t_1|^{\epsilon}.$$

引理得证.

利用上述近似解的估计，可得:

**引理 3.4** 在引理 3.1 的条件下，常微分方程组 (3.23) ~ (3.26) 的初值问题存在唯一整体解 $(\alpha_{sN}(t), \beta_{sN}(t), \gamma_{sN}(t))(s = 1, 2, \cdots, N, t \in [0, T], \forall T > 0)$. 此外，这个解是连续可微的.

## 3.3　广义解的存在性

这一部分致力于证明周期初值问题 (3.12) ~ (3.17) 广义解的存在. 首先给出广义解的定义.

**定义 3.1** 三维向量函数组 $(Z(x, t), w(x, t), E(x, t)) \in (L^{\infty}([0, T]; H_{\mathrm{per}}^1(\Omega)),$ $L^{\infty}([0, T]; L_{\mathrm{per}}^2(\Omega)), \ L^{\infty}([0, T]; L_{\mathrm{per}}^2(\Omega)))$ 叫作周期问题 (3.12) ~ (3.17) 的广义解. 若对于任何向量值检验函数 $\varphi(x, t) \in C^1([0, T]; H_{\mathrm{pre}}^2(\Omega))$ 且 $\varphi(x, t)|_{t=T} = 0$，任何标量检验函数 $\xi(x, t) \in C^1([0, T]; C_{\mathrm{per}}^1(\Omega))$，以下方程组成立

$$\iint_{Q_T} Z \cdot \phi_t \mathrm{d}x\mathrm{d}t - \iint_{Q_T} \nabla Z \cdot \nabla\varphi \mathrm{d}x\mathrm{d}t -$$

$$\iint_{Q_T} (Z \times \nabla Z) \cdot \nabla \varphi \mathrm{d}x\mathrm{d}t + \iint_{Q_T} (Z \times w) \cdot \varphi \mathrm{d}x\mathrm{d}t -$$

$$k \iint_{Q_T} (1 + \mu|Z|^2)Z \cdot \varphi \mathrm{d}x\mathrm{d}t + \int_{\Omega} Z_0 \cdot \varphi(x, 0)\mathrm{d}x = 0. \tag{3.37}$$

$$\iint_{Q_T} E \cdot \phi_t(x, t)e^{\sigma t}\mathrm{d}x\mathrm{d}t + \iint_{Q_T} e^{\sigma t}(\nabla \times \varphi) \cdot (w - \beta Z)(x, t)\mathrm{d}x\mathrm{d}t +$$

$$\int_{\Omega} E_0(x)\varphi(x, 0)\mathrm{d}x = 0, \tag{3.38}$$

$$\iint_{Q_T} w \cdot \phi_t(x, t)\mathrm{d}x\mathrm{d}t - \iint_{Q_T} (\nabla \times \varphi) \cdot E(x, t)\mathrm{d}x\mathrm{d}t +$$

$$\int_{\Omega} w_0(x) \cdot \varphi(x, 0)\mathrm{d}x = 0, \tag{3.39}$$

$$\iint_{Q_T} \nabla \xi \cdot w\mathrm{d}x\mathrm{d}t = 0, \tag{3.40}$$

$$\iint_{Q_T} \nabla \xi \cdot E\mathrm{d}x\mathrm{d}t = 0, \tag{3.41}$$

$$Z(x, 0) = Z_0(x), w(x, 0) = w_0(x),$$

$$E(x, 0) = E_0(x), x \in \Omega, \tag{3.42}$$

其中，$Q_T = \Omega \times [0, T]$.

**引理 3.5** 对于所有的 $\xi(x) \in C^1_{\mathrm{per}}(\Omega)$，初始向量函数 $(Z_0(x), H_0(x), E_0(x))$ 满足条件

$$\int_{\Omega} \nabla \xi \cdot E_0(x)\mathrm{d}x = 0,$$

$$\int_{\Omega} \nabla \xi \cdot (H_0(x) + \beta Z_0(x))\mathrm{d}x = 0. \tag{3.43}$$

则对于所有的 $\xi(x, t) \in C^1([0, T]; C^1_{\mathrm{per}}(\Omega))$ 且 $\xi(x, T) = 0$ 和 $\xi_0 = \xi(x, 0)$，由 (3.38) 和 (3.39) 可得

$$\iint_{Q_T} \nabla \xi \cdot E(x, t)\mathrm{d}x\mathrm{d}t = 0,$$

$$\iint_{Q_T} \nabla \xi \cdot w(x,t) \mathrm{d}x \mathrm{d}t = 0,$$

即 (3.40) 和 (3.41) 成立.

证明. 取

$$\varphi(x,t) = \int_0^t e^{-\sigma\tau} \nabla \xi(x,\tau) \mathrm{d}\tau - \int_0^T e^{-\sigma\tau} \nabla \xi(x,\tau) \mathrm{d}\tau.$$

注意到 $\xi(x,t) \in C^1([0,T]; C^1_{\mathrm{per}}(\Omega))$, 由 (3.38) 得

$$\iint_{Q_T} E \cdot \nabla \xi \mathrm{d}x \mathrm{d}t + \int_0^T e^{-\sigma\tau} \mathrm{d}\tau \int_\Omega \nabla \xi(x,\tau) \cdot E_0(x) \mathrm{d}x = 0.$$

因为

$$\int_\Omega \nabla \xi(x,\tau) \cdot E_0(x) \mathrm{d}x = 0,$$

所以

$$\iint_{Q_T} E \cdot \nabla \xi \mathrm{d}x \mathrm{d}t = 0.$$

令

$$\varphi = \int_0^t \nabla \xi(x,\tau) \mathrm{d}\tau - \int_0^T \nabla \xi(x,\tau) \mathrm{d}\tau,$$

由 (3.39) 得

$$\iint_{Q_T} w \cdot \nabla \xi \mathrm{d}x \mathrm{d}t - \int_0^T \int_\Omega (H_0 + \beta Z_0(x)) \cdot \nabla \xi \mathrm{d}x \mathrm{d}\tau = 0.$$

由

$$\int_\Omega (H_0 + \beta Z_0(x)) \cdot \nabla \xi \mathrm{d}x = 0,$$

从而有

$$\iint_{Q_T} w \cdot \nabla \xi \mathrm{d}x \mathrm{d}t = \iint_{Q_T} (H + \beta Z) \cdot \nabla \xi \mathrm{d}x \mathrm{d}t = 0.$$

引理得证.

**定理 3.1** 设 $Z_0(x) \in H_{\mathrm{per}}^1(\Omega)$, $H_0(x) \in L_{\mathrm{per}}^2(\Omega)$, $E_0(x) \in L_{\mathrm{per}}^2(\Omega)$, 满足 (3.43). 常数 $k, \sigma, \mu, \beta$ 是正的. 则周期初值问题 (3.12) ~ (3.17) 至少存在一个整体广义解 $(Z(x,t), w(x,t), E(x,t))$ 使得

$$Z(x,t) \in L^\infty([0,T]; H^1(\Omega)) \cap L^2([0,T]; H^2(\Omega)) \cap C^{(0,\frac{1}{3})}([0,T]; L^2(\Omega)),$$

$$E(x,t), w(x,t) \in L^\infty([0,T]; L_{\mathrm{per}}^2(\Omega)) \cap C^{(0,\epsilon)}([0,T]; H^{-\epsilon}(\Omega)), \forall \epsilon \in (0,1). \quad (3.44)$$

此外, 我们有

$$\sup_{0 \leqslant t \leqslant T} \{\|Z(\cdot,t)\|_{H_{\mathrm{per}}^1(\Omega)} + \|w(\cdot,t)\|_{L_{\mathrm{per}}^2(\Omega)} + \|E(\cdot,t)\|_{L_{\mathrm{per}}^2(\Omega)}\} \leqslant K_0, \quad (3.45)$$

$$\int_0^t \|\Delta Z\|_{L_{\mathrm{per}}^2(\Omega)}^2 \mathrm{d}t \leqslant K_1, \quad (3.46)$$

$$\|Z_t(\cdot,t)\|_{H^{-2}(\Omega)} + \|E_t(\cdot,t)\|_{H^{-1}(\Omega)} + \|w_t(\cdot,t)\|_{H^{-1}(\Omega)} \leqslant K_2, \quad (3.47)$$

其中, $K_j(j = 0, 1, 2)$ 是一个不依赖于 $D$ 的常数.

证明. 对于任何向量值检验函数 $\varphi(x,t) \in C^1([0,T]; H_{\mathrm{pre}}^2(\Omega))$ 且 $\varphi(x,t)|_{t=T} = 0$, 定义近似序列

$$\phi_N(x,t) = \sum_{n=1}^N a_n(t) \omega_n(x),$$

其中

$$a_n(t) = \int_\Omega \varphi(x,t) \omega_n(x) \mathrm{d}x.$$

$\phi_N$ 在 $C^1([0, T]; H^2_{\text{pre}}(\Omega))$ 一致收敛于 $\varphi(x, t)$, 即有

$$\|\phi_N - \varphi\|_{C^1([0, T]; H^2_{\text{pre}}(\Omega))} \to 0,\ N \to \infty. \tag{3.48}$$

由引理 3.1 和引理 3.2 中解 $(Z_N(x, t), w_N(x, t), E_N(x, t))$ 的一致估计, Sobolev 嵌入定理和 Lions-Aubin 引理, 则存在一个子列 [仍用 $(Z_N(x, t), w_N(x, t), E_N(x, t))$ 表示] 使得

$$Z_N(x, t) \overset{*}{\rightharpoonup} Z(x, t) \text{ 在 } L^\infty([0, T]; H^1_{\text{per}}(\Omega)) \cap L^2([0, T]; H^2_{\text{per}}(\Omega)) \text{ 中}, \tag{3.49}$$

$$Z_{Nt}(x, t) \overset{*}{\rightharpoonup} Z_t(x, t) \text{ 在 } L^\infty([0, T]; H^{-2}_{\text{per}}(\Omega)) \text{ 中}, \tag{3.50}$$

$$Z_N(x, t) \to Z(x, t) \text{ 在 } L^q([0, T]; W^{1,p}_{\text{per}}(\Omega)) \text{ 中}, 2 \leqslant q < \infty, 2 \leqslant p < 6, \tag{3.51}$$

$$Z_N(x, t) \to Z(x, t) \text{ 在 } L^q([0, T]; L^p_{\text{per}}(\Omega)) \text{ 中}, 2 \leqslant q < \infty, 2 \leqslant p \leqslant \infty, \tag{3.52}$$

$$w_N(x, t) \overset{*}{\rightharpoonup} w(x, t) \text{ 在 } L^\infty([0, T]; L^2_{\text{per}}(\Omega)) \text{ 中}, \tag{3.53}$$

$$E_N(x, t) \overset{*}{\rightharpoonup} E(x, t) \text{ 在 } L^\infty([0, T]; L^2_{\text{per}}(\Omega)) \text{ 中}. \tag{3.54}$$

做 $a_s(t)$ 与方程 (3.23) 的标量积, $a_s(t)$ 与方程 (3.24) 的标量积, $e^{\sigma t}a_s$ 与方程 (3.25) 的标量积, 并关于 $s = 1, 2, \cdots, N$ 求和, 可得

$$\iint_{Q_T} Z_{Nt} \cdot \phi_N \mathrm{d}x\mathrm{d}t - \iint_{Q_T} \Delta Z_N \cdot \phi_N \mathrm{d}x\mathrm{d}t -$$

$$\iint_{Q_T} (Z_N \times (\Delta Z_N + w_N)) \cdot \phi_N \mathrm{d}x\mathrm{d}t +$$

$$k \iint_{Q_T} (1 + \mu|Z_N|^2)Z_N \cdot \phi_N \mathrm{d}x\mathrm{d}t = 0, \tag{3.55}$$

$$\iint_{Q_T} w_{Nt} \cdot \phi_N(x, t) \mathrm{d}x\mathrm{d}t$$

$$= - \iint_{Q_T} (\nabla \times E_N) \cdot \phi_N(x) \mathrm{d}x\mathrm{d}t, \tag{3.56}$$

$$\iint_{Q_T} \frac{\mathrm{d}}{\mathrm{d}t}(e^{\sigma t}E_N) \cdot \phi_N \mathrm{d}x\mathrm{d}t$$

$$= \iint_{Q_T} e^{\sigma t} [\nabla \times (w_N - \beta Z_N)] \cdot \phi_N \mathrm{d}x\mathrm{d}t. \tag{3.57}$$

重写 (3.55)，则有

$$\iint_{Q_T} Z_N \cdot \phi_{Nt} \mathrm{d}x\mathrm{d}t - \iint_{Q_T} \nabla Z_N \cdot \nabla \phi_N \mathrm{d}x\mathrm{d}t -$$

$$\iint_{Q_T} (Z_N \times \nabla Z_N) \cdot \nabla \phi_N \mathrm{d}x\mathrm{d}t +$$

$$\iint_{Q_T} (Z_N \times w_N) \cdot \phi_N \mathrm{d}x\mathrm{d}t -$$

$$k \iint_{Q_T} (1 + \mu |Z_N|^2) Z_N \cdot \phi_N \mathrm{d}x\mathrm{d}t +$$

$$\int_{\Omega} Z_N(x,0) \cdot \phi_N(x,0) \mathrm{d}x = 0. \tag{3.58}$$

重写 (3.56)，可得

$$\iint_{Q_T} w_N(x,t) \cdot \phi_{Nt} \mathrm{d}x\mathrm{d}t -$$

$$\iint_{Q_T} (\nabla \times \phi_N) \cdot E_N \mathrm{d}x\mathrm{d}t +$$

$$\int_{\Omega} w_N(x,0) \cdot \phi_N(x,0) \mathrm{d}x = 0. \tag{3.59}$$

重写 (3.57)，可得

$$\iint_{Q_T} E_N \cdot (\phi_{Nt} e^{\sigma t}) \mathrm{d}x\mathrm{d}t +$$

$$\iint_{Q_T} e^{\sigma t} (\nabla \times \phi_N) \cdot (w_N - \beta Z_N) \mathrm{d}x\mathrm{d}t +$$

$$\int_{\Omega} E_N(\cdot, 0) \cdot \phi_N(\cdot, 0) \mathrm{d}x = 0. \tag{3.60}$$

由 (3.19) $\sim$ (3.21) 和 (3.48) 可以知道

$$\int_{\Omega} Z_N(x,0) \cdot \phi_N(x,0) \mathrm{d}x \to \int_{\Omega} Z_0(x) \cdot \varphi(x,0) \mathrm{d}x, \ N \to \infty,$$

$$\int_{\Omega} w_N(x,0) \cdot \phi_N(x,0)\mathrm{d}x \to \int_{\Omega} w_0(x) \cdot \varphi(x,0)\mathrm{d}x, \ N \to \infty,$$

$$\int_{\Omega} E_N(x,0) \cdot \phi_N(x,0)\mathrm{d}x \to \int_{\Omega} E_0(x) \cdot \varphi(x,0)\mathrm{d}x, \ N \to \infty.$$

注意到

$$\iint_{Q_T} (\nabla \times \phi_N) \cdot E_N \mathrm{d}x\mathrm{d}t$$

$$= \iint_{Q_T} \nabla \times (\phi_N - \varphi) \cdot E_N \mathrm{d}x\mathrm{d}t + \iint_{Q_T} \nabla \times \varphi \cdot E_N \mathrm{d}x\mathrm{d}t$$

$$= \iint_{Q_T} \nabla \times (\phi_N - \varphi) \cdot E_N \mathrm{d}x\mathrm{d}t + \iint_{Q_T} (\nabla \times \varphi) \cdot E \mathrm{d}x\mathrm{d}t +$$

$$\iint_{Q_T} (\nabla \times \varphi) \cdot (E_N - E)\mathrm{d}x\mathrm{d}t,$$

(3.48) 意味着

$$\left| \iint_{Q_T} \nabla \times (\phi_N - \varphi) \cdot E_N \mathrm{d}x \right|$$

$$\leqslant \left( \iint_{Q_T} |\nabla(\phi_N - \varphi)|^2 \mathrm{d}x\mathrm{d}t \right)^{\frac{1}{2}} \|E_N\|_{L^2(Q_T)} \to 0.$$

从 (3.54) 可知

$$\left| \iint_{Q_T} (\nabla \times \varphi) \cdot (E_N - E)\mathrm{d}x\mathrm{d}t \right| \to 0,$$

因此可得

$$\iint_{Q_T} (\nabla \times \phi_N) \cdot E_N \mathrm{d}x\mathrm{d}t \to \iint_{Q_T} (\nabla \times \varphi) \cdot E \mathrm{d}x\mathrm{d}t, \ N \to \infty.$$

类似地，可以证明

$$\iint_{Q_T} w_N \cdot \phi_{Nt}\mathrm{d}x\mathrm{d}t \to \iint_{Q_T} w \cdot \phi_t \mathrm{d}x\mathrm{d}t, \ N \to \infty,$$

$$\iint_{Q_T} E_N \cdot (\phi_{Nt} e^{\sigma t}) \mathrm{d}x\mathrm{d}t \to \iint_{Q_T} E \cdot (\phi_t e^{\sigma t}) \mathrm{d}x\mathrm{d}t, \ N \to \infty,$$

$$\iint_{Q_T} e^{\sigma t}(\nabla \times \phi_N) \cdot (w_N - \beta Z_N) \mathrm{d}x\mathrm{d}t \to$$

$$\iint_{Q_T} e^{\sigma t}(\nabla \times \varphi) \cdot (w - \beta Z) \mathrm{d}x\mathrm{d}t, \ N \to \infty,$$

$$\iint_{Q_T} Z_N \cdot \phi_{Nt} \mathrm{d}x\mathrm{d}t \to \iint_{Q_T} Z \cdot \phi_t \mathrm{d}x\mathrm{d}t, \ N \to \infty,$$

$$\iint_{Q_T} \nabla Z_N \cdot \nabla \phi_N \mathrm{d}x\mathrm{d}t \to \iint_{Q_T} \nabla Z \cdot \nabla \varphi \mathrm{d}x\mathrm{d}t, \ N \to \infty.$$

从 (3.51)、(3.52) 和 (3.48) 推出

$$Z_N \times \nabla Z_N \to Z \times \nabla Z \ L^2(Q_T),$$

$$1 + \mu|Z_N|^2 Z_N \to (1 + \mu|Z|^2)Z \ L^2(Q_T),$$

$$Z_N \times \phi_N \to Z \times \varphi \ L^2(Q_T).$$

因此

$$\iint_{Q_T} (Z_N \times \nabla Z_N) \cdot \nabla \phi_N \mathrm{d}x\mathrm{d}t \to \iint_{Q_T} (Z \times \nabla Z) \cdot \nabla \varphi \mathrm{d}x\mathrm{d}t, \ N \to \infty,$$

$$\iint_{Q_T} (Z_N \times w_N) \cdot \phi_N \mathrm{d}x\mathrm{d}t \to \iint_{Q_T} (Z \times w) \cdot \varphi \mathrm{d}x\mathrm{d}t, \ N \to \infty,$$

$$\iint_{Q_T} (1 + \mu|Z_N|^2)Z_N \cdot \phi_N \mathrm{d}x\mathrm{d}t \to \iint_{Q_T} (1 + \mu|Z|^2)Z \cdot \varphi \mathrm{d}x\mathrm{d}t, \ N \to \infty.$$

因此, 令方程 (3.58)、(3.59)、(3.60) 中的 $N \to \infty$, 可以得到极限函数 $Z(x,t)$, $w(x,t)$, $E(x,t)$ 满足积分等式 (3.37)、(3.38)、(3.39). 由引理 3.3, 方程 (3.40)、(3.41) 成立, 显然 (3.42) 成立, 则初值问题 (3.12)~(3.17) 的广义整体解存在.

利用引理 3.3 的证明, 可得

$$Z \in C^{(0,\frac{1}{3})}([0,T]; L^2_{\mathrm{per}}(\Omega)), w, E \in C^{(0,\epsilon)}([0,T]; H^{-\epsilon}(\Omega)), \ \forall \epsilon \in (0,1).$$

定理得证.

由于先验估计 (3.45) ~ (3.47) 关于 $D$ 是一致的, 利用对角线方法且令 $D \to \infty$, 可得以下结果:

**定理 3.2** 设 $Z_0(x) \in H^1(\mathbb{R}^d)$, $H_0(x) \in L^2(\mathbb{R}^d)$, $E_0(x) \in L^2(\mathbb{R}^d)$, 且满足 (3.40). $k, \sigma, \mu, \beta$ 是正常数. 则存在初值问题 $(3.12) \sim (3.15)$ 和 $(3.17)$ 的整体广义解 $(Z(x,t),$ $w(x,t), E(x,t))$ 满足

$$Z(x,t) \in L^\infty([0,T]; H^1(\mathbb{R}^d)) \cap C^{(0,\frac{1}{3})}([0,T]; L^2(\mathbb{R}^d)),$$

$$w(x,t), E(x,t) \in L^\infty([0,T]; L^2(\mathbb{R}^d)) \cap C^{(0,\epsilon)}([0,T]; H^{-\epsilon}(\mathbb{R}^d)), \ \forall \epsilon \in (0,1).$$

因此, 定理 3.2 得证.

## 3.4　正则性和整体光滑解

这一节主要证明周期问题 $(3.12) \sim (3.17)$ 和初值问题 $(3.12) \sim (3.15)$, $(3.17)$ 的整体光滑解的存在性和唯一性. 为了这个目的, 需要研究问题 $(3.23) \sim (3.26)$ 近似解 $(Z_N, w_N, E_N)$ 的正则性.

在 3.4 节的 3.4.1 小节, 考虑的是 $d = 2$ 的情形. 在此情形下, 整体解的存在性和唯一性与初值 $(Z_0, H_0, E_0)$ 无关.

在 3.4 节的 3.4.2 小节, 考虑的是 $d = 3$ 的情形. 在此情形下, 只有满足初值 $\|Z_0\|_{H^1}$ 足够小的条件, 才能得到整体解的存在性和唯一性.

以下 Gagliardo-Nirenberg 不等式在本文中将用到很多次.

**引理 3.6** (Gagliardo-Nirenberg 不等式) 设 $u \in L^q(\Omega), D^m u \in L^r(\Omega)$, $\Omega \subset \mathbb{R}^n$, $1 \leqslant q, r \leqslant \infty$, $0 \leqslant j \leqslant m$. 则

$$\|D^j u\|_{L^p(\Omega)} \leqslant C(j,m;p,r,q)\|u\|_{W_r^m(\Omega)}^a\|u\|_{L^q(\Omega)}^{1-a}, \tag{3.61}$$

其中 $C(j,m;p,r,q)$ 是一个正常数，且满足

$$\frac{1}{p} = \frac{j}{n} + a\left(\frac{1}{r} - \frac{m}{n}\right) + (1-a)\frac{1}{q}, \ \frac{j}{m} \leqslant a \leqslant 1.$$

### 3.4.1 $d=2$ 的情形

在这一小节，考虑 $d=2$ 的特殊情形且 $x \in \Omega \subset \mathbb{R}^2$. 首先给出 Galerkin 近似解 $(Z_N, w_N, E_N)$ 的先验估计并证明解 $(Z, w, E)$ 的存在性和唯一性.

**引理 3.7** 设 $Z_0(x) \in H_{\mathrm{per}}^2(\Omega), w_0(x), E_0(x) \in H_{\mathrm{per}}^1(\Omega), \Omega \subset \mathbb{R}^2$, 则对于问题 (3.23)$\sim$ (3.26) 的解，有

$$\sup_{0 \leqslant t \leqslant T} [\|\Delta Z_N\|_2^2 + \|\nabla w_N(\cdot,t)\|_2^2 + \|\nabla E_N(\cdot,t)\|_2^2] +$$
$$\int_0^T \|\nabla \Delta Z_N\|_2^2 \mathrm{d}t \leqslant K_3, \ \forall T > 0, \tag{3.62}$$

其中常数 $K_3$ 仅依赖于 $\|Z_0(x)\|_{H_{\mathrm{per}}^2(\Omega)}$，$\|H_0(x)\|_{H_{\mathrm{per}}^1(\Omega)}$ 和 $\|E_0(x)\|_{H_{\mathrm{per}}^1(\Omega)}$，与 $N$ 和 $D$ 无关.

**证明.** 做 $\lambda_s^2 \alpha_{sN}$ 和 (3.23) 的标量积，并对所得等式关于 $s = 1, 2, \cdots, N$ 求和，并注意到

$$\Delta^2 Z_N = \sum_{s=1}^N \lambda_s^2 \alpha_{sN}(t)\omega_s(x),$$

则有

$$\frac{1}{2}\frac{\mathrm{d}}{\mathrm{d}t}\|\Delta Z_N\|_2^2 + \|\nabla \Delta Z_N\|_2^2$$
$$= -\int_\Omega [\nabla Z_N \times (\Delta Z_N + w_N)] \cdot \nabla \Delta Z_N \mathrm{d}x -$$

$$\int_\Omega (Z_N \times \nabla w_N) \cdot \nabla \Delta Z_N \mathrm{d}x -$$

$$k \int_\Omega (1 + \mu |Z_N|^2) Z_N \cdot \Delta^2 Z_N \mathrm{d}x. \tag{3.63}$$

利用 Hölder 不等式,

$$\left| \int_\Omega (\nabla Z_N \times (\Delta Z_N + w_N)) \cdot \nabla \Delta Z_N \mathrm{d}x \right|$$

$$\leqslant \|\nabla Z_N\|_{L^\infty} (\|\Delta Z_N\|_2 + \|w_N\|_2) \|\nabla \Delta Z_N\|_2.$$

再由 Gagliardo-Nirenlerg 不等式, 可得

$$\|\nabla Z_N\|_{L^\infty} \leqslant C \|\nabla Z_N\|_{H^2}^{\frac{1}{2}} \|\nabla Z_N\|_2^{\frac{1}{2}}. \tag{3.64}$$

因此,

$$\left| \int_\Omega [\nabla Z_N \times (\Delta Z_N + w_N)] \cdot \nabla \Delta Z_N \mathrm{d}x \right|$$

$$\leqslant \frac{1}{6} \|\nabla \Delta Z_N\|_2^2 + C(\|\nabla Z_0\|_2, \|w_0\|_2, \|E_0\|_2)(1 + \|\Delta Z_N\|_2^4), \tag{3.65}$$

其中利用了估计 (3.29). 类似地可以得到

$$\left| \int_\Omega (Z_N \times \nabla w_N) \cdot \nabla \Delta Z_N \mathrm{d}x \right|$$

$$\leqslant \|Z_N\|_{L^\infty} \|\nabla \Delta Z_N\|_2 \|\nabla w_N\|_2$$

$$\leqslant \frac{1}{6} \|\nabla \Delta Z_N\|_2^2 + C(1 + \|\Delta Z_N\|_2^2) \|\nabla w_N\|_2^2, \tag{3.66}$$

$$\left| k \int_\Omega (1 + \mu |Z_N|^2) Z_N \cdot \Delta^2 Z_N \mathrm{d}x \right|$$

$$= \left| k \int_\Omega [\nabla \Delta Z_N \cdot \nabla Z_N + \mu \nabla(|Z_N|^2 Z_N) \cdot \nabla \Delta Z_N] \mathrm{d}x \right|$$

$$\leqslant k \|\nabla \Delta Z_N\|_2 \|\nabla Z_N\|_2 (1 + 3\mu \|Z_N\|_{L^\infty}^2)$$

$$\leqslant \frac{1}{6} \|\nabla \Delta Z_N\|_2^2 + C(1 + \|\Delta Z_N\|_2^4), \tag{3.67}$$

其中运用了 Sobolev 嵌入 $H^2_{\mathrm{per}}(\Omega) \subset L^\infty_{\mathrm{per}}(\Omega)$，因此将估计 (3.65) $\sim$ (3.67) 代入 (3.63)，则有

$$\frac{\mathrm{d}}{\mathrm{d}t}\|\Delta Z_N\|_2^2 + \|\nabla\Delta Z_N\|_2^2$$

$$\leqslant C(1 + \|\Delta Z_N\|_2^2)(1 + \|\Delta Z_N\|_2^2 + \|\nabla w_N\|_2^2). \tag{3.68}$$

得证.

做 $\lambda_s\beta_s$ 和 (3.24) 的标量积，$\lambda_s\gamma_s$ 和 (3.25) 的标量积，并对所得等式关于 $s = 1, 2, \cdots, N$ 求和，并注意到

$$-\Delta w_N = \sum_{s=1}^{N} \lambda_s \beta_{sN}(t)\omega_s(x),$$

$$-\Delta E_N = \sum_{s=1}^{N} \lambda_s \gamma_{sN}(t)\omega_s(x),$$

可得

$$\frac{1}{2}\frac{\mathrm{d}}{\mathrm{d}t}\|\nabla w_N\|_2^2$$

$$= -\sum_{j=1}^{2} \int_\Omega (\nabla \times \partial_j E_N) \cdot \partial_j w_N \mathrm{d}x, \tag{3.69}$$

$$\frac{1}{2}\frac{\mathrm{d}}{\mathrm{d}t}\|\nabla E_N\|_2^2 + \sigma\|\nabla E_N\|_2^2$$

$$= \sum_{j=1}^{2} \int_\Omega [\nabla \times \partial_j(w_N - \beta Z_N)] \cdot \partial_j E_N \mathrm{d}x. \tag{3.70}$$

将 (3.69) 和 (3.70) 相加可以得到

$$\frac{1}{2}\frac{\mathrm{d}}{\mathrm{d}t}(\|\nabla w_N\|_2^2 + \|\nabla E_N\|_2^2) + \sigma\|\nabla E_N\|_2^2$$

$$= -\beta \sum_{j=1}^{2} \int_\Omega (\nabla \times \partial_j Z_N) \cdot \partial_j E_N \mathrm{d}x$$

$$\leqslant \frac{\sigma}{2}\|\nabla E_N\|_2^2 + C\|\Delta Z_N\|_2^2, \tag{3.71}$$

其中用到了以下事实

$$\int_\Omega (\nabla \times \partial_j w_N) \cdot \partial_j E_N \mathrm{d}x - \int_\Omega (\nabla \times \partial_j E_N) \cdot \partial_j w_N \mathrm{d}x = 0.$$

联合 (3.68) 和 (3.71)，可以推出

$$\frac{\mathrm{d}}{\mathrm{d}t}(\|\Delta Z_N\|_2^2 + \|\nabla w_N\|_2^2 + \|\nabla E_N\|_2^2) + \|\nabla \Delta Z_N\|_2^2 + \sigma\|\nabla E_N\|_2^2$$
$$\leqslant C(1 + \|\Delta Z_N\|_2^2)(1 + \|\Delta Z_N\|_2^2 + \|\nabla w_N\|_2^2). \tag{3.72}$$

由估计 (3.30)、(3.72)，并利用 Gronwall 不等式，可证估计 (3.62).

利用归纳法，可以证明以下引理:

**引理 3.8** 设 $(Z_0(x), w_0(x), E_0(x)) \in (H_{\mathrm{per}}^{m+1}(\Omega), H_{\mathrm{per}}^m(\Omega), H_{\mathrm{per}}^m(\Omega))(m \geqslant 0)$，则问题 (3.23) ~ (3.26) 的解 $(Z_N(x), w_N(x), E_N(x))$ 满足以下估计

$$\sup_{t\in[0,T]} [\|Z_N(\cdot,t)\|_{H_{\mathrm{per}}^{m+1}(\Omega)}^2 + \|w_N(\cdot,t)\|_{H_{\mathrm{per}}^m(\Omega)}^2 + \|E_N(\cdot,t)\|_{H_{\mathrm{per}}^m(\Omega)}^2] +$$
$$\int_0^T \|Z_N(\cdot,t)\|_{H_{\mathrm{per}}^{m+2}(\Omega)}^2 \mathrm{d}t \leqslant K_{m+2}, \quad \forall T > 0, \tag{3.73}$$

其中常数 $K_{m+2}$ 与 $D$ 和 $N$ 无关.

证明. 从引理 3.1 和引理 3.7 可以知道，估计 (3.73) 关于 $m = 0, 1$ 成立.

做 $\lambda_s^3 \alpha_{sN}$ 和 (3.23) 的标量积，并对所得等式关于 $s = 1, 2, \cdots, N$ 求和，并注意到

$$\Delta^3 Z_N = -\sum_{s=1}^N \lambda_s^3 \alpha_{sN}(t)\omega_s(x),$$

所以

$$\frac{1}{2}\frac{\mathrm{d}}{\mathrm{d}t}\|\nabla\Delta Z_N\|_2^2 + \|\Delta^2 Z_N\|_2^2$$

$$= -\int_\Omega \{\Delta[Z_N \times (\Delta Z_N + w_N)]\} \cdot \Delta^2 Z_N \mathrm{d}x -$$

$$k\int_\Omega [\Delta(Z_N + \mu|Z_N|^2 Z_N)] \cdot \Delta^2 Z_N \mathrm{d}x. \tag{3.74}$$

利用 Hölder 不等式,

$$\left|\int_\Omega \{\Delta[Z_N \times (\Delta Z_N + w_N)]\} \cdot \Delta^2 Z_N \mathrm{d}x\right|$$

$$\leqslant 2\int_\Omega |(\nabla Z_N \times \nabla\Delta Z_N) \cdot \Delta^2 Z_N|\mathrm{d}x +$$

$$\sum_{j=0}^2 \binom{2}{j} \int_\Omega |(\nabla^j Z_N \times \nabla^{2-j} w_N) \cdot \Delta^2 Z_N|\mathrm{d}x$$

$$\leqslant C\bigg(\|\nabla Z_N\|_{L^\infty}\|\nabla\Delta Z_N\|_2 +$$

$$\sum_{j=0}^1 \|\nabla^j Z_N\|_{L^\infty}\|\nabla^{2-j} w_N\|_2 + \|\nabla^2 Z_N\|_2\|w_N\|_{L^\infty}\bigg)$$

$$\|\Delta^2 Z_N\|_2.$$

应用 Sobolev 嵌入定理和估计 (3.62),可得

$$\left|\int_\Omega \{\Delta[Z_N \times (\Delta Z_N + w_N)]\} \cdot \Delta^2 Z_N \mathrm{d}x\right|$$

$$\leqslant \frac{1}{4}\|\Delta^2 Z_N\|_2^2 + C(1 + \|\nabla\Delta Z_N\|_2^2 + \|\nabla\Delta Z_N\|_2^4 + \|\Delta w_N\|_2^2), \tag{3.75}$$

其中运用了 Sobolev 嵌入 $H_{\mathrm{per}}^2(\Omega) \subset L_{\mathrm{per}}^\infty(\Omega)$. 类似地可得

$$\left|k\int_\Omega [\Delta(Z_N + \mu|Z_N|^2 Z_N)] \cdot \Delta^2 Z_N \mathrm{d}x\right|$$

$$\leqslant k\|\Delta^2 Z_N\|_2(\|\Delta Z_N\|_2 + C\|Z_N\|_{L^\infty}^2\|\Delta Z_N\|_2 +$$

$$C\|Z_N\|_{L^\infty}\|\nabla Z_N\|_4^2)$$

$$\leqslant \frac{1}{4}\|\Delta^2 Z_N\|_2^2 + C, \tag{3.76}$$

其中，要利用估计 (3.62)，Sobolev 嵌入 $H_{\mathrm{per}}^2(\Omega) \subset L_{\mathrm{per}}^\infty(\Omega)$ 和 $H_{\mathrm{per}}^1(\Omega) \subset L_{\mathrm{per}}^4(\Omega)$，因此将 (3.75)、(3.76) 代入 (3.74)，可得

$$\frac{\mathrm{d}}{\mathrm{d}t}\|\nabla\Delta Z_N\|_2^2 + \|\Delta^2 Z_N\|_2^2$$

$$\leqslant C(1 + \|\nabla\Delta Z_N\|_2^2 + \|\nabla\Delta Z_N\|_2^4 + \|\Delta w_N\|_2^2). \tag{3.77}$$

做 $\lambda_s^2\beta_s$ 和 (3.24) 的标量积，$\lambda_s^2\gamma_s$ 和 (3.25) 的标量积并对所得等式关于 $s = 1, 2, \cdots, N$ 求和，注意到

$$\Delta^2 w_N = \sum_{s=1}^N \lambda_s^2 \beta_{sN}(t)\omega_s(x),$$

$$\Delta^2 E_N = \sum_{s=1}^N \lambda_s^2 \gamma_{sN}(t)\omega_s(x),$$

从而有

$$\frac{1}{2}\frac{\mathrm{d}}{\mathrm{d}t}\|\Delta w_N\|_2^2 = -\int_\Omega (\nabla\times\Delta E_N)\cdot\Delta w_N\mathrm{d}x, \tag{3.78}$$

$$\frac{1}{2}\frac{\mathrm{d}}{\mathrm{d}t}\|\Delta E_N\|_2^2 + \sigma\|\Delta E_N\|_2^2 = \int_\Omega [\nabla\times\Delta(w_N - \beta Z_N)]\cdot\Delta E_N\mathrm{d}x. \tag{3.79}$$

将 (3.78) 与 (3.79) 相加，则有

$$\frac{1}{2}\frac{\mathrm{d}}{\mathrm{d}t}(\|\Delta w_N\|_2^2 + \|\Delta E_N\|_2^2) + \sigma\|\Delta E_N\|_2^2$$

$$= -\beta\int_\Omega (\nabla\times\Delta Z_N)\cdot\Delta E_N\mathrm{d}x$$

$$\leqslant \frac{\sigma}{2}\|\Delta E_N\|_2^2 + C\|\nabla\Delta Z_N\|_2^2, \tag{3.80}$$

其中运用了以下关系等式

$$\int_\Omega (\nabla \times \Delta w_N) \cdot \Delta E_N \mathrm{d}x - \int_\Omega (\nabla \times \Delta E_N) \cdot \Delta w_N \mathrm{d}x = 0.$$

联合 (3.77) 和 (3.80)，可以推出

$$\frac{\mathrm{d}}{\mathrm{d}t}(\|\nabla \Delta Z_N\|_2^2 + \|\Delta w_N\|_2^2 + \|\Delta E_N\|_2^2) + \|\Delta^2 Z_N\|_2^2 + \sigma\|\Delta E_N\|_2^2$$

$$\leqslant C(1 + \|\nabla \Delta Z_N\|_2^2 + \|\nabla \Delta Z_N\|_2^4 + \|\Delta w_N\|_2^2). \tag{3.81}$$

利用估计 (3.62)、(3.81)，并运用 Gronwall 不等式，可得

$$\sup_{t\in[0,T]} [\|Z_N(\cdot,t)\|_{H^3_{\mathrm{per}}(\Omega)}^2 + \|w_N(\cdot,t)\|_{H^2_{\mathrm{per}}(\Omega)}^2 + \|E_N(\cdot,t)\|_{H^2_{\mathrm{per}}(\Omega)}^2] +$$

$$\int_0^T \|Z_N(\cdot,t)\|_{H^4_{\mathrm{per}}(\Omega)}^2 \mathrm{d}t \leqslant K_4, \ \forall T > 0, \tag{3.82}$$

其中，常数 $K_4$ 与 $N$ 和 $D$ 无关.

假设估计 (3.73) 对于 $m = M \geqslant 2$ 成立，即有

$$\sup_{t\in[0,T]} [\|Z_N(\cdot,t)\|_{H^{M+1}_{\mathrm{per}}(\Omega)}^2 + \|w_N(\cdot,t)\|_{H^M_{\mathrm{per}}(\Omega)}^2 + \|E_N(\cdot,t)\|_{H^M_{\mathrm{per}}(\Omega)}^2] +$$

$$\int_0^T \|Z_N(\cdot,t)\|_{H^{M+2}_{\mathrm{per}}(\Omega)}^2 \mathrm{d}t \leqslant K_{M+2}, \ \forall T > 0, \tag{3.83}$$

其中，常数 $K_{M+2}$ 与 $N$ 和 $D$ 无关. 接下来需要证明 (3.73) 关于 $m = M + 1$ 成立.

做 $\lambda_s^{M+2}\alpha_{sN}$ 和 (3.23) 的标量积，对所得等式关于 $s = 1, 2, \cdots, N$ 求和，并注意到

$$\Delta^{M+2} Z_N = (-1)^M \sum_{s=1}^N \lambda_s^{M+2}\alpha_{sN}(t)\omega_s(x),$$

可得

$$\frac{1}{2}\frac{\mathrm{d}}{\mathrm{d}t}\|\nabla^{M+2} Z_N\|_2^2 + \|\nabla^{M+3} Z_N\|_2^2$$

$$= -\int_{\Omega} \{\nabla^{M+1}[Z_N \times (\Delta Z_N + w_N)]\} \cdot \nabla^{M+3} Z_N \mathrm{d}x -$$

$$k \int_{\Omega} \left[\nabla^{M+1}(Z_N + \mu|Z_N|^2 Z_N)\right] \cdot \nabla^{M+3} Z_N \mathrm{d}x. \tag{3.84}$$

由 Hölder 不等式, 可得

$$\left|\int_{\Omega} \{\nabla^{M+1}[Z_N \times (\Delta Z_N + w_N)]\} \cdot \nabla^{M+3} Z_N \mathrm{d}x\right|$$

$$\leqslant \sum_{j=1}^{M+1} \binom{M+1}{j} \int_{\Omega} |(\nabla^j Z_N \times \nabla^{M+3-j} Z_N) \cdot \nabla^{M+3} Z_N| \mathrm{d}x +$$

$$\sum_{j=0}^{M+1} \binom{M+1}{j} \int_{\Omega} |(\nabla^j Z_N \times \nabla^{M+1-j} w_N) \cdot \nabla^{M+3} Z_N| \mathrm{d}x$$

$$\leqslant C\Bigg[\sum_{j=1}^{2} \|\nabla^j Z_N\|_{L^\infty} \|\nabla^{M+3-j} Z_N\|_2 +$$

$$\sum_{j=0}^{2} \|\nabla^j Z_N\|_{L^\infty} \|\nabla^{M+1-j} w_N\|_2 +$$

$$\chi(M \geqslant 3) \sum_{j=3}^{M} \|\nabla^j Z_N\|_4 (\|\nabla^{M+3-j} Z_N\|_4 + \|\nabla^{M+1-j} w_N\|_4) +$$

$$\|\nabla^{M+1} Z_N\|_2 \|w_N\|_{L^\infty}\Bigg] \|\nabla^{M+3} Z_N\|_2,$$

其中特征函数为

$$\chi(M \geqslant 3) = \begin{cases} 1, & M \geqslant 3. \\ 0, & 0 \leqslant M \leqslant 2. \end{cases}$$

利用 Sobolev 嵌入定理和估计 (3.83), 从而有

$$\left|\int_{\Omega} \{\nabla^{M+1}[Z_N \times (\Delta Z_N + w_N)]\} \cdot \nabla^{M+3} Z_N \mathrm{d}x\right|$$

$$\leqslant \frac{1}{4}\|\nabla^{M+3} Z_N\|_2^2 + C(1 + \|\nabla^{M+2} Z_N\|_2^2 +$$

$$\|\nabla^{M+2} Z_N\|_2^4 + \|\nabla^{M+1} w_N\|_2^2), \tag{3.85}$$

其中运用了嵌入

$$H_{\mathrm{per}}^{M+2}(\Omega) \subset W_{\mathrm{per}}^{2,\infty}(\Omega),\ H_{\mathrm{per}}^{M+1}(\Omega) \subset W_{\mathrm{per}}^{j,\infty}(\Omega),\ j=0,1$$

和

$$H_{\mathrm{per}}^{j+1}(\Omega) \subset W_{\mathrm{per}}^{j,4}(\Omega)\ (j=0,1,\cdots,M).$$

类似地，

$$\left| k \int_\Omega [\nabla^{M+1}(Z_N + \mu|Z_N|^2 Z_N)] \cdot \nabla^{M+3} Z_N \mathrm{d}x \right|$$

$$\leqslant k\|\nabla^{M+3} Z_N\|_2 \|\nabla^{M+1} Z_N\|_2 +$$

$$C \sum_{j_1+j_2+j_3=M+1} \|\nabla^{j_1} Z_N\|_6 \|\nabla^{j_2} Z_N\|_6 \|\nabla^{j_3} Z_N\|_6 \|\nabla^{M+3} Z_N\|_2$$

$$\leqslant \frac{1}{4}\|\nabla^{M+3} Z_N\|_2^2 + C(1 + \|\nabla^{M+2} Z_N\|_2^2), \tag{3.86}$$

其中利用了估计 (3.83) 和 Sobolev 嵌入

$$H_{\mathrm{per}}^{j+1}(\Omega) \subset W_{\mathrm{per}}^{j,6}(\Omega),\ j=0,1,\cdots,M+1.$$

因此将估计 (3.85)、(3.86) 代入 (3.84)，可以推出

$$\frac{\mathrm{d}}{\mathrm{d}t}\|\nabla^{M+2} Z_N\|_2^2 + \|\nabla^{M+3} Z_N\|_2^2$$

$$\leqslant C(1 + \|\nabla^{M+2} Z_N\|_2^2 + \|\nabla^{M+2} Z_N\|_2^4 + \|\nabla^{M+1} w_N\|_2^2). \tag{3.87}$$

做 $\lambda_s^{M+1}\beta_s$ 和 (3.24) 的标量积，$\lambda_s^{M+1}\gamma_s$ 和 (3.25) 的标量积，并对所得等式关于 $s=1,2,\cdots,N$ 求和，注意到

$$\Delta^{M+1} w_N = (-1)^{M+1} \sum_{s=1}^N \lambda_s^{M+1} \beta_{sN}(t)\omega_s(x),$$

$$\Delta^{M+1} E_N = (-1)^{M+1} \sum_{s=1}^{N} \lambda_s^{M+1} \gamma_{sN}(t) \omega_s(x),$$

从而有

$$\frac{1}{2}\frac{\mathrm{d}}{\mathrm{d}t}\|\nabla^{M+1} w_N\|_2^2$$

$$= - \sum_{j_1+j_2=M+1} \int_{\Omega} (\nabla \times \partial_1^{j_1} \partial_2^{j_2} E_N) \cdot \partial_1^{j_1} \partial_2^{j_2} w_N \mathrm{d}x, \tag{3.88}$$

$$\frac{1}{2}\frac{\mathrm{d}}{\mathrm{d}t}\|\nabla^{M+1} E_N\|_2^2 + \sigma\|\nabla^{M+1} E_N\|_2^2$$

$$= \sum_{j_1+j_2=M+1} \int_{\Omega} [\nabla \times \partial_1^{j_1} \partial_2^{j_2} (w_N - \beta Z_N)] \cdot \partial_1^{j_1} \partial_2^{j_2} E_N \mathrm{d}x. \tag{3.89}$$

将 (3.88) 和 (3.89) 相加可以推出

$$\frac{1}{2}\frac{\mathrm{d}}{\mathrm{d}t}(\|\nabla^{M+1} w_N\|_2^2 + \|\nabla^{M+1} E_N\|_2^2) + \sigma\|\nabla^{M+1} E_N\|_2^2$$

$$= -\beta \sum_{j_1+j_2=M+1} \int_{\Omega} (\nabla \times \partial_1^{j_1} \partial_2^{j_2} Z_N) \cdot \partial_1^{j_1} \partial_2^{j_2} E_N \mathrm{d}x$$

$$\leqslant \frac{\sigma}{2}\|\nabla^{M+1} E_N\|_2^2 + C\|\nabla^{M+2} Z_N\|_2^2, \tag{3.90}$$

其中运用了以下关系等式

$$\int_{\Omega} (\nabla \times \partial_1^{j_1} \partial_2^{j_2} w_N) \cdot \partial_1^{j_1} \partial_2^{j_2} E_N \mathrm{d}x -$$

$$\int_{\Omega} (\nabla \times \partial_1^{j_1} \partial_2^{j_2} E_N) \cdot \partial_1^{j_1} \partial_2^{j_2} w_N \mathrm{d}x = 0.$$

联合 (3.87) 和 (3.90)，则有

$$\frac{\mathrm{d}}{\mathrm{d}t}(\|\nabla^{M+2} Z_N\|_2^2 + \|\nabla^{M+1} w_N\|_2^2 + \|\nabla^{M+1} E_N\|_2^2) + \|\nabla^{M+3} Z_N\|_2^2 \tag{3.91}$$

$$\leqslant C(1 + \|\nabla^{M+2} Z_N\|_2^2 + \|\nabla^{M+1} w_N\|_2^2 + \|\nabla^{M+2} Z_N\|_2^4). \tag{3.92}$$

利用估计 (3.83) 和 (3.91)，并运用 Gronwall 不等式，则估计 (3.73) 关于 $m = M + 1$ 成立.

由归纳法，引理得证.

由于估计 (3.73) 关于 $N$ 是一致的，所以令 $N \to \infty$，可以得到以下结果：

**定理 3.3** 设 $d = 2$，$\Omega \subset \mathbb{R}^2$，$k, \mu, \sigma, \beta > 0$，$(Z_0(x), H_0(x),\ E_0(x)) \in (H_{\mathrm{per}}^{m+1}(\Omega)$, $H_{\mathrm{per}}^m(\Omega)$, $H_{\mathrm{per}}^m(\Omega))$，$m \geqslant 1$，$\nabla(H_0 + \beta Z_0) = 0$，$\nabla \cdot E_0 = 0$，则周期初值问题 (3.12) $\sim$ (3.17) 存在唯一解 $(Z, w, E)$. 进一步有

$$Z(x, t) \in \bigcap_{s=0}^{[\frac{m+1}{2}]} W_\infty^s([0, T]; H_{\mathrm{per}}^{m+1-2s}(\Omega)), \tag{3.93}$$

$$w(x, t), E(x, t) \in \bigcap_{s=0}^{m} W_\infty^s([0, T]; H_{\mathrm{per}}^{m-s}(\Omega)), \ \forall T > 0 \tag{3.94}$$

和

$$\sup_{t \in [0, T]} \left\{ \|Z(\cdot, t)\|_{H_{\mathrm{per}}^{m+1}(\Omega)}^2 + \|w(\cdot, t)\|_{H_{\mathrm{per}}^m(\Omega)}^2 + \|E(\cdot, t)\|_{H_{\mathrm{per}}^m(\Omega)}^2 \right\} +$$

$$\int_0^T \|Z(\cdot, t)\|_{H_{\mathrm{per}}^{m+2}(\Omega)}^2 \mathrm{d}t \leqslant K_{m+2}, \ \forall T > 0, \tag{3.95}$$

其中，常数 $K_{m+2}$ 与 $D$ 是无关的.

证明. 类似于定理 3.1 的证明，令 $N \to \infty$，可以证明问题 (3.12) $\sim$ (3.17) 存在一个整体解，满足

$$(Z, w, E) \in (C([0, T]; H_{\mathrm{per}}^{m+1}(\Omega)),\ L^\infty([0, T]; H_{\mathrm{per}}^m(\Omega)),\ L^\infty([0, T]; H_{\mathrm{per}}^m(\Omega))),$$

且估计 (3.95) 成立. 通过方程 (3.12) $\sim$ (3.14) 可以得到结果 (3.93).

接下来证明唯一性. 假设问题存在两个解 $(Z_j, w_j, E_j)(j = 1, 2)$. 令 $(\varphi, \psi, \xi) = (Z_1 - Z_2, w_1 - w_2, E_1 - E_2)$，则 $(\varphi, \psi, \xi)$ 满足以下方程

$$\frac{\partial \varphi}{\partial t} - \Delta \varphi - \varphi \times (\Delta Z_1 + w_1) - Z_2 \times (\Delta \varphi + \psi)$$

$$= -k(1 + \mu|Z_1|^2)\varphi - k\mu(Z_1 + Z_2) \cdot \varphi Z_2, \tag{3.96}$$

$$\frac{\partial \xi}{\partial t} + \sigma \xi = \nabla \times (\psi - \beta\varphi), \tag{3.97}$$

$$\frac{\partial \psi}{\partial t} = -\nabla \times \xi, \tag{3.98}$$

$$\nabla \cdot \psi = 0, \nabla \cdot \xi = 0, \tag{3.99}$$

$$\varphi(x + 2De_i, t) = \varphi(x, t),$$

$$\psi(x + 2De_i, t) = \psi(x, t),$$

$$\xi(x + 2De_i, t) = \xi(x, t), \tag{3.100}$$

$$\varphi(x, 0) = 0, \ \psi(x, 0) = 0, \ \xi(x, 0) = 0. \tag{3.101}$$

做方程 (3.96) 和 $\varphi - \Delta\varphi$ 的标量积，从而有

$$\frac{1}{2}\frac{\mathrm{d}}{\mathrm{d}t}(\|\varphi(\cdot, t)\|_2^2 + \|\nabla\varphi(\cdot, t)\|_2^2) + (\|\nabla\varphi(\cdot, t)\|_2^2 + \|\Delta\varphi(\cdot, t)\|_2^2)$$

$$= -\int_\Omega [\varphi \times (\Delta Z_1 + w_1)] \cdot \Delta\varphi \mathrm{d}x +$$

$$\int_\Omega (Z_2 \times \Delta\varphi) \cdot \varphi \mathrm{d}x + \int_\Omega (Z_2 \times \psi) \cdot (\varphi - \Delta\varphi) -$$

$$k \int_\Omega [(1 + \mu|Z_1|^2)\varphi + \mu(Z_1 + Z_2) \cdot \varphi Z_2] \cdot (\varphi - \Delta\varphi)\mathrm{d}x$$

$$\leqslant C[(\|\Delta Z_1\|_2 + \|w_1\|_2)\|\varphi\|_{L^\infty}\|\Delta\varphi\|_2 + \|Z_2\|_{L^\infty}\|\varphi\|_2\|\Delta\varphi\|_2 +$$

$$\|Z_2\|_{L^\infty}\|\psi\|_2(\|\varphi\|_2 + \|\Delta\varphi\|_2) +$$

$$(1 + \|Z_1\|_{L^\infty}^2 + \|Z_2\|_{L^\infty}^2)\|\varphi\|_2(\|\varphi\|_2 + \|\Delta\varphi\|_2)].$$

利用 Gagliardo-Nirenberg 不等式

$$\|\varphi\|_{L^\infty} \leqslant C\|\varphi\|_2^{\frac{1}{2}}\|\varphi\|_{H^2_{\mathrm{per}}}^{\frac{1}{2}}. \tag{3.102}$$

利用估计 (3.95) ($m \geqslant 1$) 和不等式 (3.102)，可得

$$\frac{1}{2}\frac{\mathrm{d}}{\mathrm{d}t}(\|\varphi(\cdot,t)\|_2^2 + \|\nabla\varphi(\cdot,t)\|_2^2) + (\|\nabla\varphi(\cdot,t)\|_2^2 + \|\Delta\varphi(\cdot,t)\|_2^2)$$

$$\leqslant \frac{1}{2}\|\Delta\varphi(\cdot,t)\|_2^2 + C(\|\varphi(\cdot,t)\|_2^2 + \|\psi(\cdot,t)\|_2^2). \tag{3.103}$$

做方程 (3.97) 和 $\psi$ 的标量积，方程 (3.98) 和 $\xi$ 的标量积，则有

$$\frac{1}{2}\frac{\mathrm{d}}{\mathrm{d}t}(\|\psi(\cdot,t)\|_2^2 + \|\xi(\cdot,t)\|_2^2) + \sigma\|\xi(\cdot,t)\|_2^2$$

$$= -\beta\int_\Omega (\nabla\times\varphi)\xi\mathrm{d}x \leqslant \frac{\sigma}{2}\|\xi(\cdot,t)\|_2^2 + C\|\varphi(\cdot,t)\|_2^2. \tag{3.104}$$

将 (3.103) 和 (3.104) 相加并运用 Gronwall 不等式，可以推出

$$\|\varphi(\cdot,t)\|_2^2 + \|\nabla\varphi(\cdot,t)\|_2^2 + \|\psi(\cdot,t)\|_2^2 + \|\xi(\cdot,t)\|_2^2 = 0. \tag{3.105}$$

因此，当 $m \geqslant 1$ 时，整体解 $(Z,w,E)$ 唯一.

定理得证.

由于先验估计 (3.95) 关于 $D$ 是一致的，利用对角线方法并令 $D \to \infty$，可以得到以下结果:

**定理 3.4** 设 $d=2$，$k,\mu,\sigma,\beta > 0$，$(Z_0(x),H_0(x),E_0(x)) \in (H^{m+1}(\mathbb{R}^2),\ H^m(\mathbb{R}^2),$ $H^m(\mathbb{R}^2)),m \geqslant 1,\nabla(H_0+\beta Z_0)=0,\nabla\cdot E_0=0,$ 则初值问题 (3.12)~(3.15) 和 (3.17) 存在唯一解 $(Z,w,E)$. 此外，解还满足

$$Z(x,t) \in \bigcap_{s=0}^{[\frac{m+1}{2}]} W_\infty^s([0,T];H^{m+1-2s}(\mathbb{R}^2)), \tag{3.106}$$

$$w(x,t),E(x,t) \in \bigcap_{s=0}^{m} W_\infty^s([0,T];H^{m-s}(\mathbb{R}^2)),\ \forall T > 0 \tag{3.107}$$

和

$$\sup_{t\in[0,T]}\{\|Z(\cdot,t)\|_{H^{m+1}(\mathbb{R}^2)}^2 + \|w(\cdot,t)\|_{H^m(\mathbb{R}^2)}^2 + \|E(\cdot,t)\|_{H^m(\mathbb{R}^2)}^2\} +$$

$$\int_0^T \|Z(\cdot, t)\|_{H^{m+2}(\mathbb{R}^2)}^2 \mathrm{d}t \leqslant K_{m+2}, \ \forall T > 0. \tag{3.108}$$

### 3.4.2　$d = 3$ 的情形

在这一小节，考虑 $d = 3$ 的特殊情形，$x \in \Omega \subset \mathbb{R}^3$. 首先建立 Galerkin 近似解 $(Z_N, w_N, E_N)$ 的先验估计，并证明解 $(Z, w, E)$ 的存在性和唯一性.

**引理 3.9** 设 $Z_0(x) \in H^2_{\mathrm{per}}(\Omega), w_0(x), E_0(x) \in H^1_{\mathrm{per}}(\Omega)$，$\Omega \subset \mathbb{R}^3$，$\sigma, \beta\,\mu$ 和 $k$ 为正的常数. 则对于任何 $T > 0$，存在正的常数 $\delta_0 \ll 1$ 使得，如果

$$\|Z_0\|_{H^1_{\mathrm{per}}(\Omega)} < \delta_0, \tag{3.109}$$

问题 (3.23) $\sim$ (3.26) 的解满足以下估计

$$\begin{aligned}
&\sup_{0 \leqslant t \leqslant T} (\|\Delta Z_N\|_2^2 + \|\nabla w_N(\cdot, t)\|_2^2 + \|\nabla E_N(\cdot, t)\|_2^2) \\
&\leqslant \frac{9}{8}(\|\Delta Z_0\|_2^2 + \|\nabla w_0(\cdot, t)\|_2^2 + \|\nabla E_0(\cdot, t)\|_2^2 + 3 + \beta_k), \ \forall T > 0,
\end{aligned} \tag{3.110}$$

其中

$$\beta_k = \begin{cases} \dfrac{\beta^2}{\sigma} - 2k, & \dfrac{\beta^2}{\sigma} > 2k, \\[3mm] 0, & \dfrac{\beta^2}{\sigma} \leqslant 2k. \end{cases}$$

证明. 重复引理 3.7 的证明过程并修改一些估计，可得此引理. 事实上，由估计 (3.31) 和 (3.36) 可以推出

$$\|\nabla Z_N(\cdot, t)\|_2^2 + \int_0^t \|Z_N(\cdot, \tau)\|_{H^2}^2 \mathrm{d}\tau \leqslant C\|Z_0\|_{H^1}^2 (1 + \rho_0^4), \tag{3.111}$$

其中，$\rho_0 = \|Z_0\|_2^2 + \|w_0\|_2^2 + \|E_0\|_2^2$. 用

$$\|\nabla Z_N\|_{L^\infty} \leqslant C(0, 2; \infty, 2, 2)\|\nabla Z_N\|_{H^2}^{\frac{3}{4}} \|\nabla Z_N\|_2^{\frac{1}{4}} \tag{3.112}$$

来取代估计 (3.64)，估计 (3.65) 则变为

$$\left| \int_{\Omega} [\nabla Z_N \times (\Delta Z_N + w_N)] \cdot \nabla \Delta Z_N \mathrm{d}x \right|$$

$$\leqslant \frac{1}{6} \|\nabla \Delta Z_N\|_2^2 + C \|\nabla Z_N\|_2^2 (\|\Delta Z_N\|_2^2 +$$

$$\|\Delta Z_N\|_2^8 + \|w_N\|_2^2 + \|w_N\|_2^8). \tag{3.113}$$

类似地，估计 (3.66) 可以被以下不等式取代

$$\left| \int_{\Omega} (Z_N \times \nabla w_N) \cdot \nabla \Delta Z_N \mathrm{d}x \right|$$

$$\leqslant \|Z_N\|_{L^\infty} \|\nabla \Delta Z_N\|_2 \|\nabla w_N\|_2$$

$$\leqslant \frac{1}{6} \|\nabla \Delta Z_N\|_2^2 + C \|Z_N\|_{H^2}^2 \|\nabla w_N\|_2^2. \tag{3.114}$$

估计 (3.67) 变为

$$k \int_{\Omega} Z_N \cdot \Delta^2 Z_N \mathrm{d}x = k \|\Delta Z_N\|_2^2, \tag{3.115}$$

$$\left| k \int_{\Omega} \mu |Z_N|^2 Z_N \cdot \Delta^2 Z_N \mathrm{d}x \right|$$

$$\leqslant 3k\mu \|\nabla \Delta Z_N\|_2 \|\nabla Z_N\|_2 \|Z_N\|_{L^\infty}^2$$

$$\leqslant \frac{1}{6} \|\nabla \Delta Z_N\|_2^2 + C \|Z_0\|_{H^1}^2 (1 + \rho_0^4) \|Z_N\|_{H^2}^4. \tag{3.116}$$

用估计

$$\frac{\mathrm{d}}{\mathrm{d}t} \|\Delta Z_N\|_2^2 + \|\nabla \Delta Z_N\|_2^2 + 2k \|\Delta Z_N\|_2^2$$

$$\leqslant C \|Z_N\|_{H^2}^2 \|\nabla w_N\|_2^2 + C \|Z_0\|_{H^1}^2 (1 + \rho_0^4) \|Z_N\|_{H^2}^4 +$$

$$C \|\nabla Z_N\|_2^2 (\|\Delta Z_N\|_2^2 + \|\Delta Z_N\|_2^8 + \|w_N\|_2^2 + \|w_N\|_2^8) \tag{3.117}$$

来代替 (3.68)，用

$$\frac{\mathrm{d}}{\mathrm{d}t} (\|\nabla w_N\|_2^2 + \|\nabla E_N\|_2^2) \leqslant \frac{\beta^2}{\sigma} \|\Delta Z_N\|_2^2 \tag{3.118}$$

来代替 (3.71)，则估计 (3.72) 变为

$$
\frac{\mathrm{d}}{\mathrm{d}t}(\|\Delta Z_N\|_2^2 + \|\nabla w_N\|_2^2 + \|\nabla E_N\|_2^2) + \left(2k - \frac{\beta^2}{\sigma}\right)\|\Delta Z_N\|_2^2
$$

$$
\leqslant C_{d3}\|Z_N\|_{H^2}^2\|\nabla w_N\|_2^2 + C_{d3}\|Z_0\|_{H^1}^2(1+\rho_0^4)\|Z_N\|_{H^2}^4 +
$$

$$
C_{d3}\|\nabla Z_N\|_2^2(\|\Delta Z_N\|_2^2 + \|\Delta Z_N\|_2^8 + \|w_N\|_2^2 + \|w_N\|_2^8). \tag{3.119}
$$

对 (3.119) 关于 $t$ 从 $0$ 到 $T$ 上积分，并利用估计 (3.32)、(3.111)，可得

$$
\max_{0\leqslant t\leqslant T}(\|\Delta Z_N\|_2^2 + \|\nabla w_N\|_2^2 + \|\nabla E_N\|_2^2)
$$

$$
\leqslant \|\Delta Z_0\|_2^2 + \|\nabla w_0\|_2^2 + \|\nabla E_0\|_2^2 +
$$

$$
C_{d3}\|Z_0\|_2^2(\rho_0 + \rho_0^4 + \max_{0\leqslant t\leqslant T}\|\Delta Z_N\|_2^2) +
$$

$$
K_{d3}\|Z_0\|_{H^1}^2(1+\rho_0^4)\left\{\beta_k + C_{d3}\max_{0\leqslant t\leqslant T}\|\nabla w_N\|_2^2 + \right.
$$

$$
C_{d3}\|Z_0\|_{H^1}^2(1+\rho_0^4)\left[\|Z_0\|_{H^1}^2 + \right.
$$

$$
\left.\left.\max_{0\leqslant t\leqslant T}\|\Delta Z_N\|_2^2 + (\max_{0\leqslant t\leqslant T}\|\Delta Z_N\|_2^2)^3\right]\right\}. \tag{3.120}
$$

取足够小的 $\delta_0 > 0$ 并令 $\|Z_0\|_{H^1}^2 \leqslant \delta_0$，使得

$$
\max\{K_{d3}, 1\}\max\{C_{d3}, 1\}\|Z_0\|_{H^1}^2(1+\rho_0^4) \leqslant \frac{\epsilon}{2}, \epsilon \in (0,1),
$$

其中

$$
\epsilon = \frac{-2 + 2\sqrt{1 + r_0^2/9}}{r_0^2},
$$

$$
r_0 = \frac{9}{8}(\alpha_0 + 3 + \beta_k),
$$

$$
\alpha_0 = \|\Delta Z_0\|_2^2 + \|\nabla w_0(\cdot,t)\|_2^2 + \|\nabla E_0(\cdot,t)\|_2^2.
$$

因此,

$$(1 - \epsilon) \max_{0 \leqslant t \leqslant T} (\|\Delta Z_N\|_2^2 + \|\nabla w_N\|_2^2 + \|\nabla E_N\|_2^2)$$

$$\leqslant \|\Delta Z_0\|_2^2 + \|\nabla w_0\|_2^2 + \|\nabla E_0\|_2^2 + \frac{\epsilon}{2} \left(2 + \beta_k + \frac{\epsilon^2}{4}\right) +$$

$$\frac{\epsilon^2}{4} \left(\max_{0 \leqslant t \leqslant T} \|\Delta Z_N\|_2^2\right)^3. \tag{3.121}$$

考虑多项式

$$P(r) = \frac{\epsilon^2}{4} r^3 - (1 - \epsilon) r + \alpha_0 + 3 + \beta_k.$$

事实上,可以证明

$$P(r)\big|_{r=\alpha_0} > 0, P(r)\big|_{r=r_0} = 0. \tag{3.122}$$

由于

$$\epsilon < \frac{-2 + 2\sqrt{1 + 3r_0^2}}{3r_0^2},$$

则存在一个 $r_1 > 0$,使得

$$P(r)\big|_{r=r_0+r_1} < 0. \tag{3.123}$$

由于 $(Z_N(x,t), w_N(x,t), E_N(x,t))$ 关于 $t$ 是连续的,则有

$$\max_{0 \leqslant t \leqslant T} \{\|\Delta Z_N\|_2^2 + \|\nabla w_N\|_2^2 + \|\nabla E_N\|_2^2\}$$

关于 $T$ 是连续的,并且

$$P\left(\max_{0 \leqslant t \leqslant T} \{\|\Delta Z_N\|_2^2 + \|\nabla w_N\|_2^2 + \|\nabla E_N\|_2^2\}\right)$$

关于 $T$ 也是连续的. 因此,由 (3.121)、(3.122)、(3.123) 可以推出 (3.110) 成立.

引理得证.

利用引理 3.9，引理 3.8 在 $d = 3$ 的时候依然成立. 重复定理 3.3 和定理 3.4 的证明过程，可以得到以下结果:

**定理 3.5** 假设 $d = 3$, $\Omega \subset \mathbb{R}^3$, $k, \mu, \sigma, \beta > 0$, $(Z_0(x), H_0(x), E_0(x)) \in (H_{\mathrm{per}}^{m+1}(\Omega),$ $H_{\mathrm{per}}^m(\Omega),\ H_{\mathrm{per}}^m(\Omega))$, $m \geqslant 1$, $\nabla(H_0 + \beta Z_0) = 0$, $\nabla \cdot E_0 = 0$, 且存在一个正的常数 $\delta_0 \ll 1$, 使得 $\|Z_0\|_{H_{\mathrm{per}}^1(\Omega)} < \delta_0$, 则周期初值问题 (3.12)~(3.17) 存在唯一整体解 $(Z, w, E)$. 此外，解还满足

$$Z(x,t) \in \bigcap_{s=0}^{\left[\frac{m+1}{2}\right]} W_\infty^s([0,T]; H_{\mathrm{per}}^{m+1-2s}(\Omega)),$$

$$w(x,t), E(x,t) \in \bigcap_{s=0}^m W_\infty^s([0,T]; H_{\mathrm{per}}^{m-s}(\Omega)), \ \forall T > 0 \tag{3.124}$$

和

$$\sup_{t \in [0,T]} \left\{ \|Z(\cdot,t)\|_{H_{\mathrm{per}}^{m+1}(\Omega)}^2 + \|w(\cdot,t)\|_{H_{\mathrm{per}}^m(\Omega)}^2 + \|E(\cdot,t)\|_{H_{\mathrm{per}}^m(\Omega)}^2 \right\} +$$

$$\int_0^T \|Z(\cdot,t)\|_{H_{\mathrm{per}}^{m+2}(\Omega)}^2 \mathrm{d}t \leqslant K_{m+2}, \ \forall T > 0, \tag{3.125}$$

其中，常数 $K_{m+2}$ 与 $D$ 无关.

**定理 3.6** 假设 $d = 3, k, \mu, \sigma, \beta > 0$, $(Z_0(x), H_0(x), E_0(x)) \in (H^{m+1}(\mathbb{R}^3), H^m(\mathbb{R}^3),$ $H^m(\mathbb{R}^3))$, $m \geqslant 1$, $\nabla(H_0 + \beta Z_0) = 0$, $\nabla \cdot E_0 = 0$, 且存在一个正的常数 $\delta_0 \ll 1$, 使得 $\|Z_0\|_{H^1(\mathbb{R}^3)} < \delta_0$, 则初值问题 (3.12)~(3.15) 和 (3.17) 存在唯一整体解 $(Z, w, E)$. 此外，解还满足

$$Z(x,t) \in \bigcap_{s=0}^{\left[\frac{m+1}{2}\right]} W_\infty^s([0,T]; H^{m+1-2s}(\mathbb{R}^3)),$$

$$w(x,t), E(x,t) \in \bigcap_{s=0}^m W_\infty^s([0,T]; H^{m-s}(\mathbb{R}^3)), \ \forall T > 0 \tag{3.126}$$

和

$$\sup_{t\in[0,T]} \left\{ \|Z(\cdot,t)\|^2_{H^{m+1}(\mathbb{R}^3)} + \|w(\cdot,t)\|^2_{H^m(\mathbb{R}^3)} + \|E(\cdot,t)\|^2_{H^m(\mathbb{R}^3)} \right\} +$$

$$\int_0^T \|Z(\cdot,t)\|^2_{H^{m+2}(\mathbb{R}^3)} \mathrm{d}t \leqslant K_{m+2}, \ \forall T > 0. \tag{3.127}$$

在定理 3.5 和定理 3.6 中，只需要假设 $\|Z_0\|_{H^1}$ 足够小，而不用管 $(H_0, E_0)$ 和 $\|\Delta Z_0\|_{H^m}\ (m \geqslant 0)$ 的大小. 事实上，$Z_0$ 可以是高振荡的初值. 例如，

$$Z_0(x) = J^{-1-\alpha} \sin\left[ \frac{\pi J(x_1 + \cdots + x_d)}{D} \right],$$

$$\|Z_0\|_{L^2_{\mathrm{per}}} = O(J^{-2-2\alpha}), \ J \to \infty,$$

$$\|\nabla Z_0\|_{L^2_{\mathrm{per}}} = O(J^{-2\alpha}), \ J \to \infty,$$

$$\|\Delta Z_0\|_{L^2_{\mathrm{per}}} = O(J^{2-2\alpha}), \ J \to \infty,$$

$$\vdots$$

$$\|\Delta Z_0\|_{H^m_{\mathrm{per}}} = O(J^{2m+2-2\alpha}), \ J \to \infty.$$

如果 $\alpha \in \left(0, \dfrac{1}{2}\right)$，则 $Z_0$ 满足定理 1.5 的条件且 $J \gg 1$，即 $\|Z_0\|_{H^1_{\mathrm{per}}} \ll 1$，但是 $\|\Delta Z_0\|_{H^m_{\mathrm{per}}}\ (m \geqslant 0)$ 是足够大且 $J \gg 1$.

# 第 4 章

## 带有温度效应的 Landau-Lifshitz-Bloch-Maxwell 方程的初值问题

铁磁性是一种存在于许多含有铁磁性的合金元素中的独特的磁性现象, 因此研究描述具有铁磁性这类材料的方程非常有趣. 在这些方程中, Landau-Lifshitz-Bloch 方程描述了铁磁体中磁化矢量在大范围温度下的动力学特性. 在本章中, 我们将介绍带有温度效应的 Landau-Lifshitz-Bloch-Maxwell 方程组, 利用先验估计和 Galerkin 方法得到整体弱解的存在性, 并且得到整体光滑解的存在唯一性结果.

## 4.1 带有温度效应的 Landau-Lifshitz-Bloch-Maxwell 方程

在铁、钴、镍和许多含有铁磁性的合金元素中都能发现铁磁性这种典型的现象, 这是由于自旋磁矩的排列. 当一个小的外部磁场在材料内部产生一个大的磁化现象时, 就会出现铁磁性. 即使外部磁场在 Curie 温度 $\theta_c$ 下被去除, 自旋磁矩仍然保持一致. 当温度超过临界值 $\theta_c$ 时, 残余排列将消失, 材料进入顺磁性阶段.

通常, 顺磁性到铁磁性状态的变化过程可以用二阶相变来描述 (参见参考文献 [37,38]). 事实上, 居里温度变化过程中没有释放或吸收潜伏热. 参考文献 [18] 的作者提出了一种相场模型, 该模型在二阶相变的 Ginzburg-Landau 理论的一般框架中体现了这种现象. 利用参考文献 [39,40] 中的方法, 该模型可由 $(x, t)$ 处结构组织的局部平衡定律推导出控制相场 $\boldsymbol{M}(x,t)$ 演化的动力学方程, 其中磁化 $\boldsymbol{M}$ 与磁场 $\boldsymbol{H}$ 的关系采用矢量值 Ginzburg-Landau 方程形式, 即

$$\gamma\frac{\partial \boldsymbol{Z}}{\partial t} = v\Delta\boldsymbol{Z} - \theta_c F'(\boldsymbol{Z}) - \theta G'(\boldsymbol{Z}) + \boldsymbol{H}. \tag{4.1}$$

当考虑各向同性材料时,

$$F(\boldsymbol{Z}) = \frac{1}{4}|\boldsymbol{Z}|^4 - \frac{1}{2}|\boldsymbol{Z}|^2, \ G(\boldsymbol{Z}) = \frac{1}{2}|\boldsymbol{M}|^2. \tag{4.2}$$

铁磁材料内部结构的顺序是由磁自旋的位置和方向决定的, 因此可以得到一个关于特定内部结构顺序的向量 $\boldsymbol{k}$ 和二阶张量 $\boldsymbol{P}$ 的方程组

$$\boldsymbol{k} = \gamma\frac{\partial \boldsymbol{Z}}{\partial t} + \theta_c F'(\boldsymbol{Z}) + \theta G'(\boldsymbol{Z}) - \boldsymbol{H}, \tag{4.3}$$

$$\boldsymbol{P} = v\nabla\boldsymbol{Z}. \tag{4.4}$$

由方程 (4.2), 则方程 (4.3)、(4.4) 可变为

$$\gamma\frac{\partial \boldsymbol{Z}}{\partial t} = v\Delta\boldsymbol{Z} - \theta_c(|\boldsymbol{Z}|^2 - 1)\boldsymbol{Z} - \theta\boldsymbol{Z} + \boldsymbol{H}. \tag{4.5}$$

由能量平衡可得到关于温度 $\theta$ 满足的方程

$$\frac{\partial \theta}{\partial t} = \boldsymbol{Z}\cdot\frac{\partial \boldsymbol{Z}}{\partial t} + k_1\Delta\theta + \gamma_1(x,t), \tag{4.6}$$

则带有温度效应的 Landau-Lifshitz-Bloch-Maxwell 方程如下[18]:

$$\frac{\partial \boldsymbol{Z}}{\partial t} = v\Delta\boldsymbol{Z} - \theta_c(|\boldsymbol{Z}|^2 - 1)\boldsymbol{Z} - \theta\boldsymbol{Z} + \boldsymbol{H}, \tag{4.7}$$

$$\frac{\partial \theta}{\partial t} = \boldsymbol{Z}\cdot\frac{\partial \boldsymbol{Z}}{\partial t} + k_1\Delta\theta + \gamma_1(x,t) \tag{4.8}$$

$$\nabla\times\boldsymbol{H} = \frac{\partial \boldsymbol{E}}{\partial t} + \sigma\boldsymbol{E}, \tag{4.9}$$

$$\nabla\times\boldsymbol{E} = -\frac{\partial H}{\partial t} - \beta\frac{\partial \boldsymbol{Z}}{\partial t}, \tag{4.10}$$

$$\nabla \cdot \boldsymbol{H} + \beta \nabla \cdot \boldsymbol{Z} = 0, \tag{4.11}$$

其中，$\nu, \theta_c, k_1, \sigma, \beta$ 是常数，$\boldsymbol{Z}(x,t) = (\boldsymbol{Z}_1(x,t), \boldsymbol{Z}_2(x,t), \boldsymbol{Z}_3(x,t))$ 表示磁化场，$\theta = \theta(x,t)$ 表示温度场，$\gamma_1$ 是一个关于 $x, t$ 的已知函数，$\boldsymbol{H} = (\boldsymbol{H}_1(x,t), \boldsymbol{H}_2(x,t),$ $\boldsymbol{H}_3(x,t))$ 为磁场，$\boldsymbol{E} = (\boldsymbol{E}_1(x,t), \boldsymbol{E}_2(x,t), \boldsymbol{E}_3(x,t))$ 为电场，$\boldsymbol{H}_{\mathrm{eff}} = \Delta \boldsymbol{Z} + \boldsymbol{H}$ 为有效磁场，$x \in \boldsymbol{\Omega} \subset \mathbb{R}^n, n = 2, 3, t > 0$.

本节考虑周期初值问题整体解的存在性，

$$\boldsymbol{Z}(x + 2De_i, t) = \boldsymbol{Z}(x, t),$$

$$\theta(x + 2De_i, t) = \theta(x, t),$$

$$\boldsymbol{H}(x + 2De_i, t) = \boldsymbol{H}(x, t),$$

$$\boldsymbol{E}(x + 2De_i, t) = \boldsymbol{E}(x, t), \tag{4.12}$$

初值条件为

$$\boldsymbol{Z}(x, 0) = \boldsymbol{Z}_0(x),$$

$$\theta(x, 0) = \theta_0(x),$$

$$\boldsymbol{H}(x, 0) = \boldsymbol{H}_0(x),$$

$$\boldsymbol{E}(x, 0) = \boldsymbol{E}_0(x), \ x \in \mathbb{R}^d, \tag{4.13}$$

其中，$\boldsymbol{\Omega} = \prod\limits_{j=1}^{n} (-D, D)$. 由于 (4.11)，对初值 $\boldsymbol{Z}_0$ 和 $\boldsymbol{H}_0$ 强加以下约束：

$$\nabla \cdot (\boldsymbol{H}_0 + \beta \boldsymbol{Z}_0) = 0. \tag{4.14}$$

以下的 Gagliardo-Nirenberg 不等式在本文中将用到很多次.

**引理 4.1** Gagliardo-Nirenberg 不等式: 设 $u \in L^q(\boldsymbol{\Omega}), D^m u \in L^r(\boldsymbol{\Omega})$, $\boldsymbol{\Omega} \subset \mathbb{R}^n$, $1 \leqslant q, r \leqslant \infty$, $0 \leqslant j \leqslant m$, 则

$$\|D^j u\|_{L^p(\boldsymbol{\Omega})} \leqslant C(j, m; p, r, q) \|u\|^a_{W^m_r(\boldsymbol{\Omega})} \|u\|^{1-a}_{L^q(\boldsymbol{\Omega})}, \tag{4.15}$$

其中, $C(j, m; p, r, q)$ 是一个正常数, 且满足

$$\frac{1}{p} = \frac{j}{n} + a\left(\frac{1}{r} - \frac{m}{n}\right) + (1-a)\frac{1}{q} \quad \left(\frac{j}{n} \leqslant a \leqslant 1\right).$$

## 4.2 整体弱解的存在性

在本节中, 首先采用 Galerkin 方法来求解具有初值条件 (4.12), (4.13) 的方程组 (4.7) $\sim$ (4.10), 并建立这些 Galerkin 近似解在 $(H^1, L^2, L^2)$ 中的一致估计. 首先, 建立带有初值条件 (4.12), (4.13) 的方程组 (4.7) $\sim$ (4.10) 的近似解的先验估计.

设 $\boldsymbol{\omega}_n(x) \in H^2(\boldsymbol{\Omega})$ 为满足方程组 $\Delta \boldsymbol{\omega}_n + \lambda_n \boldsymbol{\omega}_n = 0$ 的单位特征函数, 周期 $\boldsymbol{\omega}_n(x - De_i) = \boldsymbol{\omega}_n(x + De_i)(i = 1, 2, \cdots, d)$ 和 $\lambda_n(n = 1, 2, \cdots)$ 为特征函数对应的特征值且两两不同. $\{\boldsymbol{\omega}_n(x)\}$ 构成 $H^2(\boldsymbol{\Omega})$ 的正交法向量.

用 $\boldsymbol{Z}_N(x, t), \theta_N(x, t), \boldsymbol{H}_N(x, t)$ 和 $\boldsymbol{E}_N(x, t)$ 来表示方程组 (4.7) $\sim$ (4.10) 的近似解, 并定义为如下形式

$$\boldsymbol{Z}_N(x, t) = \sum_{s=1}^{N} \alpha_{sN}(t) \omega_s(x),$$

$$\theta_N(x, t) = \sum_{s=1}^{N} \beta_{sN}(t) \omega_s(x),$$

$$\boldsymbol{H}_N(x, t) = \sum_{s=1}^{N} \gamma_{sN}(t) \omega_s(x),$$

$$\boldsymbol{E}_N(x, t) = \sum_{s=1}^{N} \zeta_{sN}(t) \omega_s(x). \tag{4.16}$$

$\alpha_{sN}(t)$，$\beta_{sN}(t)$，$\gamma_{sN}(t)$ 和 $\zeta_{sN}(t)$ 是三维向量值函数，$s = 1, 2, \cdots, N, N = 1, 2, \cdots$，满足以下的一阶常微分方程组

$$\int_{\Omega} [\boldsymbol{Z}_{Nt}\omega_s(x) + \nu\nabla\boldsymbol{Z}_N\nabla\omega_s(x) + \theta_c(|\boldsymbol{Z}_N|^2 - 1)\boldsymbol{Z}_N\omega_s(x) +$$

$$\theta_N\boldsymbol{Z}_N\omega_s(x) - \boldsymbol{H}_N\omega_s(x)]\mathrm{d}x = 0, \tag{4.17}$$

$$\int_{\Omega} [\theta_{Nt}\omega_s(x) - \boldsymbol{Z}_N\boldsymbol{Z}_{Nt}\omega_s(x) + k_1\nabla\theta_N\nabla\omega_s(x) - \gamma_1\omega_s(x)]\mathrm{d}x = 0, \tag{4.18}$$

$$\int_{\Omega} [(\nabla\times\boldsymbol{H}_N)\cdot\omega_s(x) - \boldsymbol{E}_{Nt}\omega_s(x) - \sigma\boldsymbol{E}_N\omega_s(x)]\mathrm{d}x = 0, \tag{4.19}$$

$$\int_{\Omega} [(\nabla\times\boldsymbol{E}_N)\cdot\omega_s(x) + \boldsymbol{H}_{Nt}\omega_s(x)\mathrm{d}x + \beta\boldsymbol{Z}_{Nt}\omega_s(x)]\mathrm{d}x = 0. \tag{4.20}$$

满足以下初值条件

$$\begin{aligned}
\alpha_{sN}(0) &= \int_{\Omega} \boldsymbol{Z}_N(x, 0)\omega_s(x)\mathrm{d}x \\
&= \int_{\Omega} \boldsymbol{Z}_0(x)\omega_s(x)\mathrm{d}x = \alpha_{0s}, \\
\beta_{sN}(0) &= \int_{\Omega} \theta_N(x, 0)\omega_s(x)\mathrm{d}x \\
&= \int_{\Omega} \theta_0(x)\omega_s(x)\mathrm{d}x = \beta_{0s}, \\
\gamma_{sN}(0) &= \int_{\Omega} \boldsymbol{H}_N(x, 0)\omega_s(x)\mathrm{d}x \\
&= \int_{\Omega} \boldsymbol{H}_0(x)\omega_s(x)\mathrm{d}x = \gamma_{0s}, \\
\zeta_{sN}(0) &= \int_{\Omega} \boldsymbol{E}_N(x, 0)\omega_s(x)\mathrm{d}x \\
&= \int_{\Omega} \boldsymbol{E}_0(x)\omega_s(x)\mathrm{d}x = \zeta_{0s}. 
\end{aligned} \tag{4.21}$$

若 $(\boldsymbol{Z}_0, \theta_0, \boldsymbol{H}_0, \boldsymbol{E}_0) \in (H^2(\boldsymbol{\Omega}), H^1(\boldsymbol{\Omega}), H^1(\boldsymbol{\Omega}), H^1(\boldsymbol{\Omega}))$，则

$$\boldsymbol{Z}_{0N}(x) \to \boldsymbol{Z}_0(x),\ \theta_{0N}(x) \to \theta_0(x),\ N \to \infty, \tag{4.22}$$

$$\boldsymbol{H}_{0N}(x) \to \boldsymbol{H}_0(x),\ \boldsymbol{E}_{0N}(x) \to \boldsymbol{E}_0(x),\ N \to \infty. \tag{4.23}$$

为了简单起见，我们将引入以下符号

$$\|\cdot\|_{L^p(\boldsymbol{\Omega})} = \|\cdot\|_p,\ p \geqslant 2.$$

**引理 4.2** 若 $(\boldsymbol{Z}_0(x), \theta_0(x), \boldsymbol{H}_0(x), \boldsymbol{E}_0(x)) \in (H^1(\boldsymbol{\Omega}), L^2(\boldsymbol{\Omega}), L^2(\boldsymbol{\Omega}), L^2(\boldsymbol{\Omega}))$，$\gamma_1(x, t) \in L^2([0, T]; H^1(\boldsymbol{\Omega}))$，则初值问题 (4.17)$\sim$(4.20) 的解存在以下估计

$$\sup_{0 \leqslant t \leqslant T} \{ \|\boldsymbol{Z}_N(\cdot, t)\|_{H^1(\boldsymbol{\Omega})} + \|\theta_N(\cdot, t)\|_2 + \|\boldsymbol{H}_N(\cdot, t)\|_2 + \|\boldsymbol{E}_N(\cdot, t)\|_2 \} \leqslant K_0,$$
$$\tag{4.24}$$

$$\int_0^T (\|\boldsymbol{Z}_{Nt}\|_2^2 + \|\nabla\theta_N\|_2^2 + \|\boldsymbol{E}_N\|_2^2)\mathrm{d}t \leqslant K_1, \tag{4.25}$$

其中，$K_0$，$K_1$ 是不依赖于 $N$ 和 $D$ 的常数.

证明. 用 $\beta\alpha'_{sN}(t)$ 乘以方程 (4.17)，并关于 $s = 1, 2, \cdots, N$ 求和，则有

$$\frac{1}{2}\frac{\mathrm{d}}{\mathrm{d}t}\left(\nu\beta\|\nabla\boldsymbol{Z}_N(\cdot, t)\|_2^2 + \frac{\theta_c\beta}{2}\|\boldsymbol{Z}_N(\cdot, t)\|_4^4\right) +$$
$$\beta\|\boldsymbol{Z}_{Nt}(\cdot, t)\|_2^2 + \beta\int_{\boldsymbol{\Omega}}\theta_N\boldsymbol{Z}_N\boldsymbol{Z}_{Nt}\mathrm{d}x - \beta\int_{\boldsymbol{\Omega}}\boldsymbol{H}_N\boldsymbol{Z}_{Nt}\mathrm{d}x -$$
$$\theta_c\beta\int_{\boldsymbol{\Omega}}\boldsymbol{Z}_N\boldsymbol{Z}_{Nt}\mathrm{d}x = 0. \tag{4.26}$$

用 $\beta_{sN}(t)$ 与方程 (4.18) 做标量积，并关于 $s = 1, 2, \cdots, N$ 求和，则有

$$\beta\frac{1}{2}\frac{\mathrm{d}}{\mathrm{d}t}\|\theta_N(\cdot, t)\|_2^2 + k_1\beta\|\nabla\theta_N(\cdot, t)\|_2^2 -$$
$$\beta\int_{\boldsymbol{\Omega}}\boldsymbol{Z}_N\boldsymbol{Z}_{Nt}\theta_N\mathrm{d}x - \beta\int_{\boldsymbol{\Omega}}\gamma_1\theta_N\mathrm{d}x = 0. \tag{4.27}$$

分别用 $\zeta_{sN}(t)$ 和 $-\gamma_{sN}(t)$ 与方程 (4.19) 和方程 (4.20) 做标量积，并将结果相

加，关于 $s = 1, 2, \cdots, N$ 求和，则有

$$\frac{1}{2}\frac{\mathrm{d}}{\mathrm{d}t}(\|\boldsymbol{H}_N(\cdot,t)\|_2^2 + \|\boldsymbol{E}_N(\cdot,t)\|_2^2) +$$
$$\sigma\|\boldsymbol{E}_N(\cdot,t)\|_2^2 + \beta\int_{\boldsymbol{\Omega}} \boldsymbol{Z}_{Nt}\boldsymbol{H}_N\mathrm{d}x = 0. \tag{4.28}$$

由方程 (4.26) ~ (4.28)，可得

$$\frac{1}{2}\frac{\mathrm{d}}{\mathrm{d}t}\left(\nu\beta\|\nabla\boldsymbol{Z}_N(\cdot,t)\|_2^2 + \frac{\theta_c\beta}{2}\|\boldsymbol{Z}_N(\cdot,t)\|_4^4 + \beta\|\theta_N(\cdot,t)\|_2^2\right.$$
$$\left. + \|\boldsymbol{H}_N(\cdot,t)\|_2^2 + \|\boldsymbol{E}_N(\cdot,t)\|_2^2\right) +$$
$$\beta\|\boldsymbol{Z}_{Nt}(\cdot,t)\|_2^2 + k_1\beta\|\nabla\theta_N(\cdot,t)\|_2^2 + \sigma\|\boldsymbol{E}_N(\cdot,t)\|_2^2$$
$$= \theta_c\beta\int_{\boldsymbol{\Omega}} \boldsymbol{Z}_N\boldsymbol{Z}_{Nt}\mathrm{d}x + \beta\int_{\boldsymbol{\Omega}} \gamma_1\theta_N\mathrm{d}x$$
$$\leqslant \frac{\beta}{2}\|\boldsymbol{Z}_{Nt}\|_2^2 + \frac{\theta_c^2\beta}{2}\|\boldsymbol{Z}_N\|_2^2 + 2\beta(\|\theta_N\|_2^2 + \|\gamma_1\|_2^2). \tag{4.29}$$

因此

$$\frac{1}{2}\frac{\mathrm{d}}{\mathrm{d}t}\left(\nu\beta\|\nabla\boldsymbol{Z}_N(\cdot,t)\|_2^2 + \frac{\theta_c\beta}{2}\|\boldsymbol{Z}_N(\cdot,t)\|_4^4 + \beta\|\theta_N(\cdot,t)\|_2^2 +\right.$$
$$\left. \|\boldsymbol{H}_N(\cdot,t)\|_2^2 + \|\boldsymbol{E}_N(\cdot,t)\|_2^2\right) +$$
$$\frac{\beta}{2}\|\boldsymbol{Z}_{Nt}(\cdot,t)\|_2^2 + k_1\beta\|\nabla\theta_N(\cdot,t)\|_2^2 + \sigma\|\boldsymbol{E}_N(\cdot,t)\|_2^2$$
$$\leqslant C(1 + \|\boldsymbol{Z}_N\|_4^4 + \|\gamma_1\|_2^2 + \|\theta_N\|_2^2). \tag{4.30}$$

因此，由 Gronwall 不等式可证明估计 (4.24) 和 (4.25). 由此完成了引理 4.2 的证明.

**引理 4.3** 在引理 4.2 的条件下，初值问题 (4.17) ~ (4.21) 的解 $(\boldsymbol{Z}_N(x,t)$, $\theta_N(x,t)$, $\boldsymbol{H}_N(x,t)$, $\boldsymbol{E}_N(x,t))$ 存在以下估计

$$\|\boldsymbol{Z}_{Nt}(\cdot,t)\|_{H^{-2}(\boldsymbol{\Omega})} + \|\theta_{Nt}(\cdot,t)\|_{H^{-2}(\boldsymbol{\Omega})} + \|\boldsymbol{E}_{Nt}(\cdot,t)\|_{H^{-2}(\boldsymbol{\Omega})} +$$

$$\|\boldsymbol{H}_{Nt}(\cdot,t)\|_{H^{-2}(\boldsymbol{\Omega})} \leqslant K_2, \ \forall t \geqslant 0,$$

其中，$K_2$ 不依赖于 $N$ 和 $D$，$H^{-m}(\boldsymbol{\Omega})$ 是 $H^m(\boldsymbol{\Omega})$ 的对偶空间.

证明. 对于任何 $\varphi \in H^2$，$\varphi$ 可以表示为

$$\varphi = \varphi_N + \overline{\varphi}_N,$$

其中

$$\varphi_N = \sum_{s=1}^{N} \beta_s \omega_s(x), \overline{\varphi}_N = \sum_{s=N+1}^{\infty} \beta_s \omega_s(x).$$

对于 $s \geqslant N+1$，

$$\int_{\boldsymbol{\Omega}} \boldsymbol{Z}_{Nt} \omega_s(x) \mathrm{d}x = 0.$$

则由引理 4.2，存在以下估计

$$
\begin{aligned}
\int_{\boldsymbol{\Omega}} \boldsymbol{Z}_{Nt} \varphi \mathrm{d}x &= \int_{\boldsymbol{\Omega}} \boldsymbol{Z}_{Nt} \varphi_N(x) \mathrm{d}x \\
&= -\nu \int_{\boldsymbol{\Omega}} \nabla \boldsymbol{Z}_N \nabla \varphi_N \mathrm{d}x - \\
&\quad \theta_c \int_{\boldsymbol{\Omega}} (|\boldsymbol{Z}_N|^2 - 1) \boldsymbol{Z}_N \varphi_N(x) \mathrm{d}x - \\
&\quad \int_{\boldsymbol{\Omega}} \theta_N \boldsymbol{Z}_N \varphi_N(x) \mathrm{d}x + \int_{\boldsymbol{\Omega}} \boldsymbol{H}_N \varphi_N(x) \mathrm{d}x \\
&\leqslant \nu \|\nabla \boldsymbol{Z}_N\|_2 \|\nabla \varphi_N\|_2 + C(\|\boldsymbol{Z}_N\|_6^3 + \|\boldsymbol{Z}_N\|_2) \|\varphi_N\|_2 + \\
&\quad \|\boldsymbol{Z}_N\|_4 \|\theta_N\|_2 \|\varphi_N\|_4 + \|\boldsymbol{H}_N\|_2 \|\varphi_N\|_2 \\
&\leqslant C \|\varphi_N\|_{H^2(\boldsymbol{\Omega})} \\
&\leqslant C \|\varphi\|_{H^2(\boldsymbol{\Omega})}.
\end{aligned}
$$

类似地，对于 $s \geqslant N+1$，

$$\int_{\Omega} \theta_{Nt} \omega_s(x) \mathrm{d}x = 0.$$

则由引理 4.2，存在以下估计

$$
\begin{aligned}
\int_{\Omega} \theta_{Nt} \varphi \mathrm{d}x &= \int_{\Omega} \theta_{Nt} \varphi_N(x) \mathrm{d}x \\
&= \int_{\Omega} \boldsymbol{Z}_N \boldsymbol{Z}_{Nt} \varphi_N \mathrm{d}x + k_1 \int_{\Omega} \Delta \theta_N \varphi_N(x) \mathrm{d}x + \\
&\quad \int_{\Omega} \gamma_1 \varphi_N(x) \mathrm{d}x \\
&\leqslant \|\boldsymbol{Z}_N\|_{\infty} \left| \int_{\Omega} \boldsymbol{Z}_{Nt} \varphi_N \mathrm{d}x \right| + \\
&\quad k_1 \|\theta_N\|_2 \|\Delta \varphi_N\|_2 + \|\gamma_1\|_2 \|\varphi_N\|_2 \\
&\leqslant C\|\varphi\|_{H^2(\boldsymbol{\Omega})} + C(\|\Delta \varphi_N\|_2 + \|\varphi_N\|_2) \\
&\leqslant C\|\varphi_N\|_{H^2(\boldsymbol{\Omega})} \\
&\leqslant C\|\varphi\|_{H^2(\boldsymbol{\Omega})}.
\end{aligned}
$$

类似地，对于 $s \geqslant N+1$，可得

$$
\begin{aligned}
\int_{\Omega} \boldsymbol{E}_{Nt} \omega_s(x) \mathrm{d}x &= 0, \\
\int_{\Omega} \boldsymbol{H}_{Nt} \omega_s(x) \mathrm{d}x &= 0.
\end{aligned}
$$

则由引理 4.2，存在以下估计

$$
\begin{aligned}
&\int_{\Omega} \boldsymbol{E}_{Nt} \varphi \mathrm{d}x \\
&= \int_{\Omega} \boldsymbol{E}_{Nt} \phi_N \mathrm{d}x \\
&\leqslant C(\|\boldsymbol{H}_N\|_2 + \|\boldsymbol{E}_N\|_2)(\|\nabla \varphi_N\|_2 + \|\varphi_N\|_2)
\end{aligned}
$$

$$\leqslant C(\|\nabla\phi_N\|_2 + \|\varphi_N\|_2)$$

$$\leqslant C_2\|\varphi\|_{H^2(\boldsymbol{\Omega})}$$

和

$$\int_{\boldsymbol{\Omega}} \boldsymbol{H}_{Nt}\varphi\mathrm{d}x = \int_{\boldsymbol{\Omega}} \boldsymbol{H}_{Nt}\phi_N\mathrm{d}x$$

$$= \int_{\boldsymbol{\Omega}} (\nabla\times\boldsymbol{E}_N\cdot\varphi_N - \beta\boldsymbol{Z}_{Nt}\varphi_N)\mathrm{d}x$$

$$\leqslant C(\|\boldsymbol{E}_N\|_2\|\nabla\varphi_N\|_2 + \|\varphi\|_{H^2(\boldsymbol{\Omega})})$$

$$\leqslant C(\|\nabla\phi_N\|_2 + \|\varphi\|_{H^2(\boldsymbol{\Omega})})$$

$$\leqslant C_2\|\varphi\|_{H^2(\boldsymbol{\Omega})}.$$

因此，以下估计成立

$$\|\boldsymbol{Z}_{Nt}\|_{H^{-2}(\boldsymbol{\Omega})} + \|\theta_{Nt}\|_{H^{-2}(\boldsymbol{\Omega})} +$$

$$\|\boldsymbol{E}_{Nt}\|_{H^{-2}(\boldsymbol{\Omega})} + \|\boldsymbol{H}_{Nt}\|_{H^{-2}(\boldsymbol{\Omega})} \leqslant K_2.$$

引理得证.

**引理 4.4** 在引理 4.2 的条件下，初值问题 $(4.17)\sim(4.21)$ 的解 $(\boldsymbol{Z}_N(x,t),\theta_N(x,t),$ $\boldsymbol{H}_N(x,t),\boldsymbol{E}_N(x,t))$ 存在以下估计

$$\|\boldsymbol{Z}_N(\cdot,t_1) - \boldsymbol{Z}_N(\cdot,t_2) \leqslant K_3|t_1-t_2|^{\frac{1}{3}},$$

$$\|\theta_N(\cdot,t_1) - \theta_N(\cdot,t_2)\|_{H^{-\epsilon}} + \|\boldsymbol{H}_N(\cdot,t_1) - \boldsymbol{H}_N(\cdot,t_2)\|_{H^{-\epsilon}} +$$

$$\|\boldsymbol{E}_N(\cdot,t_1) - \boldsymbol{E}_N(\cdot,t_2)\|_{H^{-\epsilon}} \leqslant K_4|t_1-t_2|^{\epsilon},$$

$$\forall\epsilon\in(0,1),\ \forall t_1,t_2\geqslant 0,$$

其中，$K_3$ 不依赖于 $N$ 和 $D$.

证明. 由负序的 Sobolev 插值不等式, 可得

$$\|\boldsymbol{Z}_N(\cdot,t_1) - \boldsymbol{Z}_N(\cdot,t_2)\|_2$$
$$\leqslant C\|\boldsymbol{Z}_N(\cdot,t_1) - \boldsymbol{Z}_N(\cdot,t_2)\|_{H^{-2}(\boldsymbol{\Omega})}^{\frac{1}{3}}\|\boldsymbol{Z}_N(\cdot,t_1) - \boldsymbol{Z}_N(\cdot,t_2)\|_{H^1(\boldsymbol{\Omega})}^{\frac{2}{3}}$$
$$\leqslant C\left\|\int_{t_1}^{t_2}\frac{\partial \boldsymbol{Z}_N}{\partial t}\mathrm{d}t\right\|_{H^{-2}(\boldsymbol{\Omega})}^{\frac{1}{3}}$$
$$\leqslant C|t_2 - t_1|^{\frac{1}{3}}.$$

类似地, $\forall \epsilon \in (0,1)$, 可得

$$\|\theta_N(\cdot,t_1) - \theta_N(\cdot,t_2)\|_{H^{-\epsilon}} +$$
$$\|\boldsymbol{H}_N(\cdot,t_1) - \boldsymbol{H}_N(\cdot,t_2)\|_{H^{-\epsilon}} +$$
$$\|\boldsymbol{E}_N(\cdot,t_1) - \boldsymbol{E}_N(\cdot,t_2)\|_{H^{-\epsilon}}$$
$$\leqslant C\|\theta_N(\cdot,t_1) - \theta_N(\cdot,t_2)\|_{H^{-1}}^{\epsilon}\|\theta_N(\cdot,t_1) - \theta_N(\cdot,t_2)\|_2^{1-\epsilon} +$$
$$C\|\boldsymbol{H}_N(\cdot,t_1) - \boldsymbol{H}_N(\cdot,t_2)\|_{H^{-1}}^{\epsilon}\|\boldsymbol{H}_N(\cdot,t_1) - \boldsymbol{H}_N(\cdot,t_2)\|_2^{1-\epsilon} +$$
$$C\|\boldsymbol{E}_N(\cdot,t_1) - \boldsymbol{E}_N(\cdot,t_2)\|_{H^{-1}}^{\epsilon}\|\boldsymbol{E}_N(\cdot,t_1) - \boldsymbol{E}_N(\cdot,t_2)\|_2^{1-\epsilon}$$
$$\leqslant C\left\|\int_{t_1}^{t_2}\frac{\partial \theta_N}{\partial t}\mathrm{d}t\right\|_{H^{-1}}^{\epsilon} + C\left\|\int_{t_1}^{t_2}\frac{\partial \boldsymbol{H}_N}{\partial t}\mathrm{d}t\right\|_{H^{-1}}^{\epsilon} +$$
$$C\left\|\int_{t_1}^{t_2}\frac{\partial \boldsymbol{E}_N}{\partial t}\mathrm{d}t\right\|_{H^{-1}}^{\epsilon}$$
$$\leqslant C|t_2 - t_1|^{\epsilon}.$$

引理得证.

利用上述近似解的估计, 可得

**引理 4.5** 在引理 4.2 的条件下, 常微分方程组 (4.17) ~ (4.20) 存在连续可微整体解 $(\alpha_{sN}(t), \beta_{sN}(t), \gamma_{sN}(t), \ \zeta_{sN}(t))(s = 1, 2, \cdots, N, t \in [0, T], \forall T > 0)$.

接下来证明初值问题 (4.7) ~ (4.13) 广义解的存在.

**定义 4.1** 三维向量函数组 $(\boldsymbol{Z}(x,t), \theta(x,t), \boldsymbol{H}(x,t), \boldsymbol{E}(x,t)) \in (L^\infty([0,T]; H^1(\boldsymbol{\Omega})),$ $L^\infty([0,T]; L^2(\boldsymbol{\Omega})),\ L^\infty([0,T]; L^2(\boldsymbol{\Omega}),\ L^\infty([0,T]; L^2(\boldsymbol{\Omega})))$ 叫作周期问题 (4.7) ~ (4.13) 的广义解, 若对于任何向量值检验函数 $\varphi(x,t) \in C^1([0,T]; H^2(\boldsymbol{\Omega}))$ 且 $\varphi(x,t)|_{t=T} = 0$, 任何标量检验函数 $\xi(x,t) \in C^1([0,T]; C^1(\boldsymbol{\Omega}))$, 以下方程组成立

$$\iint_{Q_T} \boldsymbol{Z} \cdot \phi_t \mathrm{d}x\mathrm{d}t - \nu \iint_{Q_T} \nabla \boldsymbol{Z} \cdot \nabla\varphi \mathrm{d}x\mathrm{d}t - \iint_{Q_T} \theta_c(|\boldsymbol{Z}|^2 - 1)\boldsymbol{Z} \cdot \varphi \mathrm{d}x\mathrm{d}t -$$
$$\iint_{Q_T} \theta\boldsymbol{Z} \cdot \varphi \mathrm{d}x\mathrm{d}t + \iint_{Q_T} H \cdot \varphi \mathrm{d}x\mathrm{d}t + \int_{\boldsymbol{\Omega}} \boldsymbol{Z}_0 \cdot \varphi(x,0)\mathrm{d}x = 0. \qquad (4.31)$$

$$\iint_{Q_T} \theta \cdot \phi_t \mathrm{d}x\mathrm{d}t + \iint_{Q_T} \boldsymbol{Z}\boldsymbol{Z}_t \cdot \varphi \mathrm{d}x\mathrm{d}t - k_1 \iint_{Q_T} \nabla\theta \cdot \nabla\varphi \mathrm{d}x\mathrm{d}t -$$
$$\iint_{Q_T} \gamma_1 \cdot \varphi \mathrm{d}x\mathrm{d}t + \int_{\boldsymbol{\Omega}} \theta_0 \cdot \varphi(x,0)\mathrm{d}x = 0, \qquad (4.32)$$

$$\iint_{Q_T} (\boldsymbol{H} + \beta\boldsymbol{Z}) \cdot \phi_t(x,t)\mathrm{d}x\mathrm{d}t - \iint_{Q_T} (\nabla \times \varphi) \cdot \boldsymbol{E}(x,t)\mathrm{d}x\mathrm{d}t +$$
$$\int_{\boldsymbol{\Omega}} (\boldsymbol{H}_0 + \beta\boldsymbol{Z}_0)(x) \cdot \varphi(x,0)\mathrm{d}x = 0, \qquad (4.33)$$

$$\iint_{Q_T} \boldsymbol{E} \cdot \phi_t(x,t)e^{\sigma t}\mathrm{d}x\mathrm{d}t + \iint_{Q_T} e^{\sigma t}(\nabla \times \varphi) \cdot \boldsymbol{H}\mathrm{d}x\mathrm{d}t +$$
$$\int_{\boldsymbol{\Omega}} \boldsymbol{E}_0(x)\varphi(x,0)\mathrm{d}x = 0, \qquad (4.34)$$

$$\iint_{Q_T} \nabla\xi \cdot (\boldsymbol{H} + \beta\boldsymbol{Z})\mathrm{d}x\mathrm{d}t = 0, \qquad (4.35)$$

$$\boldsymbol{Z}(x,0) = \boldsymbol{Z}_0(x),\ \theta(x,0) = \theta_0(x),$$
$$\boldsymbol{H}(x,0) = \boldsymbol{H}_0(x),\ \boldsymbol{E}(x,0) = \boldsymbol{E}_0(x),\ x \in \boldsymbol{\Omega}, \qquad (4.36)$$

其中, $Q_T = \boldsymbol{\Omega} \times [0,T]$.

**定理 4.1** 设 $\boldsymbol{Z}_0(x) \in H^1(\boldsymbol{\Omega})$, $\theta_0(x) \in L^2(\boldsymbol{\Omega})$, $\boldsymbol{H}_0(x) \in L^2(\boldsymbol{\Omega})$, $\boldsymbol{E}_0(x) \in L^2(\boldsymbol{\Omega})$, 满足 (4.14), 常数 $\nu, k_1, \sigma, \beta$ 均为正数, 则周期问题 (4.7) ~ (4.13) 至少存在一个整

体广义解 $(\boldsymbol{Z}(x,t), \theta(x,t), \boldsymbol{H}(x,t), \boldsymbol{E}(x,t))$ 满足

$$\boldsymbol{Z}(x,t) \in L^\infty([0,T]; H^1(\boldsymbol{\Omega})),$$

$$\theta(x,t) \in L^\infty([0,T]; L^2(\boldsymbol{\Omega})) \cap L^2([0,T]; H^1(\boldsymbol{\Omega})),$$

$$\boldsymbol{E}(x,t) \in L^\infty([0,T]; L^2(\boldsymbol{\Omega})),$$

$$\boldsymbol{H}(x,t) \in L^\infty([0,T]; L^2(\boldsymbol{\Omega})). \tag{4.37}$$

此外，还满足

$$\sup_{0 \leqslant t \leqslant T} \{\|\boldsymbol{Z}(\cdot,t)\|_{H^1(\boldsymbol{\Omega})} + \|\theta(\cdot,t)\|_2 + \|\boldsymbol{H}(\cdot,t)\|_2 + \|\boldsymbol{E}(\cdot,t)\|_2\} \leqslant K_0, \tag{4.38}$$

$$\int_0^T (\|\boldsymbol{Z}_t\|_2^2 + \|\nabla\theta\|_2^2 + \|E\|_2^2)\mathrm{d}t \leqslant K_1, \tag{4.39}$$

其中，$K_j(j = 0, 1)$ 是一个不依赖于 $D$ 的常数.

证明. 对于任何向量值检验函数 $\varphi(x,t) \in C^1([0,T]; H^2_{\mathrm{pre}}(\boldsymbol{\Omega}))$ 且 $\varphi(x,t)|_{t=T} = 0$，定义近似序列.

由引理 4.2 和引理 4.3 中解 $(\boldsymbol{Z}_N(x,t), \theta_N(x,t), \boldsymbol{H}_N(x,t), \boldsymbol{E}_N(x,t))$ 的一致估计，Sobolev 嵌入定理和 Lions-Aubin 引理，则存在一个子列 [仍用 $(\boldsymbol{Z}_N(x,t), \theta_N(x,t), \boldsymbol{H}_N(x,t), \boldsymbol{E}_N(x,t))$ 表示] 使得

$$\boldsymbol{Z}_N(x,t) \rightharpoonup^* \boldsymbol{Z}(x,t), \text{ 在 } L^\infty([0,T]; H^1(\boldsymbol{\Omega})) \text{ 中}, \tag{4.40}$$

$$\boldsymbol{Z}_{Nt}(x,t) \rightharpoonup^* \boldsymbol{Z}_t(x,t) \text{ 在 } L^\infty([0,T]; H^{-2}(\boldsymbol{\Omega})) \text{ 中}, \tag{4.41}$$

$$\boldsymbol{Z}_N(x,t) \to \boldsymbol{Z}(x,t) \text{ 在 } L^q([0,T]; W^{1,p}(\boldsymbol{\Omega})) \text{ 中}, 2 \leqslant q < \infty, 2 \leqslant p < 6, \tag{4.42}$$

$$\boldsymbol{Z}_N(x,t) \to \boldsymbol{Z}(x,t) \text{ 在 } L^q([0,T]; L^p(\boldsymbol{\Omega})) \text{ 中}, 2 \leqslant q < \infty, 2 \leqslant p \leqslant \infty, \tag{4.43}$$

$$\theta_N(x,t) \rightharpoonup^* \theta(x,t) \text{ 在 } L^\infty([0,T]; L^2(\boldsymbol{\Omega})) \cap L^2([0,T]; H^1(\boldsymbol{\Omega})) \text{ 中}, \tag{4.44}$$

$$\theta_{Nt}(x,t) \rightharpoonup^* \theta_t(x,t) \text{ 在 } L^\infty([0,T]; H^{-2}(\boldsymbol{\Omega})) \text{ 中,} \tag{4.45}$$

$$\theta_N(x,t) \to \theta(x,t) \text{ 在 } L^q([0,T]; W^{1,p}(\boldsymbol{\Omega})) \text{ 中, } 2 \leqslant q < \infty, \ 2 \leqslant p < 6, \tag{4.46}$$

$$\theta_N(x,t) \to \theta(x,t) \text{ 在 } L^q([0,T]; L^p(\boldsymbol{\Omega})) \text{ 中, } 2 \leqslant q < \infty, \ 2 \leqslant p \leqslant \infty, \tag{4.47}$$

$$\boldsymbol{H}_N(x,t) \rightharpoonup^* \boldsymbol{H}(x,t) \text{ 在 } L^\infty([0,T]; L^2(\boldsymbol{\Omega})) \text{ 中,} \tag{4.48}$$

$$\boldsymbol{E}_N(x,t) \rightharpoonup^* \boldsymbol{E}(x,t) \text{ 在 } L^\infty([0,T]; L^2(\boldsymbol{\Omega})) \text{ 中.} \tag{4.49}$$

对于任何向量值检验函数 $\varphi(x,t) \in C^1([0,T]; H^2(\boldsymbol{\Omega}))$ 且 $\varphi(x,t)|_{t=T} = 0$, 定义近似序列

$$\phi_N(x,t) = \sum_{n=1}^N a_n(t)\boldsymbol{\omega}_n(x),$$

其中, $a_n(t) = \displaystyle\int_{\boldsymbol{\Omega}} \varphi(x,t)\boldsymbol{\omega}_n(x)\mathrm{d}x.$ $\phi_N$ 在 $C^1([0,T]; H^2(\boldsymbol{\Omega}))$ 一致收敛于 $\varphi(x,t)$, 即有

$$\|\phi_N - \varphi\|_{C^1([0,T]; H^2(\boldsymbol{\Omega}))} \to 0, \ N \to \infty. \tag{4.50}$$

做 $a_s(t)$ 与方程 (4.17) 的标量积, $a_s(t)$ 与方程 (4.18) 的标量积, $a_s(t)$ 与方程 (4.20) 的标量积, $e^{\sigma t}a_s$ 与方程 (4.19) 的标量积, 并关于 $s = 1, 2, \cdots, N$ 求和, 可得

$$\iint_{Q_T} \boldsymbol{Z}_{Nt} \cdot \phi_N \mathrm{d}x\mathrm{d}t - \nu \iint_{Q_T} \Delta \boldsymbol{Z}_N \cdot \phi_N \mathrm{d}x\mathrm{d}t -$$
$$\iint_{Q_T} \theta_c(|\boldsymbol{Z}_N|^2 - 1)\boldsymbol{Z}_N \cdot \phi_N \mathrm{d}x\mathrm{d}t +$$
$$\iint_{Q_T} \theta_N \boldsymbol{Z}_N \cdot \phi_N \mathrm{d}x\mathrm{d}t - \iint_{Q_T} \boldsymbol{H}_N \cdot \phi_N \mathrm{d}x\mathrm{d}t = 0, \tag{4.51}$$
$$\iint_{Q_T} \theta_{Nt} \cdot \phi_N \mathrm{d}x\mathrm{d}t - \iint_{Q_T} \boldsymbol{Z}_N \boldsymbol{Z}_{Nt} \cdot \phi_N \mathrm{d}x\mathrm{d}t -$$

$$k_1 \iint_{Q_T} \Delta \theta_N \cdot \phi_N \mathrm{d}x\mathrm{d}t - \iint_{Q_T} \gamma_1(x,t) \cdot \phi_N \mathrm{d}x\mathrm{d}t = 0, \tag{4.52}$$

$$\iint_{Q_T} \boldsymbol{H}_{Nt} \cdot \phi_N(x,t)\mathrm{d}x\mathrm{d}t + \beta \iint_{Q_T} \boldsymbol{Z}_{Nt} \cdot \phi_N(x,t)\mathrm{d}x\mathrm{d}t$$

$$= -\iint_{Q_T} (\nabla \times \boldsymbol{E}_N) \cdot \phi_N(x)\mathrm{d}x\mathrm{d}t, \tag{4.53}$$

$$\iint_{Q_T} \frac{\mathrm{d}}{\mathrm{d}t}(e^{\sigma t}\boldsymbol{E}_N) \cdot \phi_N(x,t)\mathrm{d}x\mathrm{d}t$$

$$= \iint_{Q_T} e^{\sigma t}(\nabla \times \boldsymbol{H}_N) \cdot \phi_N \mathrm{d}x\mathrm{d}t. \tag{4.54}$$

重写 (4.51)，则有

$$\iint_{Q_T} \boldsymbol{Z}_{Nt} \cdot \phi_N \mathrm{d}x\mathrm{d}t - \nu \iint_{Q_T} \nabla \boldsymbol{Z}_N \cdot \nabla \phi_N \mathrm{d}x\mathrm{d}t +$$

$$\iint_{Q_T} \theta_c(|\boldsymbol{Z}_N|^2 - 1)\boldsymbol{Z}_N \cdot \phi_N \mathrm{d}x\mathrm{d}t +$$

$$\iint_{Q_T} \theta_N \boldsymbol{Z}_N \cdot \phi_N \mathrm{d}x\mathrm{d}t - \iint_{Q_T} \boldsymbol{H}_N \cdot \phi_N \mathrm{d}x\mathrm{d}t +$$

$$\int_{\Omega} \boldsymbol{Z}_N(x,0) \cdot \phi_N(x,0)\mathrm{d}x = 0. \tag{4.55}$$

重写 (4.52)，则有

$$\iint_{Q_T} \theta_{Nt} \cdot \phi_N \mathrm{d}x\mathrm{d}t + \iint_{Q_T} \boldsymbol{Z}_N \boldsymbol{Z}_{Nt} \cdot \phi_N \mathrm{d}x\mathrm{d}t -$$

$$k_1 \iint_{Q_T} \nabla \theta_N \cdot \nabla \phi_N \mathrm{d}x\mathrm{d}t +$$

$$\iint_{Q_T} \gamma_1(x,t) \cdot \phi_N \mathrm{d}x\mathrm{d}t +$$

$$\int_{\Omega} \theta_N(x,0) \cdot \phi_N(x,0)\mathrm{d}x = 0. \tag{4.56}$$

重写 (4.53)，则有

$$\iint_{Q_T} \boldsymbol{H}_N \cdot \phi_{Nt}(x,t)\mathrm{d}x\mathrm{d}t +$$

$$\beta \iint_{Q_T} \boldsymbol{Z}_N \cdot \phi_{Nt}(x,t) \mathrm{d}x \mathrm{d}t -$$

$$\iint_{Q_T} (\nabla \times \phi_N) \cdot \boldsymbol{E}_N(x) \mathrm{d}x \mathrm{d}t +$$

$$\int_{\boldsymbol{\Omega}} (\boldsymbol{H}_N(x,0) + \beta \boldsymbol{Z}_N(x,0)) \cdot \phi_N(x,0) \mathrm{d}x = 0. \tag{4.57}$$

重写 (4.54), 则有

$$\iint_{Q_T} \boldsymbol{E}_N \cdot (\phi_{Nt} e^{\sigma t}) \mathrm{d}x \mathrm{d}t +$$

$$\iint_{Q_T} e^{\sigma t} (\nabla \times \phi_N) \cdot \boldsymbol{H}_N(x,t) \mathrm{d}x \mathrm{d}t +$$

$$\int_{\boldsymbol{\Omega}} \boldsymbol{E}_N(\cdot, 0) \cdot \phi_N(\cdot, 0) \mathrm{d}x = 0. \tag{4.58}$$

由 (4.22)、(4.23) 和 (4.50) 可以知道

$$\int_{\boldsymbol{\Omega}} \boldsymbol{Z}_N(x,0) \cdot \phi_N(x,0) \mathrm{d}x \to \int_{\boldsymbol{\Omega}} \boldsymbol{Z}_0(x) \cdot \varphi(x,0) \mathrm{d}x, \ N \to \infty,$$

$$\int_{\boldsymbol{\Omega}} \theta_N(x,0) \cdot \phi_N(x,0) \mathrm{d}x \to \int_{\boldsymbol{\Omega}} \theta_0(x) \cdot \varphi(x,0) \mathrm{d}x, \ N \to \infty,$$

$$\int_{\boldsymbol{\Omega}} \boldsymbol{H}_N(x,0) \cdot \phi_N(x,0) \mathrm{d}x \to \int_{\boldsymbol{\Omega}} \boldsymbol{H}_0(x) \cdot \varphi(x,0) \mathrm{d}x, \ N \to \infty,$$

$$\int_{\boldsymbol{\Omega}} \boldsymbol{E}_N(x,0) \cdot \phi_N(x,0) \mathrm{d}x \to \int_{\boldsymbol{\Omega}} \boldsymbol{E}_0(x) \cdot \varphi(x,0) \mathrm{d}x, \ N \to \infty.$$

注意到

$$\iint_{Q_T} (\nabla \times \phi_N) \cdot \boldsymbol{E}_N \mathrm{d}x \mathrm{d}t$$

$$= \iint_{Q_T} \nabla \times (\phi_N - \varphi) \cdot \boldsymbol{E}_N \mathrm{d}x \mathrm{d}t + \iint_{Q_T} (\nabla \times \varphi) \cdot \boldsymbol{E}_N \mathrm{d}x \mathrm{d}t$$

$$= \iint_{Q_T} \nabla \times (\phi_N - \varphi) \cdot \boldsymbol{E}_N \mathrm{d}x \mathrm{d}t + \iint_{Q_T} (\nabla \times \varphi) \cdot E \mathrm{d}x \mathrm{d}t +$$

$$\iint_{Q_T} (\nabla \times \varphi) \cdot (\boldsymbol{E}_N - E) \mathrm{d}x \mathrm{d}t.$$

(4.50) 意味着

$$\left| \iint_{Q_T} \nabla \times (\phi_N - \varphi) \cdot \boldsymbol{E}_N \mathrm{d}x \right|$$
$$\leqslant \left[ \iint_{Q_T} |\nabla(\phi_N - \varphi)|^2 \mathrm{d}x \mathrm{d}t \right]^{\frac{1}{2}} \| \boldsymbol{E}_N \|_{L^2(Q_T)} \to 0.$$

从 (4.48) 可得

$$\left| \iint_{Q_T} (\nabla \times \varphi) \cdot (\boldsymbol{E}_N - E) \mathrm{d}x \mathrm{d}t \right| \to 0.$$

因此可得

$$\iint_{Q_T} (\nabla \times \phi_N) \cdot \boldsymbol{E}_N \mathrm{d}x \mathrm{d}t$$
$$\to \iint_{Q_T} (\nabla \times \varphi) \cdot E \mathrm{d}x \mathrm{d}t, \ N \to \infty.$$

类似地，可以证明

$$\iint_{Q_T} \boldsymbol{H}_N \cdot \phi_{Nt} \mathrm{d}x \mathrm{d}t \to \iint_{Q_T} H \cdot \phi_t \mathrm{d}x \mathrm{d}t, \ N \to \infty,$$

$$\iint_{Q_T} \boldsymbol{E}_N \cdot (\phi_{Nt} e^{\sigma t}) \mathrm{d}x \mathrm{d}t \to \iint_{Q_T} E \cdot (\phi_t e^{\sigma t}) \mathrm{d}x \mathrm{d}t, \ N \to \infty,$$

$$\iint_{Q_T} e^{\sigma t} (\nabla \times \phi_N) \cdot \boldsymbol{H}_N(x, t) \mathrm{d}x \mathrm{d}t$$
$$\to \iint_{Q_T} e^{\sigma t} (\nabla \times \varphi) \cdot \boldsymbol{H}(x, t) \mathrm{d}x \mathrm{d}t, \ N \to \infty,$$

$$\iint_{Q_T} \boldsymbol{Z}_N \cdot \phi_{Nt} \mathrm{d}x \mathrm{d}t \to \iint_{Q_T} \boldsymbol{Z} \cdot \phi_t \mathrm{d}x \mathrm{d}t, \ N \to \infty,$$

$$\iint_{Q_T} \nabla \boldsymbol{Z}_N \cdot \nabla \phi_N \mathrm{d}x \mathrm{d}t \to \iint_{Q_T} \nabla \boldsymbol{Z} \cdot \nabla \varphi \mathrm{d}x \mathrm{d}t, \ N \to \infty,$$

$$\iint_{Q_T} \theta_N \cdot \phi_{Nt} \mathrm{d}x \mathrm{d}t \to \iint_{Q_T} \theta \cdot \phi_t \mathrm{d}x \mathrm{d}t, \ N \to \infty,$$

$$\iint_{Q_T} \nabla \theta_N \cdot \nabla \phi_N \mathrm{d}x \mathrm{d}t \to \iint_{Q_T} \nabla \theta \cdot \nabla \varphi \mathrm{d}x \mathrm{d}t, \ N \to \infty.$$

从 (4.42)、(4.43) 和 (4.50) 推出

$$(|\boldsymbol{Z}_N|^2 - 1)\boldsymbol{Z}_N \to (|\boldsymbol{Z}|^2 - 1)Z \, L^2(Q_T).$$

因此

$$\iint_{Q_T} (|\boldsymbol{Z}_N|^2 - 1)\boldsymbol{Z}_N \cdot \phi_N \mathrm{d}x\mathrm{d}t$$

$$\to \iint_{Q_T} (|\boldsymbol{Z}|^2 - 1)\boldsymbol{Z} \cdot \varphi \mathrm{d}x\mathrm{d}t, \, N \to \infty.$$

可以证明

$$\iint_{Q_T} \boldsymbol{Z}_N \boldsymbol{Z}_{Nt} \cdot \phi_N \mathrm{d}x\mathrm{d}t$$

$$\to \iint_{Q_T} Z\boldsymbol{Z}_t \cdot \varphi \mathrm{d}x\mathrm{d}t, \, N \to \infty.$$

因此，令方程 (4.55)、(4.56)、(4.57)、(4.58) 中的 $N \to \infty$，可以得到极限函数 $\boldsymbol{Z}(x,t), \theta(x,t), \boldsymbol{H}(x,t), \boldsymbol{E}(x,t)$ 满足积分等式 (4.31)、(4.32)、(4.33)、(4.34).
则初值问题 (4.7)~(4.13) 的广义整体解存在.

## 4.3 二维整体光滑解的存在唯一性

本节我们将证明当 $d = 2$ 时，初值问题 (4.7)~(4.10) 和 (4.12)、(4.13) 的整体光滑解 $(Z, \theta, H, E)$ 的存在性和唯一性.

**引理 4.6** 设 $(\boldsymbol{Z}_0(x), \theta_0(x), \boldsymbol{H}_0(x), \boldsymbol{E}_0(x)) \in (H^2(\boldsymbol{\Omega}), H^1(\boldsymbol{\Omega}), H^1(\boldsymbol{\Omega}), H^1(\boldsymbol{\Omega}))$, $\gamma_1(x,t) \in H^1(\boldsymbol{\Omega})$, 则对于满足初值条件 (4.12)、(4.13) 的问题 (4.7)~(4.10) 的解，有

$$\sup_{0 \leqslant t \leqslant T} \{\|\boldsymbol{Z}(\cdot,t)\|_{H^2(\boldsymbol{\Omega})} + \|\theta(\cdot,t)\|_{H^1(\boldsymbol{\Omega})} +$$

$$\|\boldsymbol{H}(\cdot,t)\|_{H^1(\boldsymbol{\Omega})} + \|\boldsymbol{E}(\cdot,t)\|_{H^1(\boldsymbol{\Omega})}\} +$$

$$\int_0^T (\|\nabla\Delta\boldsymbol{Z}\|_2^2 + \|\Delta\theta\|_2^2)\mathrm{d}t \leqslant K_2, \ \forall T > 0, \tag{4.59}$$

其中，$K_2$ 与 $N$ 和 $D$ 无关.

证明. 做 $\Delta^2\boldsymbol{Z}$ 和 (4.7) 的标量积，并对关于 $x$ 在 $\boldsymbol{\Omega}$ 积分，可得

$$\frac{1}{2}\frac{\mathrm{d}}{\mathrm{d}t}\|\Delta\boldsymbol{Z}\|_2^2 + \nu\|\nabla\Delta\boldsymbol{Z}\|_2^2$$

$$= -\theta_c\int_{\boldsymbol{\Omega}}[(|\boldsymbol{Z}|^2 - 1)\boldsymbol{Z}\cdot\Delta^2\boldsymbol{Z}]\mathrm{d}x -$$

$$\int_{\boldsymbol{\Omega}}\theta\boldsymbol{Z}\cdot\Delta^2\boldsymbol{Z}\mathrm{d}x + \int_{\boldsymbol{\Omega}}H\cdot\Delta^2\boldsymbol{Z}\mathrm{d}x$$

$$\leqslant \theta_c\int_{\boldsymbol{\Omega}}\nabla[(|\boldsymbol{Z}|^2 - 1)\boldsymbol{Z}]\cdot\nabla\Delta\boldsymbol{Z}\mathrm{d}x +$$

$$\int_{\boldsymbol{\Omega}}(\nabla\theta\cdot\boldsymbol{Z} + \theta\cdot\nabla\boldsymbol{Z})\cdot\nabla\Delta\boldsymbol{Z}\mathrm{d}x -$$

$$\int_{\boldsymbol{\Omega}}\nabla\boldsymbol{H}\cdot\nabla\Delta\boldsymbol{Z}\mathrm{d}x$$

$$\leqslant \theta_c(3\|Z\|_\infty^2\|\nabla\boldsymbol{Z}\|_2\|\nabla\Delta\boldsymbol{Z}\|_2 + \|\nabla\boldsymbol{Z}\|_2\|\nabla\Delta\boldsymbol{Z}\|_2) +$$

$$(\|Z\|_\infty\|\nabla\theta\|_2 + \|\theta\|_4\|\nabla\boldsymbol{Z}\|_4)\|\nabla\Delta\boldsymbol{Z}\|_2 +$$

$$\|\nabla\boldsymbol{H}\|_2\|\nabla\Delta\boldsymbol{Z}\|_2. \tag{4.60}$$

再由 Gagliardo-Nirenlerg 不等式，可得

$$\|Z\|_\infty \leqslant C\|\Delta\boldsymbol{Z}\|_2^{\frac{1}{2}}\|Z\|_2^{\frac{1}{2}}, \tag{4.61}$$

$$\|\Delta\boldsymbol{Z}\|_2 \leqslant C\|\nabla\Delta\boldsymbol{Z}\|_2^{\frac{1}{2}}\|\nabla\boldsymbol{Z}\|_2^{\frac{1}{2}}$$

$$\|Z\|_4 \leqslant C\|\nabla\boldsymbol{Z}\|_2^{\frac{1}{2}}\|Z\|_2^{\frac{1}{2}}, \tag{4.62}$$

$$\|\nabla\boldsymbol{Z}\|_4 \leqslant C\|\nabla\Delta\boldsymbol{Z}\|_2^{\frac{1}{4}}\|\nabla\boldsymbol{Z}\|_2^{\frac{3}{4}},$$

$$\|\theta\|_4 \leqslant C\|\nabla\theta\|_2^{\frac{1}{2}}\|\theta\|_2^{\frac{1}{2}}. \tag{4.63}$$

因此，由估计 (4.24)，可得

$$\frac{1}{2}\frac{\mathrm{d}}{\mathrm{d}t}\|\Delta \boldsymbol{Z}\|_2^2 + \nu\|\nabla\Delta \boldsymbol{Z}\|_2^2$$

$$\leqslant \frac{\nu}{6}\|\nabla\Delta \boldsymbol{Z}\|_2^2 + C(1 + \|\Delta \boldsymbol{Z}\|_2^2 + \|\nabla\theta\|_2^2 + \|\nabla \boldsymbol{H}\|_2^2). \tag{4.64}$$

做 $\Delta\theta$ 和 (4.8) 的标量积，并对关于 $x$ 在 $\boldsymbol{\Omega}$ 积分，可得

$$\frac{1}{2}\frac{\mathrm{d}}{\mathrm{d}t}\|\nabla\theta\|_2^2 + k_1\|\Delta\theta\|_2^2$$

$$= -\int_{\boldsymbol{\Omega}} Z\boldsymbol{Z}_t \cdot \Delta\theta\mathrm{d}x - \int_{\boldsymbol{\Omega}} \gamma_1 \cdot \Delta\theta\mathrm{d}x$$

$$\leqslant \|Z\|_\infty\|\boldsymbol{Z}_t\|_2\|\Delta\theta\|_2 + \|\gamma_1\|_2\|\Delta\theta\|_2$$

$$\leqslant C\|\Delta \boldsymbol{Z}\|_2^{\frac{1}{2}}\|Z\|_2^{\frac{1}{2}}[\nu\|\Delta \boldsymbol{Z}\|_2 + \theta_c\|(|\boldsymbol{Z}|^2-1)Z\|_2 +$$

$$\|\theta\|_4\|Z\|_4 + \|H\|_2]\|\Delta\theta\|_2 + \|\gamma_1\|_2\|\Delta\theta\|_2$$

$$\leqslant \frac{\nu}{6}\|\nabla\Delta \boldsymbol{Z}\|_2^2 + \frac{k_1}{2}\|\Delta\theta\|_2^2 +$$

$$C(1 + \|\Delta \boldsymbol{Z}\|_2^2 + \|\nabla\theta\|_2^2 + \|\gamma_1\|_2^2), \tag{4.65}$$

其中利用了 Gagliardo-Nirenberg 不等式和估计 (4.21).

做 $\Delta \boldsymbol{E}$ 和 (4.8) 的标量积，$\Delta \boldsymbol{H}$ 和 (4.10) 的标量积，并将两个等式相加，对所得结果关于 $x$ 在 $\boldsymbol{\Omega}$ 积分，可得

$$\frac{1}{2}\frac{\mathrm{d}}{\mathrm{d}t}(\|\nabla \boldsymbol{E}\|_2^2 + \|\nabla \boldsymbol{H}\|_2^2) + \sigma\|\nabla \boldsymbol{E}\|_2^2$$

$$= \int_{\boldsymbol{\Omega}} \nabla \boldsymbol{Z}_t \cdot \nabla \boldsymbol{H}\mathrm{d}x$$

$$\leqslant \|\nabla \boldsymbol{Z}_t\|_2\|\nabla \boldsymbol{H}\|_2$$

$$\leqslant \{(\nu\|\nabla\Delta \boldsymbol{Z}\|_2 + \theta_c\|\nabla[(|\boldsymbol{Z}|^2-1)Z]\|_2 +$$

$$\|\nabla \boldsymbol{Z}\|_\infty\|\theta\|_2 + \|Z\|_\infty\|\nabla\theta\|_2 + \|H\|_2\}\|\nabla \boldsymbol{H}\|_2$$

$$\leqslant \frac{\nu}{6}\|\nabla\Delta \boldsymbol{Z}\|_2^2 + C(1 + \|\nabla\theta\|_2^2 + \|\Delta \boldsymbol{Z}\|_2^2 + \|\nabla \boldsymbol{H}\|_2^2), \tag{4.66}$$

其中, $C$ 与 $\boldsymbol{\Omega}$ 和 $D$ 无关, 用到了以下事实

$$\int_{\boldsymbol{\Omega}}(\nabla \times \boldsymbol{H} \cdot \Delta \boldsymbol{E} - \nabla \times \boldsymbol{E} \cdot \Delta \boldsymbol{H})\mathrm{d}x$$

$$= -\int_{\boldsymbol{\Omega}}(\nabla \times \nabla \boldsymbol{H} \cdot \nabla \boldsymbol{E} - \nabla \times \nabla \boldsymbol{E} \cdot \nabla \boldsymbol{H})\mathrm{d}x$$

$$= 0. \tag{4.67}$$

联合 (4.65)、(4.66) 和 (4.67), 可得

$$\frac{1}{2}\frac{\mathrm{d}}{\mathrm{d}t}(\|\Delta \boldsymbol{Z}\|_2^2 + \|\nabla\theta\|_2^2 + \|\nabla \boldsymbol{E}\|_2^2 + \|\nabla \boldsymbol{H}\|_2^2) +$$

$$\nu\|\nabla\Delta \boldsymbol{Z}\|_2^2 + k_1\|\Delta\theta\|_2^2 + \sigma\|\nabla \boldsymbol{E}\|_2^2$$

$$\leqslant \frac{\nu}{2}\|\nabla\Delta \boldsymbol{Z}\|_2^2 + C(1 + \|\Delta \boldsymbol{Z}\|_2^2 + \|\nabla\theta\|_2^2 + \|\nabla \boldsymbol{H}\|_2^2), \tag{4.68}$$

由估计 (4.24)、(4.68) 并利用 Gronwall 不等式, 可证估计 (4.59).

**引理 4.7** 设 $(\boldsymbol{Z}_0(x), \theta_0(x), \boldsymbol{H}_0(x), \boldsymbol{E}_0(x)) \in (H^{m+1}(\boldsymbol{\Omega}), H^m(\boldsymbol{\Omega}), H^m(\boldsymbol{\Omega}), H^m(\boldsymbol{\Omega}))$, $\gamma_1 \in L^2([0,T]; H^m(\boldsymbol{\Omega}))$, $m \geqslant 0$, 则问题 $(4.17) \sim (4.20)$ 的解 $(\boldsymbol{Z}_N(x), \theta_N(x),$ $\boldsymbol{H}_N(x), \boldsymbol{E}_N(x))$ 满足以下估计

$$\sup_{0\leqslant t\leqslant T}\{\|\boldsymbol{Z}(\cdot,t)\|_{H^{m+1}}^2 + \|\theta(\cdot,t)\|_{H^m}^2 + \|\boldsymbol{E}(\cdot,t)\|_{H^m}^2 + \|\boldsymbol{H}(\cdot,t)\|_{H^m}^2\} +$$

$$\int_0^T(\|Z\|_{H^{m+2}}^2 + \|\theta\|_{H^{m+1}}^2)\mathrm{d}\tau \leqslant K_{m+2}, \tag{4.69}$$

其中, 常数 $K_{m+2}$ 与 $D, \boldsymbol{\Omega}$ 无关.

**证明.** 我们将关于 $m$ 做归纳法证明这个引理, 从引理 4.2 和引理 4.6 可以知道, 估计 (4.69) 关于 $m = 0, 1$ 成立.

假设估计 (4.69) 对于 $m = M \geqslant 2$ 成立，即有

$$\sup_{0 \leqslant t \leqslant T} \{\|\boldsymbol{Z}(\cdot,t)\|_{H^{M+1}}^2 + \|\theta(\cdot,t)\|_{H^M}^2 + \|\boldsymbol{E}(\cdot,t)\|_{H^M}^2 +$$

$$\|\boldsymbol{H}(\cdot,t)\|_{H^M}^2\} +$$

$$\int_0^T (\|Z\|_{H^{M+2}}^2 + \|\theta\|_{H^{M+1}}^2)\mathrm{d}\tau$$

$$\leqslant K_{M+2}. \tag{4.70}$$

接下来需要证明 (4.69) 关于 $m = M + 1$ 成立.

做 $\Delta^{M+2} Z$ 和 (4.7) 的标量积，对所得结果关于 $x$ 在 $\boldsymbol{\Omega}$ 积分，可得

$$(-1)^{M+2} \frac{1}{2} \frac{\mathrm{d}}{\mathrm{d}t} \|\nabla^{M+2} Z\|_2^2 \mathrm{d}x - (-1)^{M+1} \nu \|\nabla^{M+2}\|_2^2$$

$$= -(-1)^{M+1} \theta_c \int_{\boldsymbol{\Omega}} \nabla^{M+1}[(|\boldsymbol{Z}|^2 - 1)Z \cdot \nabla^{M+3}]Z \mathrm{d}x -$$

$$(-1)^{M+1} \int_{\boldsymbol{\Omega}} \nabla^{M+1}(\theta\boldsymbol{Z}) \cdot \nabla^{M+3} Z \mathrm{d}x +$$

$$(-1)^{M+1} \int_{\boldsymbol{\Omega}} \nabla^{M+1} H \cdot \nabla^{M+3} Z \mathrm{d}x, \tag{4.71}$$

其中

$$\int_{\boldsymbol{\Omega}} \nabla^{M+1}[(|\boldsymbol{Z}|^2 - 1)Z \cdot \nabla^{M+3} Z]\mathrm{d}x$$

$$\leqslant \|\nabla^{M+1}(|\boldsymbol{Z}|^2 Z)\|_2 \|\nabla^{M+3} Z\|_2$$

$$\leqslant \|2\boldsymbol{Z}(\nabla^{M+2}\boldsymbol{Z} \cdot \nabla\boldsymbol{Z}) +$$

$$\sum_{j=1}^M C_M^j (\nabla^{M+2-j}\boldsymbol{Z} \cdot \nabla^{j+1} Z)Z +$$

$$\sum_{i=1}^{M+1} \sum_{j=0}^{M+1-i} C_M^i C_{M+1-i}^i \nabla^i \boldsymbol{Z}(\nabla^{M+2-i-j}\boldsymbol{Z} \cdot \nabla^{j+1} Z)\|_2 \|\nabla^{M+3} Z\|_2$$

$$\leqslant \frac{\nu}{6} \|\nabla^{M+3} Z\|_2^2 + C(1 + \|\nabla^{M+2} Z\|_2^2). \tag{4.72}$$

类似地，可得

$$\int_{\boldsymbol{\Omega}} \nabla^{M+1}(\theta\boldsymbol{Z}) \cdot \nabla^{M+3}Z\mathrm{d}x$$

$$\leqslant \frac{\nu}{6}\|\nabla^{M+3}Z\|_2^2 + C(1 + \|\nabla^{M+1}\theta\|_2^2). \tag{4.73}$$

联合 (4.70) $\sim$ (4.73)，可得

$$(-1)^{M+2}\frac{1}{2}\frac{\mathrm{d}}{\mathrm{d}t}\|\nabla^{M+2}Z\|_2^2 - (-1)^{M+1}\nu\|\nabla^{M+2}\|_2^2$$

$$\leqslant \frac{\nu}{6}\|\nabla^{M+3}Z\|_2^2 + C(1 + \|\nabla^{M+1}\theta\|_2^2 +$$

$$\|\nabla^{M+2}Z\|_2^2 + \|\nabla^{M+1}H\|_2^2). \tag{4.74}$$

做 $\Delta^{M+1}\theta$ 和 (4.8) 的标量积，对所得结果关于 $x$ 在 $\boldsymbol{\Omega}$ 积分，可得

$$(-1)^{M}\frac{1}{2}\frac{\mathrm{d}}{\mathrm{d}t}\|\nabla^{M+1}\theta\|_2^2 + k_1(-1)^M\|\nabla^{M+2}\theta\|_2^2$$

$$\leqslant -\int_{\boldsymbol{\Omega}} Z\boldsymbol{Z}_t \cdot \nabla^{M+2}\theta\mathrm{d}x - \int_{\boldsymbol{\Omega}} \gamma_1 \cdot \nabla^{M+2}\theta\mathrm{d}x$$

$$\leqslant \|Z\|_\infty\|\boldsymbol{Z}_t\|_2\|\nabla^{M+2}\theta\|_2 + \|\gamma_1\|_2\|\nabla^{M+2}\theta\|_2$$

$$\leqslant C\|\Delta\boldsymbol{Z}\|_2^{\frac{1}{2}}\|Z\|_2^{\frac{1}{2}}[\nu\|\Delta\boldsymbol{Z}\|_2 + \theta_c\|(|\boldsymbol{Z}|^2 - 1)Z\|_2 +$$

$$\|\theta\|_4\|Z\|_4 + \|H\|_2]\|\nabla^{M+2}\theta\|_2 + \|\nabla^{M+1}\gamma_1\|_2\|\nabla^{M+2}\theta\|_2$$

$$\leqslant \frac{\nu}{6}\|\nabla^{M+3}Z\|_2^2 + \frac{k_1}{2}\|\nabla^{M+2}\theta\|_2^2 +$$

$$C(1 + \|\nabla^{M+2}Z\|_2^2 + \|\nabla^{M+1}\theta\|_2^2 + \|\nabla^{M+1}\gamma_1\|_2^2), \tag{4.75}$$

其中利用了估计 (4.24).

做 $\Delta^{M+1}E$ 和 (4.9) 的标量积，$\Delta^{M+1}H$ 和 (4.10) 的标量积，并将两个等式相加，对所得结果关于 $x$ 在 $\boldsymbol{\Omega}$ 积分，可得

$$\frac{1}{2}(-1)^{M+1}\frac{\mathrm{d}}{\mathrm{d}t}(\|\nabla^{M+1}E\|_2^2 + \|\nabla\boldsymbol{H}\|_2^2) + \sigma\|\nabla^{M+1}E\|_2^2$$

$$= \int_{\boldsymbol{\Omega}} \nabla^{M+1} \boldsymbol{Z}_t \cdot \nabla^{M+1} H \mathrm{d}x$$

$$\leqslant \|\nabla^{M+1} \boldsymbol{Z}_t\|_2 \|\nabla^{M+1} H\|_2$$

$$\leqslant \{\nu \|\nabla^{M+3} Z\|_2 + \theta_c \|\nabla^{M+1}[(|\boldsymbol{Z}|^2 - 1)Z]\|_2$$

$$+ 2\|\nabla^{M+1}(Z\theta)\|_2 + \|\nabla^{M+1} H\|_2\} \|\nabla^{M+1} H\|_2$$

$$\leqslant \frac{\nu}{6} \|\nabla^{M+3} Z\|_2^2 + C(1 + \|\nabla^{M+2} H\|_2^2 +$$

$$\|\nabla^{M+2} Z\|_2^4 + \|\nabla^{M+1}\theta\|_2^2). \tag{4.76}$$

联合 (4.71) ~ (4.76) 和利用 Gronwall 不等式, 由此可以证明 (4.60).

因此可以得到以下结果:

**定理 4.2** 设 $d = 2$, $\boldsymbol{\Omega} \subset \mathbb{R}^2$, $\theta_c, k_1, \sigma, \beta > 0$, $(\boldsymbol{Z}_0(x), \theta_0(x), \boldsymbol{H}_0(x), \boldsymbol{E}_0(x)) \in (H^{m+1}(\boldsymbol{\Omega}), H^m(\boldsymbol{\Omega}), H^m(\boldsymbol{\Omega}), H^m(\boldsymbol{\Omega}))$, $\gamma_1 \in L^2([0,T]; H^m(\boldsymbol{\Omega}))$, $m \geqslant 0$, $\nabla(\boldsymbol{H}_0 + \beta \boldsymbol{Z}_0) = 0$, 则周期问题 (4.7) ~ (4.13) 存在唯一解 $(Z, \theta, E, H)$. 进一步有

$$\boldsymbol{Z}(x,t) \in L^\infty([0,T]; H^{m+1}(\boldsymbol{\Omega})) \cap L^2([0,T]; H^{m+2}(\boldsymbol{\Omega})),$$

$$\theta(x,t) \in L^\infty([0,T]; H^m(\boldsymbol{\Omega})) \cap L^2([0,T]; H^{m+1}(\boldsymbol{\Omega})),$$

$$\boldsymbol{E}(x,t) \in L^\infty([0,T]; H^m(\boldsymbol{\Omega})),$$

$$\boldsymbol{H}(x,t) \in L^\infty([0,T]; H^m(\boldsymbol{\Omega})) \tag{4.77}$$

和

$$\sup_{0 \leqslant t \leqslant T} \{\|\boldsymbol{Z}(\cdot, t)\|_{H^{m+1}(\boldsymbol{\Omega})}^2 + \|\theta(\cdot, t)\|_{H^m(\boldsymbol{\Omega})}^2 +$$

$$\|\boldsymbol{E}(\cdot, t)\|_{H^m(\boldsymbol{\Omega})}^2 + \|\boldsymbol{H}(\cdot, t)\|_{H^m(\boldsymbol{\Omega})}^2\} +$$

$$\int_0^T (\|Z\|_{H^{m+2}(\boldsymbol{\Omega})}^2 + \|\theta\|_{H^{m+1}(\boldsymbol{\Omega})}^2) \mathrm{d}\tau$$

$$\leqslant K_{m+1}, \tag{4.78}$$

其中，常数 $K_{m+1}$ 与 $D$ 是无关的.

证明. 类似于定理 4.2 的证明，令 $N \to \infty$，可以证明问题 (4.7) $\sim$ (4.13) 存在一个整体解满足

$$(Z, \theta, E, H) \in (L^\infty([0,T]; H^{m+1}(\boldsymbol{\Omega})), \ L^\infty([0,T]; H^m(\boldsymbol{\Omega})),$$

$$L^\infty([0,T]; H^m(\boldsymbol{\Omega})), \ L^\infty([0,T]; H^m(\boldsymbol{\Omega})))$$

且估计 (4.78) 成立. 通过方程 (4.7) $\sim$ (4.10) 可以得到结果 (4.77).

接下来证明唯一性. 假设问题存在两个解 $(\boldsymbol{Z}_j, \theta_j, \boldsymbol{E}_j, \boldsymbol{H}_j)$ $(j = 1, 2)$. 令 $(\varphi, \psi, \xi, \zeta) = (\boldsymbol{Z}_1 - \boldsymbol{Z}_2, \theta_1 - \theta_2, \boldsymbol{E}_1 - \boldsymbol{E}_2, \boldsymbol{H}_1 - \boldsymbol{H}_2)$，则 $(\varphi, \psi, \zeta, \xi)$ 满足以下方程

$$\frac{\partial \varphi}{\partial t} = \nu \Delta \varphi - \theta_c[(|\boldsymbol{Z}_1|^2 - 1)\varphi +$$

$$\boldsymbol{Z}_2(\boldsymbol{Z}_1 + \boldsymbol{Z}_2)\varphi] - (\psi \boldsymbol{Z}_1 + \theta_2 \varphi) + \zeta, \tag{4.79}$$

$$\frac{\partial \psi}{\partial t} = \psi \boldsymbol{Z}_{1t} + \boldsymbol{Z}_2 \phi_t + k_1 \Delta \psi, \tag{4.80}$$

$$\nabla \times \zeta = \frac{\partial \xi}{\partial t} + \sigma(\theta)\xi, \tag{4.81}$$

$$\nabla \times \xi = -\frac{\partial \zeta}{\partial t} - \beta \frac{\partial \varphi}{\partial t}, \tag{4.82}$$

$$\nabla \cdot \zeta + \beta \nabla \cdot \varphi = 0, \tag{4.83}$$

$$\varphi(x + 2De_i, t) = \varphi(x, t), \ \psi(x + 2De_i, t) = \psi(x, t),$$

$$\xi(x + 2De_i, t) = \xi(x, t), \ \zeta(x + 2De_i, t) = \zeta(x, t), \tag{4.84}$$

$$\varphi(x, 0) = 0, \ \psi(x, 0) = 0, \ \xi(x, 0) = 0, \ \zeta(x, 0) = 0. \tag{4.85}$$

做方程 (4.79) 和 $\varphi - \Delta\varphi$ 的标量积，从而有

$$\frac{1}{2}\frac{\mathrm{d}}{\mathrm{d}t}(\|\varphi(\cdot,t)\|_2^2 + \|\nabla\varphi(\cdot,t)\|_2^2) + \nu(\|\nabla\varphi(\cdot,t)\|_2^2 + \|\Delta\varphi(\cdot,t)\|_2^2)$$

$$= -\theta_c\int_{\boldsymbol{\Omega}}[(|\boldsymbol{Z}_1|^2 - 1)\varphi + \boldsymbol{Z}_2(\boldsymbol{Z}_1 + \boldsymbol{Z}_2)\varphi](\varphi - \Delta\varphi)\mathrm{d}x -$$

$$\int_{\boldsymbol{\Omega}}(\psi\boldsymbol{Z}_1 + \theta_2\varphi)(\varphi - \Delta\varphi)\mathrm{d}x +$$

$$\int_{\boldsymbol{\Omega}}\zeta(\varphi - \Delta\varphi)\mathrm{d}x$$

$$\leqslant C[(\|\boldsymbol{Z}_1\|_\infty^2 + \|\boldsymbol{Z}_2\|_\infty^2 + 1)\|\varphi\|_2(\|\varphi\|_2 + \|\Delta\varphi\|_2) +$$

$$(\|\boldsymbol{Z}_1\|_\infty\|\psi\|_2 + \|\theta_2\|_\infty\|\varphi\|_2)(\|\varphi\|_2 + \|\Delta\varphi\|_2) +$$

$$\|\zeta\|_\infty(\|\varphi\|_2 + \|\Delta\varphi\|_2)].$$

利用 Gagliardo-Nirenberg 不等式，

$$\|\zeta\|_{L^\infty} \leqslant C\|\zeta\|_2^{\frac{1}{2}}\|\zeta\|_{H_{\mathrm{per}}^2}^{\frac{1}{2}}. \tag{4.86}$$

利用估计 (4.78), $m \geqslant 1$ 和不等式 (4.86)，可得

$$\frac{1}{2}\frac{\mathrm{d}}{\mathrm{d}t}[\|\varphi(\cdot,t)\|_2^2 + \|\nabla\varphi(\cdot,t)\|_2^2] + [\|\nabla\varphi(\cdot,t)\|_2^2 + \|\Delta\varphi(\cdot,t)\|_2^2]$$

$$\leqslant \frac{\nu}{4}\|\Delta\varphi(\cdot,t)\|_2^2 + C(\|\varphi(\cdot,t)\|_2^2 + \|\psi(\cdot,t)\|_2^2). \tag{4.87}$$

做方程 (4.80) 和 $\psi - \Delta\psi$ 的标量积，则有

$$\frac{1}{2}\frac{\mathrm{d}}{\mathrm{d}t}[\|\psi(\cdot,t)\|_2^2 + \|\nabla\psi(\cdot,t)\|_2^2] + k_1[\|\nabla\psi(\cdot,t)\|_2^2 + \|\Delta\psi(\cdot,t)\|_2^2]$$

$$= \int_{\boldsymbol{\Omega}}\psi\boldsymbol{Z}_{1t}(\psi - \Delta\psi) + \boldsymbol{Z}_2\phi_t(\psi - \Delta\psi)\mathrm{d}x$$

$$\leqslant \|\psi\|_\infty^2\|\boldsymbol{Z}_{1t}\|_2(\|\psi\|_2 + \|\Delta\psi\|_2) + \|\boldsymbol{Z}_2\|_\infty\|\phi_t\|_2(\|\psi\|_2 + \|\Delta\psi\|_2)$$

$$\leqslant \|\psi\|_\infty^2[\nu\|\Delta\boldsymbol{Z}_1\|_2 + \theta_c\|(|\boldsymbol{Z}_1|^2 - 1)\boldsymbol{Z}_1\|_2 +$$

$$\|\theta_1 \boldsymbol{Z}_1\|_2 + \|\boldsymbol{H}_1\|_2](\|\psi\|_2 + \|\Delta\psi\|_2) +$$

$$\|\boldsymbol{Z}_2\|_\infty[\nu\|\Delta\varphi\|_2 + \theta_c\|(|\boldsymbol{Z}_1|^2 - 1)\varphi +$$

$$\boldsymbol{Z}_2(\boldsymbol{Z}_1 + \boldsymbol{Z}_2)\varphi\|_2 + \|\psi\boldsymbol{Z}_1 +$$

$$\theta_2\varphi\|_2 + \|\zeta\|_2](\|\psi\|_2 + \|\Delta\psi\|_2). \tag{4.88}$$

由 Gagliardo-Nirenberg 不等式和 (4.87)，可得

$$\|\psi\|_{L^\infty} \leqslant C\|\psi\|_2^{\frac{1}{2}}\|\psi\|_{H_{\mathrm{per}}^2}^{\frac{1}{2}}. \tag{4.89}$$

利用估计 (4.78), $m \geqslant 2$ 和不等式 (4.89)，可得

$$\frac{1}{2}\frac{\mathrm{d}}{\mathrm{d}t}(\|\psi(\cdot,t)\|_2^2 + \|\nabla\psi(\cdot,t)\|_2^2) +$$

$$k_1(\|\nabla\psi(\cdot,t)\|_2^2 + \|\Delta\psi(\cdot,t)\|_2^2)$$

$$\leqslant \frac{k_1}{2}\|\Delta\psi(\cdot,t)\|_2^2 + \frac{\nu}{4}\|\Delta\varphi(\cdot,t)\|_2^2 +$$

$$C(\|\varphi(\cdot,t)\|_2^2 + \|\psi(\cdot,t)\|_2^2). \tag{4.90}$$

做方程 (4.81) 和 $\xi$ 的标量积，方程 (4.82) 和 $\xi$ 的标量积，则有

$$\frac{1}{2}\frac{\mathrm{d}}{\mathrm{d}t}(\|\psi(\cdot,t)\|_2^2 + \|\xi(\cdot,t)\|_2^2) + \sigma\|\xi(\cdot,t)\|_2^2$$

$$= -\beta\int_{\boldsymbol{\Omega}}\phi_t\zeta\mathrm{d}x \leqslant \beta\|\phi_t\|_2\|\zeta\|_2$$

$$\leqslant \frac{\nu_1}{4}\|\Delta\varphi(\cdot,t)\|_2^2 + C(\|\varphi(\cdot,t)\|_2^2 +$$

$$\|\psi(\cdot,t)\|_2^2 + \|\zeta(\cdot,t)\|_2^2). \tag{4.91}$$

将 (4.87)、(4.90) 和 (4.91) 相加并运用 Gronwall 不等式，可以推出

$$\|\varphi(\cdot,t)\|_2^2 + \|\nabla\varphi(\cdot,t)\|_2^2 + \|\psi(\cdot,t)\|_2^2 + \|\nabla\psi(\cdot,t)\|_2^2 +$$

$$\|\xi(\cdot,t)\|_2^2 + \|\zeta(\cdot,t)\|_2^2 = 0. \tag{4.92}$$

因此，当 $m \geqslant 0$ 时，整体解 $(Z, \theta, E, H)$ 唯一. 定理得证.

由于先验估计 (4.69) 关于 $D$ 是一致的，利用对角线方法并令 $D \to \infty$，可以得到以下结果：

**定理 4.3** 设 $\theta_c, k_1, \sigma, \beta > 0$, $(\boldsymbol{Z}_0(x), \theta_0(x), \boldsymbol{E}_0(x), \boldsymbol{H}_0(x)) \in (H^{m+1}(\mathbb{R}^2), H^m(\mathbb{R}^2), H^m(\mathbb{R}^2), H^m(\mathbb{R}^2))$, $\gamma_1 \in L^2([0,T]; H^m(\boldsymbol{\Omega}))$, $m \geqslant 0$, $\nabla(\boldsymbol{H}_0 + \beta \boldsymbol{Z}_0) = 0$, 则初值问题 (4.7)~(4.11) 和 (4.13) 存在唯一解 $(Z, \theta, H, E)$. 此外，解还满足

$$\boldsymbol{Z}(x,t) \in L^\infty([0,T]; H^{m+1}(\mathbb{R}^2)) \cap L^2([0,T]; H^{m+2}(\mathbb{R}^2)),$$

$$\theta(x,t) \in L^\infty([0,T]; H^m(\mathbb{R}^2)) \cap L^2([0,T]; H^{m+1}(\mathbb{R}^2)),$$

$$\boldsymbol{E}(x,t) \in L^\infty([0,T]; H^m(\mathbb{R}^2)),$$

$$\boldsymbol{H}(x,t) \in L^\infty([0,T]; H^m(\mathbb{R}^2)),$$

和

$$\begin{aligned}
&\sup_{0 \leqslant t \leqslant T} \{\|\boldsymbol{Z}(\cdot,t)\|_{H^{m+1}(\mathbb{R}^2)}^2 + \|\theta(\cdot,t)\|_{H^m(\mathbb{R}^2)}^2 + \\
&\quad \|\boldsymbol{E}(\cdot,t)\|_{H^m(\mathbb{R}^2)}^2 + \|\boldsymbol{H}(\cdot,t)\|_{H^m(\mathbb{R}^2)}^2\} + \\
&\quad \int_0^T (\|Z\|_{H^{m+2}(\mathbb{R}^2)}^2 + \|\theta\|_{H^{m+1}(\mathbb{R}^2)}^2) \mathrm{d}\tau \\
&\leqslant K_{m+1}.
\end{aligned} \tag{4.93}$$

## 4.4　三维整体光滑解的存在唯一性

接下来考虑 $d = 3$ 的情形，$x \in \boldsymbol{\Omega} \subset \mathbb{R}^3$. 首先建立解 $(Z, \theta, E, H)$ 的先验估计，并证明解的存在性和唯一性.

**引理 4.8** 设 $\boldsymbol{Z}_0(x) \in (H^2(\boldsymbol{\Omega}), \theta_0(x), \boldsymbol{H}_0(x), \boldsymbol{E}_0(x)) \in H^1(\boldsymbol{\Omega})$, $\boldsymbol{\Omega} \subset \mathbb{R}^3$, $\nu, k_1, \sigma,$ $\beta$ 为正的常数, 则对于任何 $T > 0$, 存在正的常数 $\delta_0 \ll 1$, 且当

$$\|\boldsymbol{Z}_0\|_{H^2(\boldsymbol{\Omega})} < \delta_0, \tag{4.94}$$

问题 (4.7) ∼ (4.10) 的解满足以下估计

$$\sup_{0 \leqslant t \leqslant T} \{\|\Delta \boldsymbol{Z}\|_2^2 + \|\nabla \theta(\cdot, t)\|_2^2 + \|\nabla \boldsymbol{H}(\cdot, t)\|_2^2 + \|\nabla \boldsymbol{E}(\cdot, t)\|_2^2\} \leqslant K, \ \forall T > 0. \tag{4.95}$$

证明. 重复引理 4.6 的证明过程并修改一些估计, 可以证明这个引理. 事实上, 由估计 (4.30) 可以推出

$$\|\boldsymbol{Z}(\cdot, t)\|_{H^1}^2 + \|\theta(\cdot, t)\|_2^2 + \|H\|_2^2 + \|E\|_2^2 + \int_0^t \|\nabla \boldsymbol{Z}(\cdot, \tau)\|_2^2 \mathrm{d}\tau \leqslant C\rho_0, \tag{4.96}$$

其中, $\rho_0 = \|\boldsymbol{Z}_0\|_2^2 + \|\theta_0\|_2^2 + \|\boldsymbol{H}_0\|_2^2 + \|\boldsymbol{E}_0\|_2^2$. 估计 (4.61) 可以被以下不等式取代

$$\|\nabla \boldsymbol{Z}\|_6 \leqslant C\|\Delta \boldsymbol{Z}\|_2^{\frac{2}{3}} \|Z\|_2^{\frac{1}{3}}, \ \|\theta\|_3 \leqslant C(\|\nabla \theta\|_2^{\frac{1}{2}} \|\theta\|_2^{\frac{1}{2}}). \tag{4.97}$$

且估计 (4.64) 变为

$$\frac{1}{2}\frac{\mathrm{d}}{\mathrm{d}t}\|\Delta \boldsymbol{Z}\|_2^2 + \nu\|\nabla \Delta \boldsymbol{Z}\|_2^2$$

$$\leqslant \theta_c(3\|Z\|_3^2\|\nabla \boldsymbol{Z}\|_6 + \|\nabla \boldsymbol{Z}\|_2)\|\Delta \boldsymbol{Z}\|_2 +$$

$$(\|Z\|_\infty\|\nabla \theta\|_2 + \|\nabla \boldsymbol{Z}\|_6\|\theta\|_3)\|\Delta \boldsymbol{Z}\|_2 + \|\nabla \boldsymbol{H}\|_2\|\Delta \boldsymbol{Z}\|_2$$

$$\leqslant C(\|Z\|_{H^1}\|Z\|_\infty^{\frac{2}{3}}\|\Delta \nabla \boldsymbol{Z}\|_2^{\frac{1}{3}})\|\nabla \Delta \boldsymbol{Z}\|_2 + \|\nabla \boldsymbol{H}\|_2\|\nabla \Delta \boldsymbol{Z}\|_2 +$$

$$C(\|Z\|_\infty\|\nabla \theta\|_2 + \|\nabla \theta\|_2^{\frac{1}{2}}\|\theta\|_2^{\frac{1}{2}}\|Z\|_\infty^{\frac{2}{3}}\|\Delta \nabla \boldsymbol{Z}\|_2^{\frac{1}{3}})\|\nabla \Delta \boldsymbol{Z}\|_2$$

$$\leqslant C(\|Z\|_{H^1}\|Z\|_{H^2}^{\frac{2}{3}}\|\Delta \nabla \boldsymbol{Z}\|_2^{\frac{4}{3}} + \|\nabla \boldsymbol{H}\|_2\|\nabla \Delta \boldsymbol{Z}\|_2) +$$

$$C(\|Z\|_{H^2}\|\nabla \theta\|_2 + \|\nabla \theta\|_2^{\frac{1}{2}}\|\theta\|_2^{\frac{1}{2}}\|Z\|_{H^2}^{\frac{2}{3}}\|\Delta \nabla \boldsymbol{Z}\|_2^{\frac{1}{3}})\|\nabla \Delta \boldsymbol{Z}\|_2$$

$$\leqslant \frac{\nu}{4}\|\nabla\Delta\boldsymbol{Z}\|_2^2 + C\rho_0\|Z\|_{H^2}^2(\|\nabla\theta\|_2^2 + \|\nabla\theta\|_2^4 + \|\nabla\boldsymbol{H}\|_2^2), \tag{4.98}$$

其中运用了 Sobolev 嵌入 $H^2(\boldsymbol{\Omega}) \subset L^\infty(\boldsymbol{\Omega})$.

类似地，估计 (4.65) 可以由以下式子取代

$$\frac{1}{2}\frac{\mathrm{d}}{\mathrm{d}t}\|\nabla\theta\|_2^2 + k_1\|\Delta\theta\|_2^2$$

$$\leqslant \|Z\|_\infty\|\boldsymbol{Z}_t\|_2\|\Delta\theta\|_2 + \|\gamma_1\|_2\|\Delta\theta\|_2$$

$$\leqslant \|Z\|_{H^2}[\nu\|\Delta\boldsymbol{Z}\|_2 + \theta_c\|(|\boldsymbol{Z}|^2-1)Z\|_2 +$$

$$\|\theta\|_3\|Z\|_6 + \|H\|_2]\|\Delta\theta\|_2 + \|\gamma_1\|_2\|\Delta\theta\|_2$$

$$\leqslant \frac{k_1}{2}\|\Delta\theta\|_2^2 + C\rho_0\|Z\|_{H^2}^2(1 + \|\Delta\boldsymbol{Z}\|_2^2 + \|\nabla\theta\|_2^2 + \|\gamma_1\|_2^2), \tag{4.99}$$

估计 (4.66) 变为

$$\frac{1}{2}\frac{\mathrm{d}}{\mathrm{d}t}(\|\nabla\boldsymbol{E}\|_2^2 + \|\nabla\boldsymbol{H}\|_2^2) + \sigma\|\nabla\boldsymbol{E}\|_2^2$$

$$\leqslant \|\nabla\boldsymbol{Z}_t\|_2\|\nabla\boldsymbol{H}\|_2$$

$$\leqslant \{\nu\|\nabla\Delta\boldsymbol{Z}\|_2 + \theta_c\|\nabla[(|\boldsymbol{Z}|^2-1)Z]\|_2 + \|\nabla\boldsymbol{Z}\|_\infty\|\theta\|_2 +$$

$$\|Z\|_\infty\|\nabla\theta\|_2 + \|H\|_2\}\|\nabla\boldsymbol{H}\|_2$$

$$\leqslant \frac{\nu}{4}\|\nabla\Delta\boldsymbol{Z}\|_2^2 + C\rho_0\|Z\|_{H^2}^2(1 + \|\nabla\theta\|_2^2 + \|\nabla\boldsymbol{H}\|_2^2). \tag{4.100}$$

估计 (4.68) 变为

$$\frac{1}{2}\frac{\mathrm{d}}{\mathrm{d}t}(\|\Delta\boldsymbol{Z}\|_2^2 + \|\nabla\theta\|_2^2 + \|\nabla\boldsymbol{E}\|_2^2 + \|\nabla\boldsymbol{H}\|_2^2) + \nu\|\nabla\Delta\boldsymbol{Z}\|_2^2 +$$

$$k_1\|\Delta\theta\|_2^2 + \sigma\|\nabla\boldsymbol{E}\|_2^2$$

$$\leqslant \frac{\nu}{2}\|\nabla\Delta\boldsymbol{Z}\|_2^2 + \frac{k_1}{2}\|\Delta\theta\|_2^2 +$$

$$C\rho_0\|Z\|_{H^2}^2(1 + \|\Delta\boldsymbol{Z}\|_2^2 + \|\nabla\theta\|_2^2 + \|\nabla\boldsymbol{H}\|_2^2). \tag{4.101}$$

对 (4.101) 关于 $t$ 从 0 到 $T$ 上积分，并且令 $\|\boldsymbol{Z}_0\|_{H^2}^2 \leqslant \delta_0$，其中 $\delta_0 > 0$ 充分小，使得

$$\sup_{0 \leqslant t \leqslant T} \{\|\Delta \boldsymbol{Z}\|_2^2 + \|\nabla \theta(\cdot, t)\|_2^2 + \|\nabla(\cdot, t)\|_2^2 + \|\nabla \boldsymbol{E}(\cdot, t)\|_2^2\} \leqslant K, \forall T > 0. \quad (4.102)$$

引理得证.

利用引理 4.8，则引理 4.7 对于 $d = 3$ 依然成立. 类似于定理 4.2 和定理 4.3 的证明过程，我们可以得到以下结果.

**定理 4.4** 假设 $d = 3$，$\boldsymbol{\Omega} \subset \mathbb{R}^3$，$\nu, k_1, \sigma, \beta > 0$，$(\boldsymbol{Z}_0(x), \theta_0(x), \boldsymbol{H}_0(x), \boldsymbol{E}_0(x)) \in (H^{m+1}(\boldsymbol{\Omega})$，$H^m(\boldsymbol{\Omega})$，$H^m(\boldsymbol{\Omega}), H^m(\boldsymbol{\Omega})), \gamma_1(x, t) \in L^\infty([0, T]; H^m(\boldsymbol{\Omega}))$，$m \geqslant 1$，$\nabla(\boldsymbol{H}_0 + \beta \boldsymbol{Z}_0) = 0$，且存在一个正的常数 $\delta_0 \ll 1$，使得 $\|\boldsymbol{Z}_0\|_{H^2(\boldsymbol{\Omega})} < \delta_0$，则周期初值问题 $(4.7) \sim (4.13)$ 存在唯一整体解 $(Z, \theta, E, H)$. 此外，解还满足

$$\boldsymbol{Z}(x, t) \in L^\infty([0, T]; H^{m+1}(\boldsymbol{\Omega})) \cap L^2([0, T]; H^{m+2}(\boldsymbol{\Omega})),$$

$$\theta(x, t) \in L^\infty([0, T]; H^m(\boldsymbol{\Omega})) \cap L^2([0, T]; H^{m+1}(\boldsymbol{\Omega})),$$

$$\boldsymbol{E}(x, t) \in L^\infty([0, T]; H^m(\boldsymbol{\Omega})),$$

$$\boldsymbol{H}(x, t) \in L^\infty([0, T]; H^m(\boldsymbol{\Omega})).$$

**定理 4.5** 假设 $d = 3$，$\nu, k_1, \sigma, \beta > 0$，$(\boldsymbol{Z}_0(x), \theta_0(x), \boldsymbol{H}_0(x), \boldsymbol{E}_0(x)) \in (H^{m+1}(\mathbb{R}^3)$，$H^m(\mathbb{R}^3)$，$H^m(\mathbb{R}^3)$，$H^m(\mathbb{R}^3))$，$\gamma_1(x, t) \in L^\infty([0, T]; H^m(\mathbb{R}^3))$，$m \geqslant 1$，$\nabla(\boldsymbol{H}_0 + \beta \boldsymbol{Z}_0) = 0$，且存在一个正的常数 $\delta_0 \ll 1$，使得 $\|\boldsymbol{Z}_0\|_{H^2(\mathbb{R}^3)} < \delta_0$，则初值问题 $(4.7) \sim (4.11)$ 和 $(4.13)$ 存在唯一整体解 $(Z, \theta, E, H)$. 此外，解还满足

$$\boldsymbol{Z}(x, t) \in L^\infty([0, T]; H^{m+1}(\mathbb{R}^3)) \cap L^2([0, T]; H^{m+2}(\mathbb{R}^3)),$$

$$\theta(x, t) \in L^\infty([0, T]; H^m(\mathbb{R}^3)) \cap L^2([0, T]; H^{m+1}(\mathbb{R}^3)),$$

$$\boldsymbol{E}(x,t) \in L^{\infty}([0,T]; H^m(\mathbb{R}^3)),$$

$$\boldsymbol{H}(x,t) \in L^{\infty}([0,T]; H^m(\mathbb{R}^3)).$$

# 第5章

# 高维广义 Landau-Lifshitz-Bloch-Maxwell 方程组的
# 周期初值问题

## 5.1 Landau-Lifshitz-Bloch-Maxwell 方程组的周期初值
## 问题

我们知道 Landau-Lifshitz (LL) 体系很好地描述了铁磁体在低温下的磁化动力学现象，并且已经取得了许多重要的结果，见参考文献 [20]. Landau-Lifshitz-Gilbert 方程描述如下：

$$Z_t = Z \times \Delta Z - \lambda Z \times (Z \times \Delta Z), \tag{5.1}$$

其中，$Z(x,t) = (Z_1(x,t), Z_2(x,t), Z_3(x,t))$ 为磁化函数向量，$\lambda > 0$ 为 Gilbert 常数，"$\times$" 表示向量外积. 为了描述磁化强度矢量 $z$ 在铁磁体中的动力学特性，Garanin[32,33] 从统计力学出发，利用平均场近似，于 1990 年导出了 Landau-Lifshitz-Bloch (LLB) 方程. 然而当温度高于居里温度 (居里值 $\theta_c$) 时，磁化模量的变化和 LLG 方程并不能令人满意. 在参考文献 [17] 中，A. Berti 等人指出从顺磁态到铁磁态是一个二阶相变模型，给出 LLB 方程：

$$M_t = -\gamma M \times H^{\text{eff}} + \frac{L_1}{|M|^2}(M \cdot H^{\text{eff}})M - \frac{L_2}{|M|^2}M \times (M \times H^{\text{eff}}), \tag{5.2}$$

其中，$\gamma, L_1, L_2$ 为常数，$H^{\text{eff}}$ 为有效场. (5.2) 可写为

$$m_t = -\gamma m \times H^{\text{eff}} + \frac{\gamma a_\|}{|m|^2} - \frac{\gamma a_\perp}{|m|^2} m \times (m \times H^{\text{eff}}), \tag{5.3}$$

其中，$\gamma a_\| = L_1$，$\gamma a_\perp = L_2$. 这里，$a_\|$ 和 $a_\perp$ 是参考文献 [18] 中定义的无量纲阻尼参数.

$$a_\|(\theta) = \frac{2\theta}{3\theta_c}\lambda,\ a_\perp(\theta)$$

$$= \begin{cases} \lambda\left(1 - \dfrac{\theta}{3\theta_c}\right), & \text{if } \theta < \theta_c, \\ a_\|(\theta), & \text{if } \theta \geqslant \theta_c, \end{cases}$$

其中，$\lambda > 0$ 为常数. 若 $L_1 = L_2^{[13]}$，则 (5.2) 可写为

$$Z_t = \Delta Z + Z \times \Delta Z - k|Z|^2 Z,\ (k > 0) \tag{5.4}$$

并得到了方程 (5.4) 弱解的存在性. 高维 LLB 方程初值问题

$$Z_t = \Delta Z + Z \times \Delta Z + f(x, t, Z), \tag{5.5}$$

$$Z(x + 2De_i, t) = Z(x, t),\ i = 1, 2, \cdots, d, \tag{5.6}$$

$$Z(x, 0) = Z_0(x), \tag{5.7}$$

其中，$x + 2De_i = (x_1, x_2, \cdots, x_{i-1}, x_i + 2D, x_{i+1}, \cdots, x_n)\,(i = 1, 2, \cdots)$，$d, D > 0$，$\Omega \subset \mathbb{R}^d$ 表示沿每个方向宽度为 $2d$ 的 $d$ 维立方体，即 $\bar\Omega = \{x = (x_1, x_2, \cdots, x_d),\ |x_i| \leqslant D, i = 1, 2, \cdots, d\}$，$Q_T = \{(x, t), x \in \bar\Omega, 0 \leqslant t \leqslant T\}$，并且 $Z(x, t) = (z_1(x, t), z_2(x, t), z_3(x, t))$ 是一个三维向量，$f(x, t, Z)$ 是已知的三维变量向量，$x \in \mathbb{R}^d$，$t \in \mathbb{R}^+$，$Z \in \mathbb{R}^3$，$\Delta = \sum\limits_{i=1}^d \dfrac{\partial^2}{\partial x_i^2}$.

## 5.2 周期初值问题的近似解

为了证明问题 (5.5) ~ (5.7) 的整体弱解的存在性，我们使用 Galërkin 方法，为此，我们构建 Galërkin 近似解. 设 $w_j(x)$ $(j = 1, 2, \cdots)$ 是满足方程 $\Delta w_j + \lambda_i w_j = 0$ 的具有周期性的单位特征函数，即 $w_j(x - De_i) = w_j(x + De_i)$ $(i = 1, 2, \cdots, d)$，其中，$\lambda_j$ $(j = 1, 2 \cdots)$ 为不同的特征值，$\{w_j(x)\}$ 由 $L^2$ 中的正交基组成. 以下列形式表示问题 (5.5) ~ (5.7) 的近似解

$$Z_N(x, t) = \sum_{s=1}^{N} \alpha_{sN}(t) w_s(x), \tag{5.8}$$

其中，$\alpha_{sN}(t)$ $(t \in \mathbb{R}^+)$ $(s = 1, 2, \cdots, N;\ N = 1, 2, \cdots)$ 为满足以下一阶常微分方程组的三维向量值函数.

$$\int_{\Omega} Z_{Nt}(x, t) w_s(x) \mathrm{d}x$$
$$= \int_{\Omega} (Z_N(x, t) \times \Delta Z_N(x, t)) w_s(x) \mathrm{d}x +$$
$$\int_{\Omega} \Delta Z_N w_s(x) \mathrm{d}x + \int_{\Omega} f(x, t, Z_N) w_s(x) \mathrm{d}x\ (s = 1, 2, \cdots, N), \tag{5.9}$$

满足初始条件

$$\int_{\Omega} Z_N(x, 0) w_s(x) \mathrm{d}x = \int_{\Omega} Z_0 w_s(x) \mathrm{d}x\ (s = 1, 2, \cdots, N). \tag{5.10}$$

显然

$$\int_{\Omega} Z_{Nt}(x, t) w_s(x) \mathrm{d}x = \alpha'_{sN}(t),$$
$$\int_{\Omega} Z_N(t, 0) w_s(x) \mathrm{d}x = \alpha_{sN}(0), \tag{5.11}$$

且

$$Z_s = \int_{\Omega} Z_0(x) w_s \mathrm{d}x\ (s = 1, 2, \cdots, N) \tag{5.12}$$

是 $Z_0(x) = \sum_{s=1}^{N} Z_s w_s(x)$ 的展开系数.

## 5.3 近似解的估计

为了证明整体弱解的存在性, 我们假定:

(1) $3 \times 3$ 的 Jacobi 矩阵 $f_Z(x, t, Z)$ 是有界的, 即存在一个常数 $b \geqslant 0$, 使得对任意 $\xi \in \mathbb{R}^3$ 有

$$\xi \cdot f_Z \cdot \xi \leqslant b|\xi|^2, \tag{5.13}$$

其中, "·" 代表三维内积.

(2) (5.5) 是齐次的, 即 $f(x, t, 0) \equiv 0$. 此外, 常数 $A$ 和 $B$ 满足

$$|f(x, t, Z)| \leqslant A|Z|^l + B, \ 2 \leqslant l \leqslant 2 + \frac{4}{d-2},$$

$$d \geqslant 2, |\nabla_x f(x, t, Z)| \leqslant A|Z|^{1+\frac{2}{d}} + B. \tag{5.14}$$

(3) 向量函数 $Z_0(x) \in H^1_{\text{per}}(\Omega)$.

**引理 5.1** 条件 (1) 保持不变, $Z_0(x) \in L^2(\Omega)$, $f(x, t, 0) \in L^2(Q_T)$, 则近似解 $Z_N(x, t)$ 满足估计

$$\sup_{0 \leqslant t \leqslant T} \|Z_N(\cdot, t)\|_{L^2(\Omega)} \leqslant K_1,$$

$$\int_0^t \|\nabla Z_N(\cdot, t)\|^2_{L^2(\Omega)} \mathrm{d}t \leqslant K_1, \tag{5.15}$$

其中, $K_1$ 与 $N$ 无关.

**证明.** 将 (5.9) 乘上 $\alpha_{sN}(t)$, 并关于 $s = 1$ 到 $N$ 求和, 得到

$$\int_\Omega Z_{Nt} \cdot Z_N \mathrm{d}x = \int_\Omega \Delta Z_N \cdot Z_N \mathrm{d}x + \int_\Omega (Z_N \times \Delta Z_N) \cdot Z_N \mathrm{d}x +$$

$$\int_{\Omega} f(x,t,Z_N) \cdot Z_N \mathrm{d}x, \tag{5.16}$$

或

$$\int_{\Omega} Z_{Nt} \cdot Z_N \mathrm{d}x = \int_{\Omega} \Delta Z_N \cdot Z_N \mathrm{d}x + \int_{\Omega} (Z_N \times \Delta Z_N) \cdot Z_N \mathrm{d}x +$$
$$\int_{\Omega} f(Z_N) \cdot Z_N \mathrm{d}x. \tag{5.17}$$

我们得到

$$\int_{\Omega} Z_{Nt} \cdot Z_N \mathrm{d}x = -\frac{1}{2}\frac{\mathrm{d}}{\mathrm{d}t}\|Z_N(\cdot,t)\|^2_{L^2(\Omega)},$$

$$\int_{\Omega} (Z_N \times \Delta Z_N) \cdot Z_N \mathrm{d}x = 0,$$

$$\int_{\Omega} \Delta Z_N \cdot Z_N \mathrm{d}x = -\int_{\Omega} \nabla Z_N * \nabla Z_N \mathrm{d}x,$$

其中，$\nabla Z_N$ 为一个 $d \times 3$ 张量，"$*$" 是 $\boldsymbol{d}$ 维空间中的内积. 根据齐次条件

$$\int_{\Omega} \Delta Z_N \cdot Z_N \mathrm{d}x = -\|\nabla Z_N\|^2_{L^2(\Omega)},$$

对于式 (5.17) 右边的最后一项，我们有

$$\int_{\Omega} f(Z_N) \cdot Z_N \mathrm{d}x$$
$$= \int_0^1 d\tau \int_{\Omega} \frac{\partial f(x,t,\tau,Z_N(x,t)}{\partial Z} \cdot Z_N(x,t) \cdot Z_N(x,t)\mathrm{d}x +$$
$$\int_{\Omega} f(x,t,0) \cdot Z_N(x,t)\mathrm{d}x.$$

因此，

$$\int_{\Omega} f(Z_N) \cdot Z_N \mathrm{d}x$$
$$\leqslant (b+\frac{1}{2})\|Z_N(\cdot,t)\|^2_{L^2(\Omega)} + \frac{1}{2}\|f(x,t,0)\|^2_{L^2(\Omega)}.$$

根据 (5.17)，我们得出结论

$$\frac{\mathrm{d}}{\mathrm{d}t}\|Z_N(\cdot,t)\|^2_{L^2(\Omega)} + \|\nabla Z_N(\cdot,t)\|^2_{L^2(\Omega)}$$

$$\leqslant (2b+1)\|Z_N(\cdot,t)\|^2_{L^2(\Omega)} + \|f(x,t,0)\|^2_{L^2(\Omega)}. \tag{5.18}$$

证毕.

**引理 5.2** 条件 $(1) \sim (3)$ 保持不变，对于近似解 $Z_N(x,t)$ 满足

$$\sup_{0\leqslant t\leqslant T} \|\nabla Z_N\|^2_{L^2(\Omega)} \leqslant K_2,$$

$$\int_0^t \|\Delta Z_N\|^2_{L^2(\Omega)}\mathrm{d}t \leqslant K_2. \tag{5.19}$$

其中，$K_2$ 与 $N$ 无关.

证明. 将式 (5.9) 乘上 $-\lambda_s\alpha_{sN}(t)$，并关于 $s = 1$ 到 $N$ 求和，可得

$$\int_\Omega Z_{Nt} \cdot \Delta Z_N \mathrm{d}x$$

$$= \int_\Omega (Z_N \times \Delta Z_N) \cdot \Delta Z_N \mathrm{d}x + \int_\Omega \Delta Z_N \cdot \Delta Z_N \mathrm{d}x +$$

$$\int_\Omega f(Z_N) \cdot \Delta Z_N \mathrm{d}x. \tag{5.20}$$

上述等式的第一项为

$$\int_\Omega Z_{Nt} \cdot \Delta Z_N \mathrm{d}x = -\frac{1}{2}\frac{\mathrm{d}}{\mathrm{d}t}\|\nabla Z_N\|^2_{L^2(\Omega)}. \tag{5.21}$$

式 (5.20) 右边第一项为

$$\int_\Omega f(Z_N) \cdot \Delta Z_N \mathrm{d}x$$

$$= -\int_\Omega Df(Z_N) * \nabla Z_N \mathrm{d}x$$

$$= -\int_{\Omega} \nabla_x f \cdot \nabla Z_N \mathrm{d}x - \int_{\Omega} \left( \frac{\partial f}{\partial z} \cdot \nabla Z_N \right) * \nabla Z_N \mathrm{d}x. \tag{5.22}$$

由于 $\dfrac{\partial f}{\partial z}$ 是半有界的，我们有

$$\int_{\Omega} \left( \frac{\partial f}{\partial z} \cdot \nabla Z_N \right) * \nabla Z_N \mathrm{d}x \leqslant b \|\nabla Z_N(\cdot, t)\|_{L^2(\Omega)}^2.$$

式 (5.22) 右侧的第一个项有以下估计

$$\left| \int_{\Omega} \nabla_x f \cdot \nabla Z_N \mathrm{d}x \right|$$

$$\leqslant \frac{1}{2} \|\nabla Z_N(\cdot, j)\|_{L^2(\Omega)}^2 + \frac{1}{2} \|\nabla f(\cdot, t, Z_N(\cdot, t))\|_{L^2(\Omega)}^2.$$

由 (5.14) 有

$$\|\nabla f(\cdot, t, Z_N(\cdot, t))\|_{L^2(\Omega)}^2 \leqslant C_1 \int_{\Omega} |Z_N(\cdot, t)|^{2+4/d} \mathrm{d}x + C_2,$$

其中，$C_1, C_2$ 为常数. 由 Sobolev 不等式，得

$$\int_{\Omega} |Z_N(\cdot, t)|^{2+4/d} \mathrm{d}x$$

$$\leqslant C_3 \|Z_N(\cdot, t)\|_{L^2(\Omega)}^{4/d} \|\nabla Z_N(\cdot, t)\|_{L^2(\Omega)}^2 + C_4 \|Z_N(\cdot, t)\|_{L^2(\Omega)}^{2+4/d}, \tag{5.23}$$

其中，$C_3, C_4$ 为常数.

最后，由式 (5.20) 得

$$\frac{\mathrm{d}}{\mathrm{d}t} \|\nabla Z_N(\cdot, t)\|_{L^2(\Omega)}^2 + 2\|\Delta Z_N(\cdot, t)\|_{L^2(\Omega)}^2$$

$$\leqslant (2b + C_5)\|\nabla Z_N(\cdot, t)\|_{L^2(\Omega)}^2 + C_6, \tag{5.24}$$

其中，$C_5, C_6$ 取决于 $\sup\limits_{0 \leqslant t \leqslant T} \|Z_N(\cdot, t)\|_{L^2(\Omega)}$，但不依赖于 $N$. 对最后一个不等式应用 Gronwall 不等式，由式 (5.24) 得

$$\int_0^t \|\Delta Z_N(\cdot, t)\|_{L^2(\Omega)}^2 \mathrm{d}t \leqslant K_4,$$

证毕.

**引理 5.3** 在 (1) ~ (3) 的条件下，对于以上近似解有

$$\sup_{0\leqslant t\leqslant T} \|Z_{Nt}(\cdot,t)\|_{H^{-(2+d/2)}(\Omega)} \leqslant K_3, \tag{5.25}$$

且 $K_3$ 不依赖于 $N$.

证明. 取测试函数 $\varphi(x) \in H_0^{2+d/2}(\Omega)$，我们有

$$\varphi(x) = \varphi_N(x) + \overline{\varphi}_N(x),$$

$$\varphi_N(x) = \sum_{s=1}^{N} \beta_s w_s(x),$$

$$\overline{\varphi}_N(x) = \sum_{s=N+1}^{\infty} \beta_s w_s(x),$$

其中，$\beta_s = \int_\Omega \varphi(x) w_s(x)\mathrm{d}x, \ s = 1, 2, \cdots.$

如果 $s \geqslant N+1$，则

$$\int_\Omega Z_{Nt} w_s(x)\mathrm{d}x = 0,$$

否则 $1 \leqslant s \leqslant N$，则有

$$\int_\Omega Z_{Nt} w_s(x)\mathrm{d}x = -\int_\Omega (Z_N \times \nabla Z_N) * \nabla w_s \mathrm{d}x -$$
$$\int_\Omega \nabla Z_N * \nabla w_s \mathrm{d}x + \int_\Omega f(x,t,Z_N(x,t)) w_s \mathrm{d}x. \tag{5.26}$$

接下来我们对式 (5.26) 右边的每一项进行估计，对于第一项由 Sobolev 不等式得

$$\left| \int_\Omega (Z_N \times \nabla Z_N) * \nabla w_s \mathrm{d}x \right|$$

$$\leqslant C_7\|\nabla w_s\|_{L^\infty(\Omega)}\|Z_N(\cdot,t)\|_{L^2(\Omega)}\|\nabla Z_N(\cdot,t)\|_{L^2(\Omega)}. \tag{5.27}$$

$$\|\nabla w_s\|_{L^\infty(\Omega)} \leqslant C_8\|w_s\|_{H^{2+d/2}(\Omega)}. \tag{5.28}$$

有

$$\left|\iint_\Omega (Z_N \times \nabla Z_N) * \nabla w_s \mathrm{d}x\right| \leqslant C_9\|w_s\|_{H^{2+d/2}(\Omega)}, \tag{5.29}$$

其中，$C_9$ 仅与 $\sup\limits_{0\leqslant t\leqslant T}\|Z_N(\cdot,t)\|_{H^1(\Omega)}$ 有关，但不依赖于 $N$.

对于式 (5.26) 右边的第二项，有

$$\left|\int_\Omega \nabla Z_N * \nabla w_s \mathrm{d}x\right| \leqslant C_{10}\|\nabla Z_N(\cdot,t)\|_{L^2(\Omega)}\|\nabla w_s\|_{L^2(\Omega)}. \tag{5.30}$$

对于式 (5.26) 右边的最后一项，有

$$\left|\iint_\Omega f(x,t,Z_N(x,t))w_s \mathrm{d}x\right|$$
$$\leqslant \|w_s\|_{L^\infty(\Omega)}\int_\Omega |f(x,t,Z_N(x,t))|\mathrm{d}x$$
$$\leqslant \|w_s\|_{L^\infty(\Omega)}\left(A\int_\Omega |Z_N(x,t)|^l\mathrm{d}x + B\right)$$
$$\leqslant C_{11}\|w_s\|_{L^\infty(\Omega)}$$
$$\leqslant C_{12}\|w_s\|_{H^{2+d/2}(\Omega)}, \tag{5.31}$$

则

$$\int_\Omega |Z_N(x,t)|^l\mathrm{d}x \leqslant C_{13}\|Z_N(\cdot,t)\|_{L^2(\Omega)}^{(1-\alpha)l}\|\nabla Z_N(\cdot,t)\|_{L^2(\Omega)}^{\alpha l}, \tag{5.32}$$

$$\alpha = \frac{d}{2} - \frac{d}{l},\ 2\leqslant l \leqslant \frac{2d}{d-2}. \tag{5.33}$$

故

$$\left|\iint_\Omega Z_{Nt}w_s\mathrm{d}x\right| \leqslant C_{14}\|w_s\|_{H^{2+d/2}(\Omega)}, \tag{5.34}$$

其中，$C_{14}$ 取决于 $\sup\limits_{0 \leqslant t \leqslant T} \|Z_N(\cdot, t)\|_{H^1(\Omega)}$，但不依赖于 $0 \leqslant t \leqslant T$ 和 $N$.

同理，令

$$\left|\iint_\Omega Z_{Nt}\varphi_N \mathrm{d}x\right| \leqslant C_{14}\|\varphi_N\|_{H^{2+[d/2]}(\Omega)}, \tag{5.35}$$

则

$$\left|\iint_\Omega Z_{Nt}\varphi \mathrm{d}x\right| \leqslant C_{14}\|\varphi\|_{H^{2+[d/2]}(\Omega)}, \ \forall \varphi \in H_0^{2+[d/2]}(\Omega). \tag{5.36}$$

证毕.

## 5.4　整体弱解的存在性

由不动点定理并对近似解做先验估计，得到整体解 $\alpha_{sN}(t)(0 \leqslant t \leqslant T, s = 1, 2, \cdots, N)$ 的存在性.

**引理 5.4** 在 (1) ~ (3) 的条件下，常微分方程组 (5.9)、(5.10) 至少存在一个整体光滑解 $\alpha_{sN}(t)$ $(0 \leqslant t \leqslant T, s = 1, 2, \cdots, N)$.

**引理 5.5** 在 (1) ~ (3) 的条件下，近似解满足

$$\|Z_N(\cdot, t + \Delta t) - Z_N(\cdot, t)\|_{L^2(\Omega)} \leqslant K_4(\Delta t)^{\frac{1}{3+[d/2]}}, \tag{5.37}$$

其中，$K_4$ 不依赖于 $N$，且 $0 \leqslant t, t + \Delta t \leqslant T$.

证明. 由负指数 Sobolev 不等式得

$$\|Z_N(\cdot, t)\|_{L^2(\Omega)} \leqslant C_{15}\|Z_N(\cdot, t)\|_{H^{-(2+d/2)}(\Omega)}^{\frac{1}{3+[d/2]}}\|Z_N(\cdot, t)\|_{H^1(\Omega)}^{\frac{2+[d/2]}{3+[d/2]}}. \tag{5.38}$$

由 (5.38) 得

$$\|Z_N(\cdot, t + \Delta t) - Z_N(\cdot, t)\|_{L^2(\Omega)}$$

$$\leqslant C_{15} \| Z_N(\cdot, t + \Delta t) - Z_N(\cdot, t) \|_{H^{-(2+d/2)}(\Omega)}^{\frac{1}{3+[d/2]}}$$

$$\| Z_N(\cdot, t + \Delta t) - Z_N(\cdot, t) \|_{H^1(\Omega)}^{\frac{2+[d/2]}{3+[d/2]}}, \tag{5.39}$$

其中，$0 \leqslant t, t + \Delta t \leqslant T$. 因此

$$\| Z_N(\cdot, t + \Delta t) - Z_N(\cdot, t) \|_{L^2(\Omega)}$$

$$\leqslant C_{15}(\Delta t)^{\frac{1}{3+[d/2]}} \sup_{0 \leqslant t \leqslant T} \| Z_N(\cdot, t) \|_{H^{-(2+d/2)}(\Omega)}^{\frac{1}{3+[d/2]}} \sup_{0 \leqslant t \leqslant T} \| Z_N(\cdot, t) \|_{H^1(\Omega)}^{\frac{2+[d/2]}{3+[d/2]}} \tag{5.40}$$

证毕.

## 5.5　高维广义 Landau-Lifshitz-Bloch 方程的初值问题的解

### 5.5.1　近似解的收敛性

为了得到式 (5.5) ~ (5.7) 的弱解，令 $N \to \infty$.

**定义 5.1**　向量值函数 $Z(x,t) \in L^\infty([0,T]; H^1(\Omega)) \cap L^2([0,T]; H^2(\Omega))$ 称为系统 (5.5) ~ (5.7) 的弱解，若对任意测试函数 $\varphi(x,t) \in C^1(Q_T)$，$\varphi(x,T) = 0$，有

$$\int_0^T \int_\Omega [\varphi_t Z(x,t) - \nabla\varphi(x,t) * (Z(x,t) \times \nabla Z(x,t)) +$$

$$\varphi(x,t) f(x,t,Z(x,t))] \mathrm{d}x \mathrm{d}t +$$

$$\int_\Omega \varphi(x,0) Z_0(x) \mathrm{d}x = 0, \tag{5.41}$$

则 Galërkin 近似函数 $\varphi(x,t)$ 为

$$\varphi_N(x,t) = \sum_{s=1}^N \beta_s(t) w_s(x),$$

且在 $C^1(Q_T)$ 意义下，当 $N \to \infty$ 时，$\varphi_N(x,t)$ 一致收敛于 $\varphi(x,t)$，其中

$$\beta_{sN}(t) = \int_\Omega \varphi(x,t) w_s(x) \mathrm{d}x \, (s = 1, 2, \cdots, N),$$

则

$$
\int_0^T \int_\Omega [\varphi_{Nt} Z_N(x,t) - \nabla \varphi_N(x,t) * (Z_N(x,t) \times \nabla Z_N(x,t)) +
$$

$$
\varphi_N(x,t) f(x,t,Z_N(x,t))] \mathrm{d}x \mathrm{d}t +
$$

$$
\int_\Omega \varphi_N(x,0) Z_0(x) \mathrm{d}x = 0. \tag{5.42}
$$

### 5.5.2 一致有界和收敛

由先验估计知，$Z_N(x,t)$ 在空间

$$
G = L^\infty([0,T]; H^1(\Omega)) \cap L^2([0,T]; H^2(\Omega)) \cap W_\infty^{(1)}([0,T]; H^{2+[d/2]}(\Omega)) \tag{5.43}
$$

是一致有界的.

一方面，从 $Z_N(x,t)$ 中选取一个子列 $Z_{N_i}(x,t)$，使得 $Z_{N_i}(x,t)$ 在空间 $L^p$ $([0,T]; L^2(\Omega))$ 收敛于向量 $Z(x,t) \in L^\beta([0,T]; H^1(\Omega))$，且 $1 < p < \infty$，$\nabla Z_{N_i}(x,t)$ 在空间 $L^p([0,T]; L^2(\Omega))$ 收敛于向量 $\nabla Z(x,t)$. 另一方面，$Z_{N_i t}(x,t)$ 在空间 $L^p$ $([0,T]; H^{-(2+d/2)}(\Omega))$ $(1 < p < \infty)$ 中有界，可令 $Z_{N_i t}(x,t)$ 弱收敛于 $w(x,t) \in$ $L^p([0,T]; H^{-(2+d/2)}(\Omega))$ $(1 < p < \infty)$. 令 $w(x,t) = Z_t(x,t)$，有

$$
\int_0^T \int_\Omega Z_{N_i} \varphi(x,t) \mathrm{d}x \mathrm{d}t = -\int_0^T \int_\Omega Z_{N_i} \phi_t(x,t) \mathrm{d}x \mathrm{d}t, \tag{5.44}
$$

其中，$\varphi(x,t)$ 为在 $Q_T$ 上具有紧支集的任意测试函数. 令 $N_i \to \infty$，有

$$
\int_0^T \int_\Omega w \varphi(x,t) \mathrm{d}x \mathrm{d}t = -\int_0^T \int_\Omega Z \varphi_t(x,t) \mathrm{d}x \mathrm{d}t. \tag{5.45}
$$

则

$$
Z(x,t) \in G_p = L^p([0,T]; H^1(\Omega)) \cap W_p^{(1)}([0,T]; H^{-(2+d/2)}(\Omega)), 1 < p < \infty,
$$

$$
\tag{5.46}
$$

且 $Z(x,t)$ 在 $G_p$ 上的范数是一致有界的，则 $Z(x,t) \in G_\infty$.

由

$$\int_0^t \|\Delta Z_{Ni}(x,t)\|_{L^2(\Omega)}^2 \mathrm{d}t \leqslant K, \quad \int_0^t \|\Delta Z(x,t)\|_{L^2(\Omega)}^2 \mathrm{d}t \leqslant K, \ N_i \to \infty,$$

有

$$Z(x,t) \in G.$$

故我们得到如下引理.

**引理 5.6** 在 $(1) \sim (3)$ 的条件下，对于近似解 $Z_N(x,t)$ 的极限函数 $Z(x,t)$ 有

$$\sup_{0 \leqslant t \leqslant T} \|Z(\cdot,t)\|_{H^1(\Omega)} \leqslant K_5, \tag{5.47}$$

$$\sup_{0 \leqslant t \leqslant T} \|Z_t(\cdot,t)\|_{H^{-(2+d/2)}(\Omega)} \leqslant K_6, \tag{5.48}$$

$$\|Z_t(\cdot,t+\Delta t) - Z(\cdot,t)\|_{L^2(\Omega)} \leqslant K_7(\Delta t)^{\frac{1}{3+\lceil d/2 \rceil}}, \tag{5.49}$$

其中，$K_5, K_6, K_7$ 不依赖于 $0 \leqslant t, t+\Delta t \leqslant T$. 从 $\{Z_{Ni}(x,t)\}$ 中选取合适的子列 (我们可依然定义为 $\{Z_{Ni}(x,t)\}$)，使得对于向量值函数 $Z(x,t)$，$Z_{Ni}(x,t) \to Z(x,t)$ 在 $L^2(\Omega)$ 中强收敛，$0 \leqslant t \leqslant T$. $\|Z_{Ni}(\cdot,t)\|_{L^2(\Omega)} \to \|Z(\cdot,t)\|_{L^2(\Omega)}$ 在 $0 \leqslant t \leqslant T$ 中一致有界，$Z_{Ni}(x,t)$ 在 $C^{[0,1/(3+d/2+\delta)]}(0,T;L^2(\Omega))$，$\delta > 0$ 中收敛于 $Z(x,t)$. 当 $N_i \to \infty$ 时，考虑 $(5.42)$ 的积分极限. 由 $N_i \to \infty$，$\{\varphi_{N_i}(x,0)\}$ 一致收敛于 $\varphi(x,0)$，$\{Z_{N_i}(x,0)\}$ 在 $L^2(\Omega)$ 中收敛于 $Z_0(x)$，对于 $(5.42)$ 式的第二项，有

$$\left| \int_0^t \int_\Omega [\nabla \varphi_{N_i} * (Z_{N_i} \times \nabla Z_{N_i}) - \nabla \varphi * (Z \times \nabla Z)] \right|$$

$$\leqslant \left| \int_0^t \int_\Omega \nabla(\varphi_{N_i} - \varphi) * (Z_{N_i} \times \nabla Z_{N_i}) \right| +$$

$$\left| \int_0^t \int_\Omega \nabla \varphi * (Z_{N_i} - Z) \times \nabla Z_{N_i} \right| +$$

$$\left| \int_0^t \int_\Omega \nabla\varphi * [Z \times (\nabla Z_{N_i} - \nabla Z] \right|$$

$$\leqslant \|\nabla(\varphi_{N_i} - \varphi)\|_{L^\infty(\Omega)} \|Z_{N_i}\|_{L^2(Q_T)} \|\nabla Z_{N_i}\|_{L^2(\Omega)} +$$

$$\|\nabla\varphi\|_{L^\infty(Q_T)} \|z_{N_i} - Z\|_{L^2(Q_T)} \|\nabla Z_{N_i}\|_{L^2(\Omega)} +$$

$$\left| \int_0^t \int_\Omega \nabla\varphi * [Z \times (\nabla Z_{N_i} - \nabla Z)] \right|.$$

当 $N_i \to \infty$ 时，以上不等式每一项都趋于零.

$$\int_0^t \int_\Omega |\nabla\varphi_{N_i}(x,t) * \nabla Z_{N_i}(x,t) - \nabla\varphi * \nabla Z(x,t)| \mathrm{d}x\mathrm{d}t$$

$$\leqslant \int_0^t \int_\Omega |\nabla\varphi_{N_i}(x,t) * (\nabla Z_{N_i} - \nabla Z)| \mathrm{d}x\mathrm{d}t +$$

$$\int_0^t \int_\Omega |(\nabla\varphi_{N_i} - \nabla\varphi) * \nabla Z(x,t)| \mathrm{d}x\mathrm{d}t$$

$$\leqslant \epsilon + \|\nabla\varphi_{N_i} - \nabla\varphi\|_{L^2(Q_T)} \|\nabla Z\|_{L^2(Q_T)} \to 0.$$

由 $Z_{N_i}(x,t)$ 强收敛于 $Z(x,t)$，$Z_{N_i}(x,t)$ 收敛于 $Z(x,t)$，$f(x,t,Z_{N_i}(x,t))$ 收敛于 $f(x,t,Z(x,t))$，故有

$$\|f(x,t,Z_{Ni}(x,t))\|_{L^q(\Omega)}^q$$

$$= \int_\Omega |f(x,t,Z_{Ni}(x,t))|^q \mathrm{d}x$$

$$\leqslant C_7 \int_\Omega |Z_{Ni}(x,t)|^{2+4/(d-2)} \mathrm{d}x + C_8, \tag{5.50}$$

其中，$q = [2 + 4/(d-2)]/l > 1$ 且 $l < 2 + 4/(m-2)$，因此当 $N_i \to \infty$ 时，$f(x,t,Z_{Ni}(x,t))$ 弱收敛于 $f(x,t,Z(x,t))$ 于 $L^\infty([0,T];L^q(\Omega))$. 现令 $N_i \to \infty$，则 (5.42) 趋于 (5.41)，即极限向量是问题 (5.9)、(5.10) 的弱解.

**定理 5.1** 满足条件 (1) ∼ (3) 且 $d \geqslant 2$，则问题 (5.9)、(5.10) 至少存在一个整体弱解.

$$Z(x,t) \in L^{\infty}([0,T]; H^1(\Omega)) \cap L^2([0,T]; H^2(\Omega)) \cap C^{(0,\frac{1}{3+\lceil d/2 \rceil})}([0,T]; L^2(\Omega)).$$

(5.51)

### 5.5.3　无限长圆柱的整体弱解

从上述讨论来看，$T$ 可以是任意的，因此无限长的圆柱体

$$Q_{\infty} = \{x \in \Omega : 0 \leqslant t \leqslant \infty\}.$$

(5.52)

显然，系统 (5.9)、(5.10) 至少存在一个在 $[0,\infty]$ 上的连续的解 $\alpha_{sN}(t)$，那么近似解也存在于 $Q_{\infty}$. 令 $T_k$ 为一个数列，使得当 $k \to \infty$ 时，$T_k \to \infty$. 令 $\{Z_{N_k,i}(x,t)\}$ $(k = 0, 1, 2, \cdots; i = 1, 2, \cdots)$ 为 $\{Z_N(x,t)\}$ 的第 $k$ 个序列，使得

(1) $Z_{N_{k+1},i}(x,t) \subset Z_{N_k}(x,t)$.

(2) 存在一个定义在 $Q_{\infty}$ 上的向量值函数 $Z(x,t)$，使得序列 $\{Z_{N_k,i}(x,t)\}$ 收敛于 $Z(x,t)$,

$$G(T_k) = L^{\infty}(0, T_k; H^1(\Omega)) \cap L^2(0, T_k; H^2(\Omega)) \cap$$
$$W_1^{\infty}(0, T; H^{-(2+d/2)}(\Omega)) \cap$$
$$C^{(0,\frac{1}{3+d/2})}(0, T_k; L^2(\Omega)) \quad (k = 1, 2, 3, \cdots).$$

因此，我们根据对角线法选取数列 $\{Z_{N_k,k}(x,t)\}$，满足在 $G$ 中弱收敛于 $Z(x,t)$，则 $Z(x,t)$ 在

$$G_{\infty} = L^1_{\text{loc}}(0, \infty; H^1(\Omega)) \cap H^1_{\text{loc}}(0, \infty; H^2(\Omega))$$
$$\subset L^1_{\text{loc}}(0, \infty; H^1(\Omega)) \cap C^{(0,\frac{1}{3+d/2})}(0, \infty; L^2(\Omega))$$

(5.53)

中，且满足积分关系 (5.41).

**定理 5.2** 假设

(1) $3 \times 3$ 的 Jacobi 矩阵 $f_z(x,t,z)$ 是半有界的, 即对于 $(x,t) \in Q_\infty$ 和 $z \in \mathbb{R}^3$, (5.13) 成立.

(2) 对于任意 $0 < T < \infty$, $(x,t) \in Q_T$ 和 $z \in \mathbb{R}^3$, 有

$$\begin{cases} |f(x,t,z)| \leqslant A(T)|z|^l + B(T), \\ |\nabla_x f(x,t,z)| \leqslant A(T)|z|^{1+2/m} + B(T), \\ f(x,t,0) = 0. \end{cases} \tag{5.54}$$

其中, $A(T), B(T)$ 为依赖于 $T$ 的正常数, 且

$$2 \leqslant l \leqslant 2 + 4/(d-2), \ d \geqslant 2.$$

(3) $Z_0(x) \in H^1(\Omega)$, 则 (5.9)、(5.10) 存在一个整体弱解

$$Z(x,t) \in L^1_{\text{loc}}(0,\infty;H^1(\Omega)) \cap C^{\left(0,\frac{1}{3+d/2}\right)}_{\text{loc}}(0,\infty;L^2(\Omega)).$$

如果 $b < 0$, 由 (5.18) 有

$$\frac{\mathrm{d}}{\mathrm{d}t}\|Z_N(\cdot,t)\|^2_{L^2(\Omega)} \leqslant -2b\|Z_N(\cdot,t)\|^2_{L^2(\Omega)},$$

且 $f(x,t,0) \equiv 0$, 则有

$$\|Z_N(\cdot,t)\|_{L^2(\Omega)} \leqslant \|Z_0(x)\|_{L^2(\Omega)}\mathrm{e}^{-|b|t}, \ 0 \leqslant t < \infty. \tag{5.55}$$

故类似的不等式也适用于 $\lim Z(x,t)$, 即

**定理 5.3** 假设 (1)$\sim$(3) 成立, 那么对问题 (5.9)、(5.10) 的任意弱解 $Z(x,t)$, 有

$$\lim_{t\to\infty}\|Z(\cdot,t)\|_{L^2(\Omega)} = 0.$$

## 5.5.4  光滑解的唯一性

**定理 5.4** 假设 $f(x,t,Z)$ 关于 $x$ 和 $Z$ 二阶连续，且 Jacobi 矩阵 $f_Z(x,t,Z)$ 为半有界的，则 (5.9)、(5.10) 的经典解是唯一的.

证明. 设 $u(x,t), Z(x,t)$ 为方程 (5.9)、(5.10) 的两个解，令 $w(x,t) = u(x,t) - Z(x,t)$，则

$$\frac{\mathrm{d}}{\mathrm{d}t}\|w(\cdot,t)\|^2_{L^2(\Omega)} + \|\nabla w(\cdot,t)\|^2_{L^2(\Omega)}$$

$$= -2\int_\Omega \nabla w * (w \times \nabla u) + 2\int_\Omega w \cdot \frac{\partial \tilde{f}}{\partial Z} \cdot w,$$

$$\frac{\mathrm{d}}{\mathrm{d}t}\|\nabla w(\cdot,t)\|^2_{L^2(\Omega)} + \|\Delta w(\cdot,t)\|^2_{L^2(\Omega)}$$

$$= -2\int_\Omega \nabla w * (w \times \nabla\Delta Z) - 2\int_\Omega \nabla w * \frac{\partial \tilde{f}}{\partial Z} \cdot \nabla w -$$

$$2\int_\Omega \nabla w * \left(\frac{\partial^2 \tilde{f}}{\partial Z^2} w\right) \cdot \nabla u - 2\int_\Omega \nabla w * \frac{\partial f(x,t,Z)}{\partial Z} \cdot \nabla w,$$

其中

$$\frac{\partial \tilde{f}}{\partial Z} = \int_0^1 \frac{\partial f(x,t,\tau u + (1-\tau)Z)}{\partial Z}\mathrm{d}Z,$$

$$\frac{\partial^2 \tilde{f}}{\partial Z^2} = \int_0^1 \frac{\partial^2 f(x,t,\tau u + (1-\tau)Z)}{\partial Z^2}\mathrm{d}Z,$$

$$\nabla\frac{\partial \tilde{f}}{\partial Z} = \int_0^1 \nabla\frac{\partial f(x,t,\tau u + (1-\tau)Z)}{\partial Z}\mathrm{d}Z.$$

因此，$w(x,t) \in C^{(3,1)}(Q_T)$ 满足齐次方程和初始条件，故

$$\frac{\mathrm{d}}{\mathrm{d}t}\|w(\cdot,t)\|^2_{H^1(\Omega)} \leqslant C_{18}\|w(\cdot,t)\|^2_{H^1(\Omega)}. \tag{5.56}$$

证毕.

接下来我们研究 Landau-Lifshitz 方程初值问题弱解 $Z(x,t)$ 的爆破.

$$Z_t = Z \times \Delta Z + f(x,t,Z), \tag{5.57}$$

$$Z|_{t=0} = Z_0(x). \tag{5.58}$$

有如下结论

**定理 5.5** 若

$$Z \cdot f(x,t,Z) \geqslant C_0 |Z|^{2+\delta}, \ (x,t) \in Q_T, \ Z \in \mathbb{R}^3, \tag{5.59}$$

其中, $C_0 > 0, \delta > 0$, 且 $\|Z_0(x)\|_{L^2(\Omega)} > 0$, 则 (5.9) 的弱解 $Z(x,t) \in W_2^{(2,1)}(Q_T)$ 在有限时间内爆破, 即对于有限时间 $t_0 > 0$, 有

$$\lim_{t \to t_0 - 0} \|Z(\cdot, t)\|_{L^2(\Omega)} \to \infty.$$

证明. 用 $Z$ 乘 (5.57) 并在 $\Omega$ 上对 $x$ 积分, 得

$$\begin{aligned}
\frac{1}{2}\frac{\mathrm{d}}{\mathrm{d}t}\|Z(\cdot,t)\|_{L^2(\Omega)}^2 &= -2\int_\Omega Z(\cdot,t) \cdot f(x,t,Z)\mathrm{d}x \\
&\geqslant C_1 \int_\Omega |Z|^{2+\delta}\mathrm{d}x \\
&\geqslant C_1(\mathrm{mes}\Omega)^{-\frac{\delta}{2}}\|Z\|_{L^2(\Omega)}^{2+\delta} + C_0\|Z\|_{L^2(\Omega)}^2 \\
&\geqslant C_1(\mathrm{mes}\Omega)^{-\frac{\delta}{2}}\|Z\|_{L^2(\Omega)}^{1+\delta},
\end{aligned}$$

则有

$$\|Z\|_{L^2(\Omega)} \geqslant \left(\|Z_0\|_{L^2(\Omega)}^{-\delta} - C_0 t \delta (\mathrm{mes}\Omega)^{-\frac{\delta}{2}}\right)^{-\frac{1}{\delta}}.$$

证毕.

接下来我们给出 Landau-Lifshitz 更广义的爆破结果.

$$u_t = \nabla * A(x,t,u) \cdot \nabla u + f(x,t,u). \tag{5.60}$$

其中，$u(x,t) = (u_1(x,t), \cdots, u_n(x,t))$ 是定义在 $Q_T = \{x \in \Omega \subset \mathbb{R}^m, 0 \leqslant t \leqslant T\}$ 中未知的多维向量值函数，"$\cdot$" 和 "$*$" 分别代表 $\mathbb{R}^n$ 和 $\mathbb{R}^d$ 中的线性乘积，$A(x,t,u)$ 是一个非奇异零定矩阵，$f(x,t,u)$ 是一个 $n$ 维向量值函数，满足

$$u \cdot f(x,t,u) \geqslant C_0 |u|^{2+\delta}, \tag{5.61}$$

且 $(x,t) \in Q_T$，$u \in \mathbb{R}^n$，$C_0 > 0$，$\delta > 0$，用 $u$ 乘 (5.60) 并在 $\Omega$ 上积分，得

$$\begin{aligned}
&\frac{1}{2} \frac{\mathrm{d}}{\mathrm{d}t} \|u(\cdot,t)\|^2_{L^2(\Omega)} \\
&= \int_{\partial\Omega} (u \cdot A \cdot \nabla u) * \nu_m \mathrm{d}x - \\
&\quad \int_\Omega (\nabla u * A \cdot \nabla u) \mathrm{d}x + \int_\Omega u \cdot f \mathrm{d}x.
\end{aligned} \tag{5.62}$$

考虑第一边值问题

$$u(x,t) = 0, x \in \partial\Omega, 0 \leqslant t \leqslant T. \tag{5.63}$$

$$u(x,0) = \varphi(x), x \in \Omega. \tag{5.64}$$

或考虑第二边值问题

$$A(x,t,u(x,t)) \cdot \nabla u(\cdot,t) * \nu_m = 0, x \in \partial\Omega, 0 \leqslant t \leqslant T. \tag{5.65}$$

$$u(x,0) = \varphi(x), x \in \Omega. \tag{5.66}$$

有

**定理 5.6** $A$ 和 $f$ 满足上述条件，则对于方程 (5.60) 和 (5.63) $\sim$ (5.64) 的解 $u(x,t)$，有

$$\|u(\cdot,t)\|_{L^2(\Omega)} \to 0, t \to t_1 - 0, \tag{5.67}$$

其中，$t_1 > 0$ 是有限的且 $\|\varphi\|_{L^2(\Omega)} > 0$.

## 5.6 光滑解的存在唯一性

由不动点定理得:

**定理 5.7** 在 $(1) \sim (3)$ 条件下，$f(x, t, z) \subset C^n(Q_T)$，则存在一个常数 $T_0 > 0$，使得问题 $(5.5) \sim (5.7)$ 存在唯一的光滑解 $z(x, t) \subset C^n(Q_{T_0})$，其中，$Q_{T_0} = \{0 \leqslant t \leqslant T_0, x \in \Omega\}$，$\Omega \subset \mathbb{R}^d$, $d \geqslant 2$. 为了得到 $(5.5) \sim (5.7)$ 的经典整体解，我们给出高阶先验估计.

**引理 5.7** 如果

(1) $Z_0(x) \in H^2(\Omega)$, $\Omega \subset \mathbb{R}^2$,

(2) $f(x, t, Z) \cdot Z \leqslant 0$

成立，则有

$$\sup_{0 \leqslant t \leqslant T} \|Z(\cdot, t)\|_{L^\infty}(\Omega) \leqslant \|Z_0(x)\|_{L^2(\Omega)}. \tag{5.68}$$

证明. 由

$$\begin{aligned}
\frac{1}{p}\frac{\mathrm{d}}{\mathrm{d}t}\|Z(\cdot, t)\|_{L^p(\Omega)}^p &= \frac{1}{p}\int_\Omega |Z|^{p-2} Z \cdot Z_t \mathrm{d}x \\
&= \frac{1}{p}\int_\Omega |Z|^{p-2} Z \cdot (\Delta Z + Z \times \Delta Z + f(x, t, Z))\mathrm{d}x \\
&\leqslant \frac{1}{p}\int_\Omega |Z|^{p-2} \nabla Z \dot{\nabla} Z \mathrm{d}x \\
&\leqslant 0,
\end{aligned}$$

知

$$\|Z(\cdot, t)\|_p \leqslant \|Z(\cdot, 0)\|_p \leqslant \|Z_0(x)\|_{H^2}.$$

令 $p \to \infty$，证毕.

**引理 5.8** 令维数 $d = 2, 3$，且满足上述引理条件，如果 $f(x, t, Z) \in C'(Q_T)$ 且

$$|\partial_x f(x, t, Z)| + |f_Z(x, t, Z)| \leqslant K_1, \ \|Z_0\|_{H^2(\Omega)} \leqslant M,$$

则对于方程 $(5.5) \sim (5.7)$ 的光滑解有

$$\|Z(\cdot, t)\|_{L^2(\Omega)}^2 + 2\int_0^t \|\nabla Z(\cdot, s)\|_{L^2(\Omega)}^2 \mathrm{d}s \leqslant \|Z_0\|_{H^2(\Omega)}, \ \forall T > 0, \ t \in [0, T], \quad (5.69)$$

且

$$\|\nabla Z(\cdot, t)\|_{L^2(\Omega)}^2 + \int_0^t \|\Delta Z(\cdot, s)\|_{L^2(\Omega)}^2 \mathrm{d}s \leqslant K_2, \ \forall T > 0, \ t \in [0, T], \quad (5.70)$$

其中，$K_1$ 和 $K_2$ 依赖于 $\|Z_0\|_{H^2(\Omega)}$.

证明. 方程 $(5.5)$ 两边同时做与 $Z$ 的标量积并在 $\Omega \times [0, t]$ 上积分，得

$$\|Z(x, t)\|_{L^2(\Omega)}^2 + 2\int_0^t \|\nabla Z(\cdot, t)\|_{L^2(\Omega)}^2 \mathrm{d}s + 2\int_0^t \int_\Omega f(x, t, Z) \cdot Z \mathrm{d}x \mathrm{d}s$$
$$\leqslant \|Z_0(x)\|_{L^2(\Omega)}^2.$$

则有

$$\|Z(\cdot, t)\|_{L^2(\Omega)}^2 + 2\int_0^t \|\nabla Z\|_{L^2(\Omega)}^2 \mathrm{d}s \leqslant \|Z_0(x)\|_{L^2(\Omega)}^2.$$

将 $(5.5)$ 与 $\Delta Z$ 做标量积并在 $\mathbb{R}^d \times [0, t]$ 上积分得

$$\|\nabla Z(\cdot, t)\|_{L^2(\Omega)}^2 + \int_0^t \|\Delta Z(\cdot, s)\|_{L^2(\Omega)}^2$$
$$= \int_0^t \int_\Omega \Delta \cdot f(x, t, Z) \mathrm{d}x + \|\nabla Z_0\|_{L^2(\Omega)}^2$$
$$\leqslant \left| \int_0^t \int_\Omega \nabla Z \cdot \nabla f \mathrm{d}x \right| + \|\nabla Z_0\|_{L^2(\Omega)}^2$$

$$\leqslant \int_0^t \int_\Omega \nabla Z |\partial_x f + f_Z \cdot \nabla Z| \mathrm{d}x + \|\nabla Z_0\|_{L^2(\Omega)}^2$$

$$\leqslant C \int_0^t \|\nabla Z\|_{L^2(\Omega)}^2 \mathrm{d}s + C.$$

由 Gronwall 不等式得 (5.70).

**引理 5.9** 令 $d = 2$, 初始条件 $Z_0(x) \in H^m (m \geqslant 2)$, 假设上述定理条件满足, 则有

$$|f(x,t,Z)| \leqslant A|Z|^l + B, \ A, \ B > 0, \ l \leqslant 2.$$

则对于问题 (5.5)~(5.7) 的光滑解有

$$\|\Delta Z(\cdot,t)\|_{L^2(\Omega)}^2 + 2 \int_0^t \|\Delta \nabla Z(\cdot,s)\|_{L^2(\Omega)}^2 \mathrm{d}s$$

$$\leqslant C(T, \|Z_0\|_{H^2(\Omega)}), \ \forall T > 0, \ t \in [0,T], \tag{5.71}$$

且

$$\|Z_t(\cdot,t)\|_{L^2(\Omega)}^2 + \int_0^t \|\nabla Z_t(\cdot,s)\|_{L^2(\Omega)}^2 \mathrm{d}s$$

$$\leqslant C(T, \|Z_0\|_{H^2(\Omega)}), \ \forall T > 0, \ t \in [0,T]. \tag{5.72}$$

若 $m \geqslant 3$, 则有

$$\|\Delta \nabla Z(\cdot,t)\|_{L^2(\Omega)}^2 + 2 \int_0^t \|\Delta^2 Z(\cdot,s)\|_{L^2(\Omega)}^2 \mathrm{d}s$$

$$\leqslant C(T, \|Z_0\|_{H^3(\Omega)}), \ \forall T > 0, \ t \in [0,T], \tag{5.73}$$

且

$$\|\nabla Z_t(\cdot,t)\|_{L^2(\Omega)}^2 + \int_0^t \|\Delta Z_t(\cdot,s)\|_{L^2(\Omega)}^2 \mathrm{d}s$$

$$\leqslant C(T, \|Z_0\|_{H^3(\Omega)}), \ \forall T > 0, \ t \in [0,T]. \tag{5.74}$$

证明. 对方程 (5.5) 两边作用 Laplace 算子, 有

$$
\int_\Omega \Delta Z_t \cdot \Delta Z \mathrm{d}x
$$

$$
= \int_\Omega \Delta^2 Z \cdot \Delta Z \mathrm{d}x + 2 \sum_{j=1}^{2} \int_\Omega \partial_{x_j} Z \times \Delta \partial_{x_j} Z \cdot \Delta Z \mathrm{d}x +
$$

$$
\int_\Omega Z \times \Delta^2 Z \cdot \Delta Z \mathrm{d}x + \int_\Omega \Delta f(x,t,Z) \cdot \Delta Z \mathrm{d}x.
$$

分部积分得

$$
\frac{1}{2} \frac{\mathrm{d}}{\mathrm{d}t} \int_\Omega |\Delta Z(x,t)|^2 \mathrm{d}x + \int_\Omega |\nabla \Delta Z(x,t)|^2 \mathrm{d}x
$$

$$
= \sum_{j=1}^{2} \int_\Omega \partial_{x_j} Z \times \Delta \partial_{x_j} Z \cdot \Delta Z \mathrm{d}x + \int_\Omega \Delta f \cdot \Delta Z \mathrm{d}x. \tag{5.75}
$$

由 Höder 不等式, 得

$$
\sum_{j=1}^{2} \int_\Omega \partial_{x_j} Z \times \Delta \partial_{x_j} Z \cdot \Delta Z \mathrm{d}x \leqslant 2 \|\nabla Z\|_{L^4(\Omega)} \|\Delta Z\|_{L^4(\Omega)} \|\Delta \nabla Z\|_{L^2(\Omega)}.
$$

由 Gagliardo-Nirenberg's 不等式, 得

$$
\|\nabla Z\|_{L^4} \leqslant C \|\nabla Z\|_{H^2}^{1/4} \|\nabla Z\|_{L^2}^{3/4},
$$

$$
\|\Delta Z\|_{L^4} \leqslant C \|\Delta Z\|_{H^1}^{1/2} \|\Delta Z\|_{L^2}^{1/2}.
$$

与此同时, 有

$$
\|\nabla Z\|_{H^2} \leqslant C(\|\Delta \nabla Z\|_{L^2} + \|\nabla Z\|_{L^2}),
$$

$$
\|\Delta Z\|_{H^1} \leqslant C(\|\Delta \nabla Z\|_{L^2} + \|\Delta Z\|_{L^2}).
$$

则

$$
\left| \sum_{j=1}^{2} \int_\Omega \partial_{x_j} Z \times \Delta \partial_{x_j} Z \cdot \Delta Z \mathrm{d}x \right| \leqslant C \|\Delta Z\|_{L^4}^{1/2} \|\Delta \nabla Z\|_{L^2}^{7/4} + C,
$$

其中，$C$ 依赖于 $\|\nabla Z_0\|_{L^2(\Omega)}$. 由 Young's 不等式得

$$\frac{1}{4}\|\Delta\nabla Z\|_{L^2(\Omega)}^2 + C(1 + \|\Delta Z\|_{L^2(\Omega)}^4).$$

左边最后一项为

$$\int_\Omega \Delta f(x, t, Z) \cdot \Delta Z \mathrm{d}x$$

$$\leqslant C\|Z\|_{L^\infty}^{l-1}(\|\Delta Z\|_{L^2(\Omega)}^2 + \|\nabla Z\|_{L^4(\Omega)}^2) + C$$

$$\leqslant \frac{1}{4}\|\Delta\nabla Z\|_{L^2(\Omega)}^2 + C.$$

由 (5.75) 得

$$\frac{\mathrm{d}}{\mathrm{d}t}\int_\Omega |\Delta Z(\cdot, t)|^2 \mathrm{d}t \leqslant C\|\Delta Z\|_{L^2(\Omega)}^4 + C.$$

由广义 Gronwall's 不等式知, 若 $f' \leqslant (f\cdot g) + C$, 则有 $f \leqslant C\exp(\int_0^t g\mathrm{d}s) + C$, 故

$$\|\Delta Z\|_{L^2(\Omega)}^2 \leqslant C.$$

从而得到式 (5.71). 由归纳法我们得到如下引理:

**引理 5.10** 令 $d = 2$, $\nabla Z_0 \in H^k(k \geqslant 2)$, $f(x, t, Z) \in C^k(Q_T)$, 且满足引理 5.7 和引理 5.9 的条件, 则问题 (5.5)~(5.7) 的光滑解满足如下先验估计

$$\sup_{0\leqslant t\leqslant T}\|D^{m+1}Z(\cdot, t)\|_{L^2(\Omega)}^2 + \int_0^T \|D^{m+2}Z(\cdot, s)\|_{L^2(\Omega)}^2 \mathrm{d}s \leqslant C, \ 2 \leqslant m \leqslant k, \quad (5.76)$$

其中, $C$ 依赖于 $T$ 和 $\|\nabla Z_0(x)\|_{H^k}$. 我们有如下定理:

**定理 5.8** 令 $d = 2$, $Z_0 \in H^m$ $(m \geqslant 2)$, 假设 $f(x, t, Z)$ 满足如下条件

(1) $f(x, t, Z) \in C^m(Q_T)$, $f(x, t, Z) \cdot Z \leqslant 0$,

(2) $|f(x, t, Z)| \leqslant A|Z|^l + B$.

其中, $A$, $B$ 为正常数, $l \geqslant 2$. 则对任意 $T > 0$, 问题 (5.5) ~ (5.7) 存在唯一解 $Z(x, t)$ 满足

$$\partial_t^j \partial_x^\alpha Z \in L^\infty(0, T; L^2(\Omega)),$$

$$\partial_t^h \partial_x^\beta Z \in L^\infty(0, T; L^2(\Omega)),$$

其中, $2j + |\alpha| \leqslant m$ 且 $2h + |\beta| \leqslant m + 1$.

**定理 5.9**　令 $d \geqslant 3$, $Z_0 \in H^m$ $(m \geqslant 2)$ 且 $\|Z_0\|_{H^2}$ 足够小, 在定理 5.7 的条件下, 对任意 $T > 0$, 问题 (5.5) ~ (5.7) 存在唯一解 $Z(x, t)$ 满足

$$\partial_t^j \partial_x^\alpha Z \in L^\infty(0, T; L^2(\Omega)),$$

$$\partial_t^h \partial_x^\beta Z \in L^\infty(0, T; L^2(\Omega)),$$

其中, $2j + |\alpha| \leqslant m$ 且 $2h + |\beta| \leqslant m + 1$.

证明. 类似于定理 5.8 的证明, 我们有

$$\sum_{j=1}^3 \int_\Omega \partial_{x_j} Z \times \Delta \partial_{x_j} Z \Delta Z \mathrm{d}x$$

$$\leqslant C \|\nabla Z\|_{L^6(\Omega)} \|\Delta Z\|_{L^3(\Omega)} \|\Delta \nabla Z\|_{L^2(\Omega)}$$

$$\leqslant C \|Z_0\|_{H^2} \|\Delta Z\|_{H^1} \|\Delta \nabla Z\|_{L^2(\Omega)}$$

$$\leqslant \frac{1}{3} \|\nabla \Delta Z\|_{L^2(\Omega)}^2.$$

**定理 5.10**　对任意 $d$, 以及任意的光滑初始条件, 若问题 (5.5) ~ (5.7) 的解 $Z(x, t)$ 在 $Q_T = \Omega \times [0, T]$, $\Omega \subset \mathbb{R}^d$ 中满足 $\|\nabla Z(\cdot, t)\|_{L^\infty} \leqslant C$, 则 $Z(x, t)$ 在 $Q_T$ 中光滑.

由标准方法, 我们得到如下结论:

**定理 5.11** (解的唯一性) 设 $u$ 和 $V$ 为问题 (5.5)~(5.7) 的两个光滑解, 且满足相同的初始条件 $u_0 = v_0 \in H^\infty(\Omega)$, $\Omega \subset \mathbb{R}^d$, 则对任意 $d$, 有 $u \equiv v$.

**定理 5.12** (初值问题) 对于初值问题 (5.5) $\sim$ (5.7), $x \in \mathbb{R}^d$ 对于定理 5.8~5.11 也成立.

证明. 方程 (5.5)、(5.7) 不依赖于 $D$, 令 $D \to \infty$, 定理得证.

# 第6章

# 带极化的 Landau-Lifshitz-Bloch-Maxwell 方程的
# 弱解和强解的存在性

带极化的 Landau-Lifshitz-Bloch-Maxwell 方程描述了连续铁磁体中平均场的演化. 本章, 我们首先使用能量方法证明二维和三维带极化的 Landau-Lifshitz-Bloch-Maxwell 方程的弱解的存在性. 然后应用半群算子和 Banach 压缩映射定理, 得到带极化的 Landau-Lifshitz-Bloch-Maxwell 方程的局部光滑解的存在性. 最后结合先验估计, 证明二维和小初值条件下三维带极化的 Landau-Lifshitz-Bloch-Maxwell 方程的整体光滑解的存在性.

## 6.1 带极化的 Landau-Lifshitz-Bloch-Maxwell 方程的物理背景

我们研究带极化的 Landau-Lifshitz-Bloch-Maxwell 方程, 其中, 高温 $\theta \geqslant \theta_c$ ($\theta_c$ 是居里温度).

$$z_t = \Delta z + z \times (\Delta z + H) - k(1 + \mu_1 |z|^2)z, \tag{6.1}$$

$$\nabla \times H = \frac{\partial(E + P)}{\partial t} + \sigma E, \tag{6.2}$$

$$\nabla \times E = -\frac{\partial H}{\partial t} - \beta \frac{\partial z}{\partial t}, \tag{6.3}$$

$$\frac{\partial^2 P}{\partial t^2} + \lambda^2 \nabla \times \nabla \times P - \varepsilon \frac{\partial P}{\partial t} = \nu(E - 2P\Phi'(|P|^2)), \tag{6.4}$$

其中, 常量 $k, \mu_1, \sigma, \beta, \varepsilon, \lambda, \nu$ 为正数, $\lambda$ 表示场的光速, $\sigma$ 表示恒定电导率, $\beta$ 为磁导率. $\varepsilon, \nu$ 的物理意义参见参考文献 [41], 且 $\beta > 1$. $\boldsymbol{z}(x,t) = (\boldsymbol{z}_1(x,t), \boldsymbol{z}_2(x,t), \boldsymbol{z}_3(x,t))$ 是磁化矢量. $\boldsymbol{P}(x,t) = (\boldsymbol{P}_1(x,t), \boldsymbol{P}_2(x,t), \boldsymbol{P}_3(x,t))$ 表示电极化, $2\boldsymbol{P}\Phi'(|\boldsymbol{P}|^2)$ 是均衡电场.

周期条件为

$$\boldsymbol{z}(x + 2D\boldsymbol{e}_i, t) = \boldsymbol{z}(x,t),\ \boldsymbol{H}(x + 2D\boldsymbol{e}_i, t) = \boldsymbol{H}(x,t),\ x \in \Omega,\ t \geqslant 0,$$

$$\boldsymbol{E}(x + 2D\boldsymbol{e}_i, t) = \boldsymbol{E}(x,t),\ \boldsymbol{P}(x + 2D\boldsymbol{e}_i, t) = \boldsymbol{P}(x,t),\ x \in \Omega,\ t \geqslant 0,$$

$$\boldsymbol{P}_t(x + 2D\boldsymbol{e}_i, t) = \boldsymbol{P}_t(x,t),\ x \in \Omega,\ t \geqslant 0,\ i = 1,2. \tag{6.5}$$

初始条件为

$$\boldsymbol{z}(x,0) = \boldsymbol{z}_0(x),\ \boldsymbol{H}(x,0) = \boldsymbol{Q}_0(x),\ x \in \Omega,$$

$$\boldsymbol{E}(x,0) = \boldsymbol{E}_0(x),\ \boldsymbol{P}(x,0) = \boldsymbol{P}_0(x),\ \boldsymbol{P}_t(x,0) = \boldsymbol{P}_{t0}(x),\ x \in \Omega, \tag{6.6}$$

其中, $(\boldsymbol{e}_1, \boldsymbol{e}_d)$ 形成 $\mathbb{R}^d$ 的单位正交基, $D > 0$ 是常数, $d = 2, 3$. $\Omega \subset \mathbb{R}^d$ 表示有界区域, 沿其方向的宽度为 $2D$, 即

$$\Omega = \{(x_1, x_2)\ \text{或}\ (x_1, x_2, x_3) | |x_i| < D\ (i = 1, 2, 3)\},$$

$$Q_T = \{(x,t) | x \in \Omega,\ 0 < t \leqslant T\}.$$

众所周知, Landau-Lifshitz 方程描述了低温下铁磁体的磁化动力学. Landau-Lifshitz-Gilbert 方程描述如下

$$\boldsymbol{z}_t = \boldsymbol{z} \times \Delta\boldsymbol{z} - \lambda\boldsymbol{z} \times (\boldsymbol{z} \times \Delta\boldsymbol{z}), \tag{6.7}$$

其中, $\boldsymbol{z}(x,t) = (\boldsymbol{z}_1(x,t), \boldsymbol{z}_2(x,t), \boldsymbol{z}_3(x,t))$ 是磁化矢量. $\lambda > 0$ 是 Gilbert 常数. 为

了描述高温下铁磁体中磁化矢量 $\boldsymbol{z}$ 的动力学，1990 年，Garanin[32] 从统计学角度利用平均场近似推导出 Landau–Lifshitz–Bloch (LLB) 方程.

LLB 方程形式如下

$$\boldsymbol{Z}_t = -\gamma \boldsymbol{Z} \times \boldsymbol{H}_{\text{eff}} + \frac{L_1}{|\boldsymbol{Z}|^2}(\boldsymbol{Z} \cdot \boldsymbol{H}_{\text{eff}})\boldsymbol{Z} -$$
$$\frac{L_2}{|\boldsymbol{Z}|^2}\boldsymbol{Z} \times (\boldsymbol{Z} \times \boldsymbol{H}_{\text{eff}}), \tag{6.8}$$

其中，$\gamma,\ L_1,\ L_2$ 为常数，$\boldsymbol{H}_{\text{eff}}$ 是有效磁场强度.

我们也可以将方程 (6.8) 改写为如下形式

$$\boldsymbol{Z}_t = -\gamma \boldsymbol{Z} \times \boldsymbol{H}_{\text{eff}} + \frac{\gamma a_\parallel}{|\boldsymbol{Z}|^2} - \frac{\gamma a_\perp}{|\boldsymbol{Z}|^2}\boldsymbol{Z} \times (\boldsymbol{Z} \times \boldsymbol{H}_{\text{eff}}), \tag{6.9}$$

其中，$\gamma a_\parallel = L_1$，$\gamma a_\perp = L_2$. 这里 $a_\parallel$ 和 $a_\perp$ 是无量纲阻尼参数，其对温度的依赖性假设如下[18]

$$a_\parallel(\theta) = \frac{2\theta}{3\theta_c}c, \ a_\perp(\theta) = \begin{cases} c\left(1 - \dfrac{\theta}{3\theta_c}\right), & \text{当 } \theta < \theta_c \text{ 时,} \\ a_\parallel(\theta), & \text{当 } \theta \geqslant \theta_c \text{ 时,} \end{cases}$$

其中，$c > 0$ 是常数. 在参考文献 [13] 中，作者指出如果 $L_1 = L_2$，方程 (6.8) 可变形为

$$\boldsymbol{Z}_t = \Delta \boldsymbol{Z} + \boldsymbol{Z} \times \Delta \boldsymbol{Z} - k|\boldsymbol{Z}|^2\boldsymbol{Z}, \ (k > 0), \tag{6.10}$$

并且给出了方程 (6.10) 弱解的存在性.

如果将电场施加到由大量原子或分子组成的介质 (例如电介质) 上，则每个分子中的电荷都会膨胀，随着应用场的响应和执行的脉冲运动，分子电荷密度将是不连贯的，且每个分子在许多时刻不同于没加电场的情况. 在简单物质中，主导分子很多个时刻的电荷都是零，或者至少它们对偶极子进行平均时电荷为零，

因此在介质中产生电极化 $\boldsymbol{P}$(每单位体积极化的偶极子). $\boldsymbol{P}$ 与零不同的电介质是极化的. 向量 $\boldsymbol{P}$ 不仅是电荷密度, 也是密度 $q$ 的极化电介质表面上的电荷[42], 想了解更多可见参考文献 [43–45].

Landau-Lifshitz-Broch-Maxwell 系统与极化项 $\boldsymbol{P}$ 的耦合可以从完整的 Maxwell 系统得出, 其形式如下

$$\frac{\partial \boldsymbol{B}}{\partial t} = -\nabla \times \boldsymbol{E},$$
$$\frac{\partial \boldsymbol{D}}{\partial t} + \sigma E = \nabla \times \boldsymbol{B}. \tag{6.11}$$

其中, $\boldsymbol{D}$ 及 $\boldsymbol{B}$ 由电磁和磁性定义为

$$\boldsymbol{D} = \epsilon_0 \boldsymbol{E} + \boldsymbol{P},$$
$$\boldsymbol{B} = \mu_0(\boldsymbol{H} + \boldsymbol{z}),$$

其中, $\boldsymbol{E}$ 和 $\boldsymbol{H}$ 分别是电场和磁场, $\epsilon_0$ 是自由空间的介电常数, $\mu_0$ 是自由空间的磁导率, $\boldsymbol{z}$ 是磁化矢量, $\boldsymbol{E}$ 是电偏振. 将这些定义替换为 (6.11), 我们可以通过系统 (6.1)$\sim$(6.3) 将 $\boldsymbol{z}$, $\boldsymbol{E}$, $\boldsymbol{H}$ 和 $\boldsymbol{P}$ 联系起来, 推导 (6.3), 参见参考文献 [41].

众所周知, 某些铁磁性物质如铁, 不仅是铁磁材料, 还是铁电材料, 我们称之为铁磁性铁电体[46].

方程组 (6.4) 描述了铁磁-铁电材料的磁化、磁场、电场及电极化的动力学, 其中包括一个有关极化函数 $\boldsymbol{P}$ 的方程.

由于方程组 (6.4) 是强耦合的, 使用半群理论并不容易获得解的存在性. 我们将在这里使用 Galerkin 方法. 因为方程 (6.4) 缺乏紧致性, 我们需要得到有关 $\boldsymbol{P}$ 的 $H^1$-范数估计. 用以下带黏性项近似值替换方程 (6.4)

$$\frac{\partial^2 \boldsymbol{P}}{\partial t^2} + \lambda^2 \text{curl}^2 \boldsymbol{P} + \varepsilon \frac{\partial \boldsymbol{P}}{\partial t} - \epsilon_1 \Delta \boldsymbol{P} = \nu(\boldsymbol{E} - 2\boldsymbol{P}\Phi'(|\boldsymbol{P}|^2)). \tag{6.12}$$

在本章中，我们首先研究了二维周期初值问题的带黏性项的方程组 (6.1) ∼ (6.3) 和 (6.12). 再令 $\epsilon_1 \to 0$, 我们得到方程 (6.4) 弱解的存在性. 结合先验估计, 我们可以得到方程组 (6.4) 的整体光滑解的存在性. 假设 $\Phi : R^+ \to R$ 是 $C^m (\forall m \in Z_+)$ 凸函数，

$$|\Phi^{(m)}(r)| \leqslant c_0, \tag{6.13}$$

$$r\Phi^{(m)}(r) \leqslant c_1, \tag{6.14}$$

其中, $r > 0$. 我们还假设函数 $\Phi(r^2)$ 在某个点 $r_0^2$ 具有唯一的最小值. 这些假设保证了对所有的 $r \geqslant 0$, $r\Phi^{(m)}(r^2) \leqslant c_2$ 均成立，其中 $c_2 = c_0 + 2c_1$. 因此，我们有

$$|x\Phi^{(m)}(|x|^2) - y\Phi^{(m)}(|y|^2)| \leqslant c_2|x - y| \text{ 对所有 } x, y \in \mathbb{R}^d \text{ 成立}, d = 2, 3. \tag{6.15}$$

更多关于 $\Phi$ 的均衡关系可以在 Landau 和 Lifshitz[20] 第 84∼91 页中找到.

这里我们假设 $C$ 是一个常数且在不同的位置可取不同的值.

假设 $L^p(\Omega)(1 \leqslant p \leqslant \infty)$ 为经典 Lebesgue 空间, 其范数为

$$\|f\|_p = \left( \int |f|^p \mathrm{d}x \right)^{\frac{1}{p}} \ (1 \leqslant p < \infty),$$

$$\|f\|_\infty = \text{ess.sup.}\{|f(x)| : x \in \Omega\} \ (p = \infty).$$

通常的 $L^2$ 内积为 $u, v = \int u\bar{v}\mathrm{d}x$, 其中 $\bar{v}$ 表示复函数 $v$ 的共轭, $L^2$ 范数为 $\|u\|_2 = \sqrt{(u, u)}$.

为简单起见, 我们记 $\|\cdot\|_{L^p(\Omega)} = \|\cdot\|_p, p \geqslant 2$.

定义 $H^m(\Omega), m = 1, 2, \cdots$ 为复值函数的 Sobolev 空间, 其范数为

$$\|u\|_{H^m} = \left( \int \sum_{|\alpha| \leqslant m} |D^\alpha u|^2 \mathrm{d}x \right)^{\frac{1}{2}}.$$

**定义 6.1** 二维周期向量函数 $(\boldsymbol{z}(x,t), \boldsymbol{E}(x,t), \boldsymbol{H}(x,t), \boldsymbol{P}(x,t)) \in L^\infty([0,t]; H^1(\Omega))$, $L^\infty([0,t]; L^2(\Omega))$, $L^\infty([0,t]; L^2(\Omega))$, $W^{1,\infty}([0,t]; L^2(\Omega)) \cap L^\infty([0,t]; H^1(\Omega))$ 为问题 (6.4) 和 (6.5) 的弱解. 如果对任意二维周期向量值试验函数 $\Psi(x,t) \in C^1(Q_T)$, 使得 $\Psi(x,T) = 0$, 下列等式成立

$$\int_{Q_T} \boldsymbol{z}\Psi_t \mathrm{d}x\mathrm{d}t + \int_{Q_T} \nabla\boldsymbol{z} \cdot \nabla\Psi \mathrm{d}x\mathrm{d}t +$$
$$\int_{Q_T} (\boldsymbol{z} \times \nabla\boldsymbol{z}) \cdot \nabla\Psi \mathrm{d}x\mathrm{d}t -$$
$$\int_{Q_T} (\boldsymbol{z} \times \boldsymbol{H})\Psi \mathrm{d}x\mathrm{d}t - \kappa \int_{Q_T} (1 + \mu_1|\boldsymbol{z}|^2)\boldsymbol{z}\Psi \mathrm{d}x\mathrm{d}t +$$
$$\int \boldsymbol{z}_0 \Psi(x,0) \mathrm{d}x = 0, \tag{6.16}$$

$$\int_{Q_T} (\boldsymbol{E} + \boldsymbol{P})\Psi_t e^{\sigma t} \mathrm{d}x\mathrm{d}t + \sigma \int_{Q_T} e^{\sigma t}\boldsymbol{P}\Psi \mathrm{d}x\mathrm{d}t +$$
$$\int_{Q_T} e^{\sigma t}(\nabla \times \Psi) \cdot \boldsymbol{H} \mathrm{d}x\mathrm{d}t +$$
$$\int (\boldsymbol{E}_0 + \boldsymbol{P}_0)\Psi(x,0) \mathrm{d}x = 0, \tag{6.17}$$

$$\int_{Q_T} (\boldsymbol{H} + \beta\boldsymbol{z})\Psi_t \mathrm{d}x\mathrm{d}t - \int_{Q_T} (\nabla \times \Psi) \cdot \boldsymbol{E} \mathrm{d}x\mathrm{d}t +$$
$$\int (\boldsymbol{Q}_0 + \beta\boldsymbol{\mu}_0)\Psi(x,0) \mathrm{d}x = 0, \tag{6.18}$$

$$\int_{Q_T} \boldsymbol{P}_t \Psi_t \mathrm{d}x\mathrm{d}t - \lambda^2 \int_{Q_T} (\nabla \times \boldsymbol{P}) \cdot (\nabla \times \Psi) \mathrm{d}x\mathrm{d}t -$$
$$\mu \int_{Q_T} \boldsymbol{P}_t \Psi \mathrm{d}x\mathrm{d}t + \nu \int_{Q_T} \boldsymbol{E}\Psi \mathrm{d}x\mathrm{d}t - 2\nu \int_{Q_T} \Phi'(|\boldsymbol{P}|^2)\boldsymbol{P}\Psi \mathrm{d}x\mathrm{d}t +$$
$$\int \boldsymbol{P}_{t0} \Psi(x,0) \mathrm{d}x = 0. \tag{6.19}$$

本章的主要结果如下:

**定理 6.1** 假设二维周期初值函数 $(\boldsymbol{\mu}_0(x), \boldsymbol{Q}_0(x), \boldsymbol{E}_0(x), \boldsymbol{P}_0(x), \boldsymbol{P}_{t0}(x)) \in (H^1(\Omega), L^2(\Omega), L^2(\Omega), H^1(\Omega), L^2(\Omega))$, $\Omega \subseteq \mathbb{R}^d, d = 2, 3$, 则周期初值问题 (6.1) $\sim$ (6.3) 和

(6.12) 边界条件为 (6.5) 存在至少一个整体弱解 $(\boldsymbol{z}^\epsilon(x,t), \boldsymbol{M}^\epsilon(x,t), \boldsymbol{E}^\epsilon(x,t),$ $\boldsymbol{P}^\epsilon(x,t), \boldsymbol{P}_t^\epsilon(x,t))$，使得

$$\boldsymbol{z}^\epsilon(x,t) \in L^\infty([0,T]; H^1(\Omega)) \cap C^{(0,\frac{1}{3})}([0,T]; L^2(\Omega)), \tag{6.20}$$

$$\boldsymbol{M}^\epsilon(x,t) \in L^\infty([0,T]; L^2(\Omega)) \cap C([0,T]; H^{-1}(\Omega)), \tag{6.21}$$

$$\boldsymbol{E}^\epsilon(x,t) \in L^\infty([0,T]; L^2(\Omega)) \cap C([0,T]; H^{-1}(\Omega)), \tag{6.22}$$

$$\boldsymbol{P}^\epsilon(x,t) \in L^\infty([0,T]; H^1(\Omega)) \cap C([0,T]; H^{-1}(\Omega)), \tag{6.23}$$

$$\boldsymbol{P}_t^\epsilon(x,t) \in L^\infty([0,T]; L^2(\Omega)) \cap C([0,T]; H^{-1}(\Omega)). \tag{6.24}$$

**定理 6.2** 假设周期函数 $(\boldsymbol{\mu}_0(x), \boldsymbol{M}_0(x), \boldsymbol{E}_0(x), \boldsymbol{P}_0(x), \boldsymbol{P}_{t0}(x)) \in (H^1(\Omega), L^2(\Omega),$ $L^2(\Omega), H^1(\Omega), L^2(\Omega))$ 且满足 $(\operatorname{div} \boldsymbol{M}_0, \operatorname{div} \boldsymbol{E}_0, \operatorname{div} \boldsymbol{P}_0, \operatorname{div} \boldsymbol{P}_{t0}) \in L^2(\Omega), \Omega \subseteq \mathbb{R}^d,$ $d = 2,3$，常数 $k, \mu_1, \sigma, \beta, \lambda, \epsilon, \nu$ 为正数，$\beta > 1$，且当 $d = 3$ 时，还需满足 $\|\mu\|_\infty \leqslant$ $\|\mu_0\|_{H^2} \ll 1$，则周期初值问题 (6.1)～(6.5) 存在至少一个整体解 $(\boldsymbol{Z}(x,t), \boldsymbol{M}(x,t),$ $\boldsymbol{E}(x,t), \boldsymbol{P}(x,t), \boldsymbol{P}_t(x,t))$，满足

$$\boldsymbol{Z}(x,t) \in L^\infty([0,T]; H^1(\Omega)) \cap C^{(0,\frac{1}{3})}([0,T]; L^2(\Omega)) \cap L^2([0,T]; H^2(\Omega)),$$

$$\boldsymbol{M}(x,t) \in L^\infty([0,T]; L^2(\Omega)) \cap C([0,T]; H^{-1}(\Omega)),$$

$$\boldsymbol{E}(x,t) \in L^\infty([0,T]; L^2(\Omega)) \cap C([0,T]; H^{-1}(\Omega)),$$

$$\boldsymbol{P}(x,t) \in L^\infty([0,T]; H^1(\Omega)) \cap C([0,T]; H^{-1}(\Omega)),$$

$$\boldsymbol{P}_t(x,t) \in L^\infty([0,T]; L^2(\Omega)) \cap C([0,T]; H^{-1}(\Omega)).$$

**定理 6.3** 假设 $(\boldsymbol{Z}_0(x), \boldsymbol{M}_0(x), \boldsymbol{E}_0(x), \boldsymbol{P}_0(x), \boldsymbol{P}_1(x)) \in (H^m(\Omega), H^{m-1}(\Omega), H^{m-1}(\Omega),$ $H^m(\Omega), H^{m-1}(\Omega)), m \geqslant 2, \Omega \subseteq \mathbb{R}^d, d = 2,3.$ 常数 $k, \mu_1, \beta, \lambda, \sigma, \mu, \nu$ 为正数，$\beta > 1$，且当 $d = 3$ 时还需满足 $\|\boldsymbol{Z}\|_\infty \leqslant \|\boldsymbol{Z}_0\|_{H^2} \ll 1$，则存在常数 $T_0 > 0$，使得问

题 $(6.1) \sim (6.5)$ 的局部光滑解, 满足

$$(\boldsymbol{Z}(x,t), \boldsymbol{P}(x,t)) \in L^\infty([0,T_0]; H^m(\Omega))^2, \tag{6.25}$$

$$(\boldsymbol{M}(x,t), \boldsymbol{E}(x,t), \boldsymbol{P}_t(x,t)) \in L^\infty([0,T_0]; H^{m-1}(\Omega))^3. \tag{6.26}$$

因为方程组 $(6.1) \sim (6.4)$ 解的先验估计与周期 $D$ 无关, 当 $D \to \infty$ 时, 我们可得到其整体光滑解. 定理 6.4 得到的是方程组 $(6.1) \sim (6.4)$ 周期初值问题的整体光滑解. 定理 6.5 得到的是方程组 $(6.1) \sim (6.4)$ 柯西问题整体光滑解的存在性.

**定理 6.4** 假设 $(\boldsymbol{Z}_0(x), \boldsymbol{M}_0(x), \boldsymbol{E}_0(x), \boldsymbol{P}_0(x), \boldsymbol{P}_{t0}(x)) \in (H^m(\Omega), H^{m-1}(\Omega), H^{m-1}(\Omega), H^m(\Omega), H^{m-1}(\Omega)), m \geqslant 2, \Omega \subseteq \mathbb{R}^d, d = 2,3.$ 常数 $k, \mu_1, \sigma, \beta, \lambda, \mu, \nu$ 是正数, $\beta > 1$, 且当 $d = 3$ 时还需满足 $\|\boldsymbol{Z}\|_\infty \leqslant \|\boldsymbol{Z}_0\|_{H^2} \ll 1$, 则问题 $(6.1) \sim (6.5)$ 存在唯一的整体光滑解, 满足

$$\boldsymbol{Z}(\cdot, t) \in L^\infty([0,T]; H^m(\Omega)) \cap L^2([0,T]; H^{m+1}(\Omega)),$$

$$\boldsymbol{M}(\cdot, t), \boldsymbol{E}(\cdot, t) \in L^\infty([0,T]; H^{m-1}(\Omega))^2,$$

$$\boldsymbol{P}(\cdot, t) \in L^\infty([0,T]; H^m(\Omega)).$$

**定理 6.5** 假设 $(\boldsymbol{Z}_0(x), \boldsymbol{M}_0(x), \boldsymbol{E}_0(x), \boldsymbol{P}_0(x), \boldsymbol{P}_{t0}(x)) \in (H^m(\mathbb{R}^d), H^{m-1}(\mathbb{R}^d), H^{m-1}(\mathbb{R}^d), H^m(\mathbb{R}^d), H^{m-1}(\mathbb{R}^d)), m \geqslant 2, d = 2,3.$ 常数 $k, \mu_1, \sigma, \beta, \lambda, \mu, \nu$ 是正数, $\beta > 1$, 且当 $d = 3$ 时还需满足 $\|\boldsymbol{Z}\|_\infty \leqslant \|\boldsymbol{Z}_0\|_{H^2} \ll 1$, 则问题 $(6.1) \sim (6.4)$ 和 $(6.6)$ 存在唯一的整体光滑解, 满足

$$\boldsymbol{Z}(\cdot, t) \in L^\infty([0,T]; H^m(\mathbb{R}^d)) \cap L^2([0,T]; H^{m+1}(\mathbb{R}^d)),$$

$$\boldsymbol{M}(\cdot, t), \boldsymbol{E}(\cdot, t) \in L^\infty([0,T]; H^{m-1}(\mathbb{R}^d))^2,$$

$$\boldsymbol{P}(\cdot, t) \in L^\infty([0,T]; H^m(\mathbb{R}^d)).$$

## 6.2　带黏性的极化 Landau-Lifshitz-Bloch-Maxwell 方程的近似解

定义空间 $H_p(\mathsf{curl}, \Omega)$ 为

$$H_p(\mathsf{curl}, \Omega) = \{\boldsymbol{V} \in L^2(\Omega); \boldsymbol{V} \text{ 是二维周期函数且 } \mathsf{curl}\,\boldsymbol{V} \in L^2(\Omega)\},$$

其范数为

$$\|\boldsymbol{V}\|_{H_p(\mathsf{curl},\Omega)} = (\|\boldsymbol{V}\|^2_{L^2(\Omega)} + \|\mathsf{curl}\boldsymbol{V}\|^2_{L^2(\Omega)})^{\frac{1}{2}}.$$

空间 $H_p(\mathsf{div}, \Omega)$ 定义为

$$H_p(\mathsf{div}, \Omega) = \{\boldsymbol{V} \in L^2(\Omega); \boldsymbol{V} \text{ 是二维周期函数且 } \mathsf{div}\,\boldsymbol{V} \in L^2(\Omega)\},$$

其范数为

$$\|\boldsymbol{V}\|_{H_p(\mathsf{div},\Omega)} = (\|\boldsymbol{V}\|^2_{L^2(\Omega)} + \|\mathsf{div}\,\boldsymbol{V}\|^2_{L^2(\Omega)})^{\frac{1}{2}}.$$

最后我们假设

$$X_p(\Omega) = H_p(\mathsf{curl}, \Omega) \cap H_p(\mathsf{div}, \Omega),$$

其范数为

$$\|\boldsymbol{V}\|_{X_p(\Omega)} = (\|\boldsymbol{V}\|^2_{L^2(\Omega)} + \|\mathsf{curl}\,\boldsymbol{V}\|^2_{L^2(\Omega)} + \|\mathsf{div}\,\boldsymbol{V}\|^2_{L^2(\Omega)})^{\frac{1}{2}}.$$

**引理 6.1** (Gagliardo-Nirenberg 不等式) 假设 $u \in L^q(\Omega), D^m u \in L^r(\Omega), \Omega \subseteq R^n$, $1 \leqslant q, r \leqslant \infty, 0 \leqslant j \leqslant m$. 若 $p$ 和 $\alpha$ 满足

$$\frac{1}{p} = \frac{j}{n} + \alpha\left(\frac{1}{r} - \frac{m}{n}\right) + (1-\alpha)\frac{1}{q}; \quad \frac{j}{m} \leqslant \alpha \leqslant 1,$$

则

$$\|D^j u\|_p \leqslant C(p,m,j,q,r)\|D^m u\|_r^\alpha \|u\|_q^{1-\alpha}, \tag{6.27}$$

其中，$C(p,m,j,q,r)$ 是一个正常数.

**引理 6.2**(Gronwall 不等式) 假设 $c$ 为常数，且 $b(t),u(t)$ 为在区间 $[0,T]$ 的非负连续函数，满足

$$u(t) \leqslant c + \int_0^t b(\tau)u(\tau)\mathrm{d}\tau, \ t \in [0,T],$$

则 $u(t)$ 满足估计

$$u(t) \leqslant c\exp\left(\int_0^t b(\tau)\mathrm{d}\tau\right), \text{对于} \ t \in [0,T]. \tag{6.28}$$

**引理 6.3** 假设 $X \subset E \subset Y$ 为 Banach 空间且 $X \hookrightarrow\hookrightarrow E$，则下面的嵌入定理是紧性的，若 $1 \leqslant q \leqslant \infty$，或者 $1 \leqslant r \leqslant \infty$，则

$$(1) \qquad L^q(0,T;X) \cap \left\{\varphi : \frac{\partial\varphi}{\partial t} \in L^1(0,T;Y)\right\} \hookrightarrow\hookrightarrow L^q(0,T;E); \tag{6.29}$$

$$(2) \qquad L^\infty(0,T;X) \cap \left\{\varphi : \frac{\partial\varphi}{\partial t} \in L^r(0,T;Y)\right\} \hookrightarrow\hookrightarrow C(0,T;E). \tag{6.30}$$

## 6.3 近似解的先验估计

在这一小节中，我们将得到常微分方程组 $(6.31) \sim (6.39)$ 至少存在一个连续可微的整体解.

假设 $w_n(x)(n=1,2,3,\cdots)$ 是单位特征函数且满足方程 $-\Delta w_n = \lambda_n w_n$，周期性 $w_n(x - De_i) = w_n(x + De_i)$ 和 $\lambda_n(n=1,2,3,\cdots)$ 表示不同的特征值，记问题的近似解为

$$\boldsymbol{Z}_N^\epsilon(x,t) = \sum_{s=1}^N \alpha_{sN}^\epsilon(t)w_s(x),$$

$$\boldsymbol{H}_N^\epsilon(x,t) = \sum_{s=1}^N \beta_{sN}^\epsilon(t) w_s(x),$$

$$\boldsymbol{E}_N^\epsilon(x,t) = \sum_{s=1}^N \gamma_{sN}^\epsilon(t) w_s(x),$$

$$\boldsymbol{P}_N^\epsilon(x,t) = \sum_{s=1}^N \delta_{sN}^\epsilon(t) w_s(x),$$

其中，$\alpha_{sN}^\epsilon(t), \beta_{sN}^\varepsilon(t), \gamma_{sN}^\epsilon(t), \delta_{sN}^\epsilon(t)(t \in \mathbb{R}^+; s = 1, 2, \cdots, N; N = 1, 2, \cdots)$ 为向量值函数且满足如下常微分方程组

$$\int \boldsymbol{Z}_{Nt}^\epsilon w_s(x)\mathrm{d}x = \int \Delta \boldsymbol{Z}_N^\epsilon w_s(x)\mathrm{d}x + \int \boldsymbol{Z}_N^\epsilon \times (\Delta \boldsymbol{Z}_N^\epsilon + \boldsymbol{H}_N^\epsilon) w_s(x)\mathrm{d}x -$$
$$\kappa \int (1 + \mu_1|\boldsymbol{Z}_N^\epsilon|^2)\boldsymbol{Z}_N^\epsilon w_s(x)\mathrm{d}x, \tag{6.31}$$

$$\int (\boldsymbol{M}_{Nt}^\epsilon + \beta \boldsymbol{Z}_{Nt}^\epsilon) w_s(x)\mathrm{d}x = -\int (\nabla \times \boldsymbol{E}_N^\epsilon) w_s(x)\mathrm{d}x, \tag{6.32}$$

$$\int (\boldsymbol{E}_{Nt}^\epsilon + \boldsymbol{P}_{Nt}^\epsilon) w_s(x)\mathrm{d}x + \sigma \int (\boldsymbol{E}_N^\epsilon + \boldsymbol{P}_N^\epsilon) w_s(x)\mathrm{d}x$$
$$= \int (\nabla \times \boldsymbol{M}_N^\epsilon) w_s(x)\mathrm{d}x + \sigma \int \boldsymbol{P}_N^\epsilon w_s(x)\mathrm{d}x, \tag{6.33}$$

$$\int \boldsymbol{P}_{Nt}^\epsilon w_s(x)\mathrm{d}x + \lambda^2 \int \mathsf{curl}^2 \boldsymbol{P}_N^\epsilon w_s(x)\mathrm{d}x + \mu \int \boldsymbol{P}_{Nt}^\epsilon w_s(x)\mathrm{d}x - \epsilon \int \Delta \boldsymbol{P}_N^\epsilon w_s(x)\mathrm{d}x$$
$$= \nu \int \boldsymbol{E}_N^\epsilon w_s(x)\mathrm{d}x - 2\nu \int \boldsymbol{P}_N^\epsilon \Phi'(|\boldsymbol{P}_N^\epsilon|^2) w_s(x)\mathrm{d}x. \tag{6.34}$$

初始条件为

$$\int \boldsymbol{Z}_N^\epsilon(x,0) w_s(x)\mathrm{d}x = \int \boldsymbol{Z}_0(x) w_s(x)\mathrm{d}x, \tag{6.35}$$

$$\int \boldsymbol{M}_N^\epsilon(x,0) w_s(x)\mathrm{d}x = \int \boldsymbol{M}_0(x) w_s(x)\mathrm{d}x, \tag{6.36}$$

$$\int \boldsymbol{E}_N^\epsilon(x,0) w_s(x)\mathrm{d}x = \int \boldsymbol{E}_0(x) w_s(x)\mathrm{d}x, \tag{6.37}$$

$$\int \boldsymbol{P}_N^\epsilon(x,0) w_s(x)\mathrm{d}x = \int \boldsymbol{P}_0(x) w_s(x)\mathrm{d}x, \tag{6.38}$$

$$\int \boldsymbol{P}_{Nt}^\epsilon(x,0) w_s(x)\mathrm{d}x = \int \boldsymbol{P}_{t0}(x) w_s(x)\mathrm{d}x. \tag{6.39}$$

根据标准的非线性常微分方程理论可得出问题 (6.31) ∼ (6.39) 存在唯一的局部解. 下面我们给出先验估计, 结合这些先验估计可得 $N \to \infty$ 时, 问题 (6.31) ∼ (6.39) 的整体解.

**引理 6.4** 假设 $(\boldsymbol{Z}_0(x), \boldsymbol{M}_0(x), \boldsymbol{E}_0(x), \boldsymbol{P}_0(x), \boldsymbol{P}_{t0}(x)) \in (H^1(\Omega), L^2(\Omega), L^2(\Omega), H^1(\Omega), L^2(\Omega)), \Omega \subseteq \mathbb{R}^d, d = 2, 3$, 则初值问题 (6.31) ∼ (6.39) 的解有下列先验估计:

$$\sup_{0 \leqslant t \leqslant T} (\|\boldsymbol{Z}_N^\epsilon(\cdot, t)\|_{H^1(\Omega)}^2 + \|\boldsymbol{E}_N^\epsilon(\cdot, t)\|_2^2 + \|\boldsymbol{H}_N^\epsilon(\cdot, t)\|_2^2 + \|\boldsymbol{P}_N^\epsilon(\cdot, t)\|_2^2 +$$

$$\|\nabla \times \boldsymbol{P}_N^\epsilon(\cdot, t)\|_2^2 + \|\nabla \boldsymbol{P}_N^\epsilon(\cdot, t)\|_2^2 + \|\boldsymbol{P}_{Nt}^\epsilon(\cdot, t)\|_2^2) \leqslant C_1, \quad (6.40)$$

$$\sup_{0 \leqslant t \leqslant T} \|\boldsymbol{Z}_N^\epsilon(\cdot, t)\|_6^2 \leqslant C_2, \quad (6.41)$$

其中, 常数 $C_1$ 和 $C_2$ 不依赖于 $N, D$ 及 $\epsilon$.

**证明.** 步骤 1. 方程 (6.31) 两边同时乘以 $\alpha_{sN}^\varepsilon(t)$, 并关于 $s = 1, 2, \cdots, N$ 取和,

$$\frac{\mathrm{d}}{\mathrm{d}t} \|\boldsymbol{Z}_N^\epsilon(\cdot, t)\|_2^2 + \|\nabla \boldsymbol{Z}_N^\epsilon(\cdot, t)\|_2^2 + k \int (1 + \mu_1 |\boldsymbol{Z}_N^\epsilon(\cdot, t)|_2^2) |\boldsymbol{Z}_N^\epsilon(\cdot, t)|^2 \mathrm{d}x = 0.$$

因为 $k > 0, \mu_1 > 0$, 故

$$\frac{\mathrm{d}}{\mathrm{d}t} \|\boldsymbol{Z}_N^\epsilon(\cdot, t)\|_2^2 \leqslant 0.$$

则有

$$\|\boldsymbol{Z}_N^\epsilon(\cdot, t)\|_2^2 \leqslant C\|\boldsymbol{Z}_N^\epsilon(\cdot, 0)\|_2^2 \leqslant C\|\boldsymbol{Z}_0(x)\|_2^2, \forall t > 0, \quad (6.42)$$

其中, $C$ 为常数且不依赖于 $N, D$ 和 $\epsilon$.

步骤 2. 方程 (6.31) 两边与 $(-\lambda_s \alpha_{sN}(t) + \beta_{sN}^\epsilon(t))$ 做内积, 并对所得的结果关

于 $s = 1, 2, \cdots, N$ 取和，然后再分部积分，可得

$$\frac{1}{2}\frac{\mathrm{d}}{\mathrm{d}t}\int |\nabla \boldsymbol{Z}_N^\epsilon(\cdot, t)|^2 \mathrm{d}x + \int |\Delta \boldsymbol{Z}_N^\epsilon(\cdot, t)|^2 \mathrm{d}x + I_0 - \int \boldsymbol{Z}_{Nt}^\epsilon(\cdot, t)\boldsymbol{H}_N^\epsilon(\cdot, t)\mathrm{d}x = 0,$$

(6.43)

其中

$$I_0 := \int \Delta \boldsymbol{Z}_N^\epsilon(\cdot, t)\boldsymbol{H}_N^\epsilon(\cdot, t)\mathrm{d}x - $$

$$k\int (1 + \mu_1|\boldsymbol{Z}_N^\epsilon(\cdot, t)|^2)\boldsymbol{Z}_N^\epsilon(\cdot, t)(\Delta \boldsymbol{Z}_N^\epsilon(\cdot, t) + \boldsymbol{H}_N^\epsilon(\cdot, t))\mathrm{d}x.$$

方程 (6.32) 两边同时乘以 $\beta_{sN}^\epsilon(t)$，方程 (6.33) 两边同时乘以 $\gamma_{sN}^\epsilon(t)$，取和并分部积分，可得

$$\frac{1}{2}\frac{\mathrm{d}}{\mathrm{d}t}\int (|\boldsymbol{M}_N^\epsilon(\cdot, t)|^2 + |\boldsymbol{E}_N^\epsilon(\cdot, t)|^2)\mathrm{d}x + \sigma\int |\boldsymbol{E}_N^\epsilon(\cdot, t)|^2 \mathrm{d}x + $$

$$\int \boldsymbol{P}_{Nt}^\epsilon(\cdot, t)\boldsymbol{E}_N^\epsilon(\cdot, t)\mathrm{d}x + \beta\int \boldsymbol{Z}_{Nt}^\epsilon(\cdot, t)\boldsymbol{M}_N^\epsilon(\cdot, t)\mathrm{d}x = 0.$$

(6.44)

方程 (6.33) 两边同时乘以 $(\gamma_{sN}^\epsilon(t) + \delta_{sN}^\epsilon(t))$，取和并分部积分，可得

$$\frac{1}{2}\frac{\mathrm{d}}{\mathrm{d}t}\int |\boldsymbol{E}_N^\epsilon(\cdot, t) + \boldsymbol{P}_N^\epsilon(\cdot, t)|^2 \mathrm{d}x + \sigma\int |\boldsymbol{E}_N^\epsilon(\cdot, t) + \boldsymbol{P}_N^\epsilon(\cdot, t)|^2 \mathrm{d}x$$

$$= \sigma\int \boldsymbol{P}_N^\epsilon(\cdot, t)(\boldsymbol{E}_N^\epsilon(\cdot, t) + \boldsymbol{P}_N^\epsilon(\cdot, t))\mathrm{d}x + \int (\nabla \times \boldsymbol{M}_N^\epsilon(\cdot, t))(\boldsymbol{E}_N^\epsilon(\cdot, t) + \boldsymbol{P}_N^\epsilon(\cdot, t))\mathrm{d}x.$$

(6.45)

方程 (6.45) 两边同时乘以 $\delta_0$，并与方程 (6.44) 相加，可得

$$\frac{1}{2}\frac{\mathrm{d}}{\mathrm{d}t}\int (\delta_0|\boldsymbol{E}_N^\epsilon(\cdot, t)|^2 + \delta_0|\boldsymbol{E}_N^\epsilon(\cdot, t) + \boldsymbol{P}_N^\epsilon(\cdot, t)|^2 + 2\delta_0|\boldsymbol{M}_N^\epsilon(\cdot, t)|^2)\mathrm{d}x + \quad (6.46)$$

$$2\beta\delta_0\int \boldsymbol{Z}_{Nt}^\epsilon(\cdot, t)\boldsymbol{M}_N^\epsilon(\cdot, t)\mathrm{d}x + I_1$$

$$= \sigma\delta_0\int \boldsymbol{P}_N^\epsilon(\cdot, t)\cdot(\boldsymbol{E}_N^\epsilon(\cdot, t) + \boldsymbol{P}_N^\epsilon(\cdot, t))\mathrm{d}x + \delta_0\int (\nabla \times \boldsymbol{M}_N^\epsilon(\cdot, t))\cdot \boldsymbol{P}_N^\epsilon(\cdot, t)\mathrm{d}x.$$

(6.47)

我们记

$$I_1 := \sigma\delta_0 \int |\boldsymbol{E}_N^\epsilon(\cdot,t) + \boldsymbol{P}_N^\epsilon(\cdot,t)|^2 \mathrm{d}x + \sigma\delta_0 \int |\boldsymbol{E}_N^\epsilon(\cdot,t)|^2 \mathrm{d}x + \delta_0 \int \boldsymbol{P}_{Nt}^\epsilon(\cdot,t)\boldsymbol{E}_N^\epsilon(\cdot,t)\mathrm{d}x.$$

方程 (6.43) 与方程 (6.46) 相加, 可得

$$\frac{1}{2}\frac{\mathrm{d}}{\mathrm{d}t} \int (|\nabla \boldsymbol{Z}_N^\epsilon(\cdot,t)|^2 \mathrm{d}x + \delta_0|\boldsymbol{E}_N^\epsilon(\cdot,t)|^2 + 2\delta_0|\boldsymbol{M}_N^\epsilon(\cdot,t)|^2 + \delta_0|\boldsymbol{E}_N^\epsilon(\cdot,t) +$$

$$\boldsymbol{P}_N^\epsilon(\cdot,t)|^2)\mathrm{d}x + \int |\Delta \boldsymbol{Z}_N^\epsilon(\cdot,t)|^2 \mathrm{d}x + (2\beta\delta_0 - 1)\int \boldsymbol{Z}_{Nt}^\epsilon(\cdot,t)\boldsymbol{M}_N^\epsilon(\cdot,t)\mathrm{d}x + I_0 + 3\delta_0 I_1$$

$$\leqslant 3\sigma\delta_0 \int \boldsymbol{P}_N^\epsilon(\cdot,t) \cdot (\boldsymbol{E}_N^\epsilon(\cdot,t) + \boldsymbol{P}_N^\epsilon(\cdot,t))\mathrm{d}x + 3\delta_0 \int (\nabla \times \boldsymbol{M}_N^\epsilon(\cdot,t)) \cdot \boldsymbol{P}_N^\epsilon(\cdot,t)\mathrm{d}x.$$

$$\text{(6.48)}$$

为了处理项 $\int \boldsymbol{Z}_{Nt}^\epsilon \boldsymbol{M}_N^\epsilon \mathrm{d}x$, 需要在方程 (6.32) 两边同时乘以 $(2\beta\delta_0 - 1)\alpha_{sN}^\epsilon$ 并对 $s = 1, 2, \cdots, N$ 求和, 可得

$$(2\beta\delta_0 - 1)\int \boldsymbol{M}_{Nt}^\epsilon \cdot \boldsymbol{Z}_N^\epsilon \mathrm{d}x + \frac{\beta(2\beta\delta_0 - 1)}{2}\frac{\mathrm{d}}{\mathrm{d}t} \int |\boldsymbol{Z}_N^\epsilon(\cdot,t)|^2 \mathrm{d}x +$$

$$(2\beta\delta_0 - 1)\int (\nabla \times \boldsymbol{E}_N^\epsilon) \cdot \boldsymbol{Z}_N^\epsilon \mathrm{d}x = 0. \qquad \text{(6.49)}$$

方程 (6.48) 与方程 (6.49) 相加, 可得

$$\frac{1}{2}\frac{\mathrm{d}}{\mathrm{d}t} \int |\nabla \boldsymbol{Z}_N^\epsilon(\cdot,t)|^2 + \delta_0|\boldsymbol{E}_N^\epsilon(\cdot,t) + \boldsymbol{P}_N^\epsilon(\cdot,t)|^2 +$$

$$2\delta_0|\boldsymbol{H}_N^\epsilon(\cdot,t)|^2 + \delta_0|\boldsymbol{E}_N^\epsilon(\cdot,t)|^2\mathrm{d}x +$$

$$(2\beta\delta_0 - 1)\frac{\mathrm{d}}{\mathrm{d}t} \int \boldsymbol{Z}_N^\epsilon \boldsymbol{H}_N^\epsilon \mathrm{d}x + \int |\Delta \boldsymbol{Z}_N^\epsilon|^2 \mathrm{d}x + I_0 + 3\delta_0 I_1$$

$$\leqslant 3\sigma\delta_0 \int \boldsymbol{P}_N^\epsilon \cdot (\boldsymbol{E}_N^\epsilon + \boldsymbol{P}_N^\epsilon)\mathrm{d}x + 3\delta_0 \int (\nabla \times \boldsymbol{H}_N^\epsilon) \cdot \boldsymbol{P}_N^\epsilon \mathrm{d}x -$$

$$(2\beta\delta_0 - 1)\int (\nabla \times \boldsymbol{E}_N^\epsilon) \cdot \boldsymbol{Z}_N^\epsilon \mathrm{d}x -$$

$$\frac{\beta(2\beta\delta_0 - 1)}{2}\frac{\mathrm{d}}{\mathrm{d}t} \int |\boldsymbol{Z}_N^\epsilon(\cdot,t)|^2 \mathrm{d}x, \qquad \text{(6.50)}$$

方程 (6.34) 两边同时乘以 $\delta_{sN}^{\epsilon}(t)'$，对 $s = 1, 2, \cdots, N$ 求和，并分部积分，可得

$$\frac{1}{2}\frac{\mathrm{d}}{\mathrm{d}t}\int |\boldsymbol{P}_{Nt}^{\epsilon}(\cdot, t)|^2 \mathrm{d}x + \frac{\lambda^2}{2}\frac{\mathrm{d}}{\mathrm{d}t}\int |\nabla \times \boldsymbol{P}_N^{\epsilon}(\cdot, t)|^2 \mathrm{d}x +$$

$$\frac{\epsilon}{2}\frac{\mathrm{d}}{\mathrm{d}t}\int |\nabla \boldsymbol{P}_N^{\epsilon}(\cdot, t)|^2 \mathrm{d}x + \mu\int |\boldsymbol{P}_{Nt}^{\epsilon}(\cdot, t)|^2 \mathrm{d}x$$

$$= \nu\int \boldsymbol{E}_N^{\epsilon}\boldsymbol{P}_{Nt}^{\epsilon}\mathrm{d}x - 2\nu\int \Phi'(|\boldsymbol{P}_N^{\epsilon}|^2)\boldsymbol{P}_N^{\epsilon}\boldsymbol{P}_{Nt}^{\epsilon}\mathrm{d}x. \tag{6.51}$$

方程 (6.51) 与方程 (6.50) 相加，可得

$$\frac{1}{2}\frac{\mathrm{d}}{\mathrm{d}t}\int |\nabla Z_N^{\epsilon}(\cdot, t)|^2 + \delta_0 |E_N^{\epsilon}(\cdot, t) + P_N^{\epsilon}(\cdot, t)|^2 +$$

$$2\delta_0 |H_N^{\epsilon}(\cdot, t)|^2 + \delta_0 |E_N^{\epsilon}(\cdot, t)|^2 +$$

$$|P_{Nt}^{\epsilon}(\cdot, t)|^2 + \lambda^2 |\nabla \times P_N^{\epsilon}(\cdot, t)|^2 + \epsilon |\nabla P_N^{\epsilon}(\cdot, t)|^2 \mathrm{d}x +$$

$$(2\beta\delta_0 - 1)\frac{\mathrm{d}}{\mathrm{d}t}\int Z_N^{\epsilon}H_N^{\epsilon}\mathrm{d}x + \frac{\beta(2\beta\delta_0 - 1)}{2}\frac{\mathrm{d}}{\mathrm{d}t}\int |Z_N^{\epsilon}(\cdot, t)|^2 \mathrm{d}x +$$

$$\int |\Delta Z_N^{\epsilon}|^2 \mathrm{d}x + I_0$$

$$\leqslant 3\sigma\delta_0\int P_N^{\epsilon}\cdot(E_N^{\epsilon} + P_N^{\epsilon})\mathrm{d}x - 3\delta_0\int (\nabla \times P_N^{\epsilon})\cdot H_N^{\epsilon}\mathrm{d}x + \nu\int E_N^{\epsilon}P_{Nt}^{\epsilon}\mathrm{d}x -$$

$$2\nu\int \Phi'|P_N^{\epsilon}|^2 P_N^{\epsilon}P_{Nt}^{\epsilon}\mathrm{d}x + (2\beta\delta_0 - 1)\int (\nabla \times Z_N^{\epsilon})\cdot E_N^{\epsilon}\mathrm{d}x -$$

$$\mu\int |P_{Nt}^{\epsilon}|^2 \mathrm{d}x - 3\delta_0 I_1. \tag{6.52}$$

由 Sobolev 嵌入不等式

$$\|\boldsymbol{Z}_N^{\epsilon}\|_6 \leqslant C_3\|\boldsymbol{Z}_N^{\epsilon}\|_{H^{2,2}}^{\frac{1}{3}}\|\boldsymbol{Z}_N^{\epsilon}\|_2^{\frac{2}{3}},$$

我们可得有关 $I_0$ 的估计

$$\left|k\int (1 + \mu_1|\boldsymbol{Z}_N^{\epsilon}|^2)\boldsymbol{Z}_N^{\epsilon}\boldsymbol{H}_N^{\epsilon}\mathrm{d}x\right|$$

$$= \left|k\int \boldsymbol{Z}_N^{\epsilon}\boldsymbol{H}_N^{\epsilon}\mathrm{d}x + k\mu_1\int |\boldsymbol{Z}_N^{\epsilon}|^2\boldsymbol{Z}_N^{\epsilon}\boldsymbol{H}_N^{\epsilon}\mathrm{d}x\right|$$

$$\leqslant \frac{k}{2}(\|\boldsymbol{Z}_N^\epsilon\|_2^2 + \|\boldsymbol{H}_N^\epsilon\|_2^2) + \frac{k\mu_1}{2}(\|\boldsymbol{Z}_N^\epsilon\|_6^6 + \|\boldsymbol{H}_N^\epsilon\|_2^2)$$

$$\leqslant \frac{k}{2}(\|\boldsymbol{Z}_N^\epsilon\|_2^2 + \|\boldsymbol{H}_N^\epsilon\|_2^2) + \frac{k\mu_1}{2}(C\|\Delta\boldsymbol{Z}_N^\epsilon\|_2^2\|\boldsymbol{Z}_N^\epsilon\|_2^4 + \|\boldsymbol{H}_N^\epsilon\|_2^2)$$

$$\leqslant \frac{1}{2}\|\Delta\boldsymbol{Z}_N^\epsilon\|_2^2 + C(\|\boldsymbol{Z}_N^\epsilon\|_2^2 + \|\boldsymbol{Z}_N^\epsilon\|_2^4 + \|\boldsymbol{H}_N^\epsilon\|_2^2)$$

和

$$-k\int(1 + \mu_1|\boldsymbol{Z}_N^\epsilon|^2)\boldsymbol{Z}_N^\epsilon\Delta\boldsymbol{Z}_N^\epsilon\mathrm{d}x$$

$$= k\|\nabla\boldsymbol{Z}_N^\epsilon\|_2^2 + k\mu_1\int|\boldsymbol{Z}_N^\epsilon|^2\nabla\boldsymbol{Z}_N^\epsilon\cdot\nabla\boldsymbol{Z}_N^\epsilon\mathrm{d}x +$$

$$k\mu\int\nabla|\boldsymbol{Z}_N^\epsilon|^2\cdot\nabla|\boldsymbol{Z}_N^\epsilon|^2\mathrm{d}x,$$

$$\int\Delta\boldsymbol{Z}_N^\epsilon\boldsymbol{H}_N^\epsilon\mathrm{d}x \leqslant \frac{1}{4}\|\Delta\boldsymbol{Z}_N^\epsilon\|_2^2 + C_0\|\boldsymbol{H}_N^\epsilon\|_2^2,$$

至此, 我们已经完成了对项 $I_0$ 的估计.

把 $I_1$ 代入不等式 (6.52) 并记

$$I_2 := 3\sigma\delta_0\int\boldsymbol{P}_N^\epsilon\cdot(\boldsymbol{E}_N^\epsilon + \boldsymbol{P}_N^\epsilon)\mathrm{d}x -$$

$$3\sigma\delta_0\int|\boldsymbol{E}_N^\epsilon(\cdot, t) + \boldsymbol{P}_N^\epsilon(\cdot, t)|^2\mathrm{d}x$$

$$\leqslant \frac{9\sigma\delta_0}{2}\|\boldsymbol{E}_N^\epsilon + \boldsymbol{P}_N^\epsilon\|_2^2 + \frac{3\sigma\delta_0}{2}\|\boldsymbol{P}_N^\epsilon\|_2^2,$$

$$I_3 := -3\delta_0\int(\nabla\times\boldsymbol{P}_N^\epsilon)\cdot\boldsymbol{H}_N^\epsilon\mathrm{d}x$$

$$\leqslant \frac{3\delta_0}{2}(\|\nabla\times\boldsymbol{P}_N^\epsilon\|_2^2 + \|\boldsymbol{H}_N^\epsilon\|_2^2),$$

$$I_4 := (\nu - 3\delta_0)\int\boldsymbol{E}_N^\epsilon\cdot\boldsymbol{P}_{Nt}^\epsilon\mathrm{d}x$$

$$\leqslant \frac{|\nu - 3\delta_0|}{2}(\|\boldsymbol{E}_N^\epsilon\|_2^2 + \|\boldsymbol{P}_{Nt}^\epsilon\|_2^2),$$

$$I_5 := (2\beta\delta_0 - 1)\int(\nabla\times\boldsymbol{Z}_N^\epsilon)\cdot\boldsymbol{E}_N^\epsilon\mathrm{d}x$$

$$\leqslant \frac{|2\beta\delta_0 - 1|}{2}(\|\nabla\times\boldsymbol{Z}_N^\epsilon\|_2^2 + \|\boldsymbol{E}_N^\epsilon\|_2^2).$$

应用有关函数 $\varPhi$ 的条件 (6.13)，我们有

$$I_6 := -2\nu \int \varPhi' |\boldsymbol{P}_N^\epsilon|^2 \boldsymbol{P}_N^\epsilon \boldsymbol{P}_{Nt}^\epsilon \mathrm{d}x$$

$$\leqslant \nu c_0 (\|\boldsymbol{P}_N^\epsilon\|_2^2 + \|\boldsymbol{P}_{Nt}^\epsilon\|_2^2),$$

其中 $c_0$ 在不等式 (6.13) 中给出.

因此我们得到

$$I_2 + I_3 + I_4 + I_5 + I_6$$

$$\leqslant \left(\frac{3\sigma\delta_0}{2} + \nu c_0\right) \|\boldsymbol{P}_N^\epsilon\|_2^2 + \left(\frac{|\nu - 3\delta_0|}{2} + \nu c_0\right) \|\boldsymbol{P}_{Nt}^\epsilon\|_2^2 +$$

$$\frac{3\delta_0}{2} \|\boldsymbol{H}_N^\epsilon\|_2^2 + \frac{9\sigma\delta_0}{2} \|\boldsymbol{E}_N^\epsilon + \boldsymbol{P}_N^\epsilon\|_2^2 + \frac{3\delta_0}{2} \|\nabla \times \boldsymbol{P}_N^\epsilon\|_2^2 +$$

$$\frac{|\nu - 3\delta_0|}{2} \|\boldsymbol{E}_N^\epsilon\|_2^2 + \frac{|2\beta\delta_0 - 1|}{2} (\|\nabla \times \boldsymbol{Z}_N^\epsilon\|_2^2 + \|\boldsymbol{E}_N^\epsilon\|_2^2).$$

把以上不等式代入不等式 (6.52)，可得

$$\frac{1}{2}\frac{\mathrm{d}}{\mathrm{d}t} \int (|\nabla \boldsymbol{Z}_N^\epsilon(\cdot, t)|^2 + \delta_0 |\boldsymbol{E}_N^\epsilon(\cdot, t) + \boldsymbol{P}_N^\epsilon(\cdot, t)|^2 + 2\delta_0 |\boldsymbol{H}_N^\epsilon(\cdot, t)|^2 +$$

$$\delta_0 |\boldsymbol{E}_N^\epsilon(\cdot, t)|^2 + |\boldsymbol{P}_{Nt}^\epsilon(\cdot, t)|^2 + \lambda^2 |\nabla \times \boldsymbol{P}_N^\epsilon(\cdot, t)|^2 + \epsilon |\nabla \boldsymbol{P}_N^\epsilon(\cdot, t)|^2)\mathrm{d}x +$$

$$(2\beta\delta_0 - 1)\frac{\mathrm{d}}{\mathrm{d}t} \int \boldsymbol{Z}_N^\epsilon \boldsymbol{H}_N^\epsilon \mathrm{d}x + \frac{\beta(2\beta\delta_0 - 1)}{2} \frac{\mathrm{d}}{\mathrm{d}t} \int |\boldsymbol{Z}_N^\epsilon(\cdot, t)|^2 \mathrm{d}x +$$

$$\|\Delta \boldsymbol{Z}_N^\epsilon\|_2^2 + k\|\nabla \boldsymbol{Z}_N^\epsilon\|_2^2 + k\mu_1 \int |\boldsymbol{Z}_N^\epsilon|^2 |\nabla \boldsymbol{Z}_N^\epsilon|^2 \mathrm{d}x + k\mu_1 \int |\nabla|\boldsymbol{Z}_N^\epsilon|^2|^2 \mathrm{d}x$$

$$\leqslant \frac{3}{4} \|\Delta \boldsymbol{Z}_N^\epsilon\|_2^2 + C'(\|\nabla \boldsymbol{Z}_N^\epsilon\|_2^2 + \|\boldsymbol{Z}_N^\epsilon\|_2^2 + \|\boldsymbol{Z}_N^\epsilon\|_2^4 + \|\boldsymbol{H}_N^\epsilon\|_2^2) + C_0 \|\boldsymbol{H}_N^\epsilon\|_2^2 +$$

$$(\nu c_0 + \frac{3\sigma\delta_0}{2})\|\boldsymbol{P}_N^\epsilon\|_2^2 + \frac{9\sigma\delta_0}{2} \|\boldsymbol{E}_N^\epsilon + \boldsymbol{P}_N^\epsilon\|_2^2 + \frac{3\delta_0}{2} \|\nabla \times \boldsymbol{P}_N^\epsilon\|_2^2 +$$

$$\frac{3\delta_0}{2} \|\boldsymbol{H}_N^\epsilon\|_2^2 + \left(\mu + \frac{|\nu - 3\delta_0|}{2} + \nu c_0\right) \|P_{Nt}^\epsilon\|_2^2 +$$

$$\frac{|2\beta\delta_0 - 1|}{2} \|\nabla \times \boldsymbol{Z}_N^\epsilon\|_2^2 + \left(\frac{|\nu - 3\delta_0|}{2} + 3\sigma\delta_0 + \frac{|2\beta\delta_0 - 1|}{2}\right) \|\boldsymbol{E}_N^\epsilon\|_2^2. \qquad (6.53)$$

对不等式 (6.53) 有关变量 $t$ 求积分，可得

$$\frac{1}{2}[\|\nabla \boldsymbol{Z}_N^\epsilon(\cdot, t)\|^2 + \delta_0\|\boldsymbol{E}_N^\epsilon(\cdot, t) + \boldsymbol{P}_N^\epsilon(\cdot, t)\|^2 +$$

$$(\delta_0 - |1 - 2\beta\delta_0|)\|\boldsymbol{M}_N^\epsilon(\cdot, t)\|^2 + \delta_0\|\boldsymbol{E}_N^\epsilon(\cdot, t)\|^2 +$$

$$\|\boldsymbol{P}_{Nt}^\epsilon(\cdot, t)\|^2 + \lambda^2\|\nabla \times \boldsymbol{P}_N^\epsilon(\cdot, t)\|^2 + \epsilon\|\nabla \boldsymbol{P}_N^\epsilon(\cdot, t)\|^2] +$$

$$\left(\frac{\beta|2\beta\delta_0 - 1|}{2} - \frac{|1 - 2\beta\delta_0|}{2}\right)\|\boldsymbol{Z}_N^\epsilon\|_2^2 + \int_0^t \|\Delta \boldsymbol{Z}_N^\epsilon\|_2^2 \mathrm{d}t +$$

$$k\mu_1 \int_0^t \int |\boldsymbol{Z}_N^\epsilon|^2|\nabla \boldsymbol{Z}_N^\epsilon|^2 \mathrm{d}x\mathrm{d}t + k\mu_1 \int_0^t \int |\nabla|\boldsymbol{Z}_N^\epsilon|^2|^2 \mathrm{d}x\mathrm{d}t$$

$$\leqslant \frac{3}{4}\int_0^t \|\Delta \boldsymbol{Z}_N^\epsilon\|_2^2 \mathrm{d}t + C'\int_0^t (\|\nabla \boldsymbol{Z}_N^\epsilon\|_2^2 + \|\boldsymbol{Z}_N^\epsilon\|_2^4 + \|\boldsymbol{M}_N^\epsilon\|_2^2)\mathrm{d}t +$$

$$\int_0^t (\nu c_0 + \frac{3\sigma\delta_0}{2})\|\boldsymbol{P}_N^\epsilon\|_2^2 \mathrm{d}t + \frac{9\sigma\delta_0}{2}\int_0^t \|\boldsymbol{E}_N^\epsilon + \boldsymbol{P}_N^\epsilon\|_2^2 \mathrm{d}t +$$

$$\frac{3\delta_0}{2}\int_0^t \|\nabla \times \boldsymbol{P}_N^\epsilon\|_2^2 \mathrm{d}t + \left(\mu + \frac{|\nu - 3\delta_0|}{2} + \nu c_0\right)\int_0^t \|\boldsymbol{P}_{Nt}^\epsilon\|_2^2 \mathrm{d}t +$$

$$\left(\frac{|\nu - 3\delta_0|}{2} + 3\sigma\delta_0\right)\int_0^t \|\boldsymbol{E}_N^\epsilon\|_2^2 \mathrm{d}t +$$

$$\frac{|2\beta\delta_0 - 1|}{2}\int_0^t (\|\nabla \times \boldsymbol{Z}_N^\epsilon\|_2^2 + \|\boldsymbol{E}_N^\epsilon\|_2^2)\mathrm{d}t + C_0.$$

在上面不等式中，为了使 $\|\boldsymbol{H}_N^\epsilon(\cdot, t)\|^2$ 和 $\|\boldsymbol{Z}_N^\epsilon\|_2^2$ 中系数

$$(\delta_0 - |1 - 2\beta\delta_0|), \quad \left[\frac{\beta(2\beta\delta_0 - 1)}{2} - \left|\frac{1 - 2\beta\delta_0}{2}\right|\right]$$

为正数，常数 $\delta_0$ 需满足

$$\frac{1}{2\beta} < \delta_0 < \frac{1}{2(\beta - 1)}, \ \beta > 1.$$

另外，我们有

$$\|\boldsymbol{P}_N^\epsilon\|_2^2 - 2\|\boldsymbol{E}_N^\epsilon\|_2^2 \leqslant 2\|\boldsymbol{P}_N^\epsilon + \boldsymbol{E}_N^\epsilon\|_2^2 \leqslant 3\|\boldsymbol{P}_N^\epsilon + \boldsymbol{E}_N^\epsilon\|_2^2. \tag{6.54}$$

因此

$$\frac{1}{2}[\|\nabla \boldsymbol{Z}_N^\epsilon(\cdot, t)\|^2 + \frac{\delta_0}{3}\|\boldsymbol{P}_N^\epsilon(\cdot, t)\|^2 +$$

$$(\delta_0 - |1 - 2\beta\delta_0|)\|\boldsymbol{M}_N^\epsilon(\cdot, t)\|^2 + \frac{\delta_0}{3}\|\boldsymbol{E}_N^\epsilon(\cdot, t)\|^2 +$$

$$\|\boldsymbol{P}_{Nt}^\epsilon(\cdot, t)\|^2 + \lambda^2\|\nabla \times \boldsymbol{P}_N^\epsilon(\cdot, t)\|^2 + \epsilon\|\nabla \boldsymbol{P}_N^\epsilon(\cdot, t)\|^2] +$$

$$\frac{1}{4}\int_0^t \|\Delta \boldsymbol{Z}_N^\epsilon\|_2^2 dt + \left(\frac{\beta|2\beta\delta_0 - 1|}{2} - \frac{|1 - 2\beta\delta_0|}{2}\right)\|\boldsymbol{Z}_N^\epsilon\|_2^2 +$$

$$k\mu_1\int_0^t \int |\boldsymbol{Z}_N^\epsilon|^2 |\nabla \boldsymbol{Z}_N^\epsilon|^2 dx dt + k\mu_1\int_0^t \int |\nabla|\boldsymbol{Z}_N^\epsilon|^2|^2 dx dt$$

$$\leqslant \frac{3}{4}\int_0^t \|\Delta \boldsymbol{Z}_N^\epsilon\|_2^2 dt + C'\int_0^t (\|\nabla \boldsymbol{Z}_N^\epsilon\|_2^2 + \|\boldsymbol{Z}_N^\epsilon\|_2^4 + \|\boldsymbol{M}_N^\epsilon\|_2^2) dt +$$

$$\left(\nu c_0 + \frac{3\sigma\delta_0}{2} + \frac{9\sigma\delta_0}{2}\right)\int_0^t \|\boldsymbol{P}_N^\epsilon\|_2^2 dt +$$

$$\left(\frac{|\nu - 3\delta_0|}{2} + 3\sigma\delta_0 + \frac{9\sigma\delta_0}{2}\right)\int_0^t \|\boldsymbol{E}_N^\epsilon\|_2^2 dt +$$

$$\frac{3\delta_0}{2}\int_0^t \|\nabla \times \boldsymbol{P}_N^\epsilon\|_2^2 dt + \left(\frac{3\delta_0}{2} + \frac{k}{2} + C_0\right)\int_0^t \|\boldsymbol{M}_N^\epsilon\|_2^2 dt +$$

$$\left(\mu + \frac{|\nu - 3\delta_0|}{2} + \nu c_0\right)\int_0^t \|\boldsymbol{P}_{Nt}^\epsilon\|_2^2 dt +$$

$$\frac{|2\beta\delta_0 - 1|}{2}\int_0^t \|\nabla \times \boldsymbol{Z}_N^\epsilon\|_2^2 dt + C_1.$$

取

$$C^* = \min\left\{\frac{1}{2}, \frac{\delta_0}{6}, \frac{\delta_0}{2} - \frac{|1 - 2\beta\delta_0|}{2}, \frac{\lambda^2}{2}, \frac{\epsilon_1}{2}\right\},$$

且

$$C^{**} = \max\left\{\left(\nu c_0 + \frac{3\sigma\delta_0}{2} + \frac{9\sigma\delta_0}{2}\right), \left(\frac{|\nu - 3\delta_0|}{2} + 3\sigma\delta_0 + \frac{9\sigma\delta_0}{2}\right),\right.$$
$$\left.\left(\frac{3\delta_0}{2} + \frac{k}{2} + C_0\right), \left(\mu + \frac{|\nu - 3\delta_0|}{2} + \nu c_0\right), \frac{|2\beta\delta_0 - 1|}{2}\right\},$$

则

$$C^*(\|\nabla \boldsymbol{Z}_N^\epsilon\|^2 + \|\boldsymbol{P}_N^\epsilon\|^2 + \|\boldsymbol{M}_N^\epsilon\|^2 + \|\boldsymbol{E}_N^\epsilon\|^2 + \|\boldsymbol{P}_{Nt}^\epsilon\|^2 +$$

$$\|\nabla \times \boldsymbol{P}_N^\epsilon\|^2 + \|\nabla \boldsymbol{P}_N^\epsilon\|^2) + \left(\frac{\beta|2\beta\delta_0 - 1|}{2} - \frac{|1 - 2\beta\delta_0|}{2}\right)\|\boldsymbol{Z}_N^\epsilon\|_2^2 +$$

$$k\mu_1 \int_0^t \int |\boldsymbol{Z}_N^\epsilon|^2 |\nabla \boldsymbol{Z}_N^\epsilon|^2 \mathrm{d}x\mathrm{d}t + k\mu_1 \int_0^t \int |\nabla|\boldsymbol{Z}_N^\epsilon|^2|^2 \mathrm{d}x\mathrm{d}t +$$

$$\frac{1}{2}\int_0^t \|\Delta \boldsymbol{Z}_N^\epsilon\|_2^2 \mathrm{d}t + k\int_0^t \|\nabla \boldsymbol{Z}_N^\epsilon\|_2^2 \mathrm{d}t$$

$$\leqslant C^{**} \int_0^t (\|\nabla \boldsymbol{Z}_N^\epsilon\|_2^2 + \|\boldsymbol{Z}_N^\epsilon\|_2^2 + \|\boldsymbol{P}_N^\epsilon\|_2^2 + \|\boldsymbol{E}_N^\epsilon\|_2^2 \mathrm{d}t + \|\nabla \times \boldsymbol{P}_N^\epsilon\|_2^2 +$$

$$\|\boldsymbol{M}_N^\epsilon\|_2^2 + \|\boldsymbol{P}_{Nt}^\epsilon\|_2^2 + \|\nabla \boldsymbol{P}_N^\epsilon\|_2^2)\mathrm{d}t + C_0 + C_1,$$

且

$$(\|\nabla \boldsymbol{Z}_N^\epsilon\|^2 + \|\boldsymbol{P}_N^\epsilon\|^2 + \|\boldsymbol{M}_N^\epsilon\|^2 + \|\boldsymbol{E}_N^\epsilon\|^2 +$$

$$\|\boldsymbol{P}_{Nt}^\epsilon\|^2 + \|\nabla \times \boldsymbol{P}_N^\epsilon\|^2 + \|\nabla \boldsymbol{P}_N^\epsilon\|^2) +$$

$$\left(\frac{\beta|2\beta\delta_0 - 1|}{2C^*} - \frac{|1 - 2\beta\delta_0|}{2C^*}\right)\|\boldsymbol{Z}_N^\epsilon\|_2^2 +$$

$$\frac{k\mu_1}{C^*}\int_0^t \int |\boldsymbol{Z}_N^\epsilon|^2 |\nabla \boldsymbol{Z}_N^\epsilon|^2 \mathrm{d}x\mathrm{d}t + \frac{k\mu_1}{C^*}\int_0^t \int |\nabla|\boldsymbol{Z}_N^\epsilon|^2|^2 \mathrm{d}x\mathrm{d}t +$$

$$\frac{1}{2C^*}\int_0^t \|\Delta \boldsymbol{Z}_N^\epsilon\|_2^2 \mathrm{d}t + \frac{k}{C^*}\int_0^t \|\nabla \boldsymbol{Z}_N^\epsilon\|_2^2 \mathrm{d}t$$

$$\leqslant \frac{C^{**}}{C^*} \int_0^t (\|\nabla \boldsymbol{Z}_N^\epsilon\|_2^2 + \|\boldsymbol{P}_N^\epsilon\|_2^2 + \|\boldsymbol{E}_N^\epsilon\|_2^2 \mathrm{d}t + \|\nabla \times \boldsymbol{P}_N^\epsilon\|_2^2 +$$

$$\|\boldsymbol{M}_N^\epsilon\|_2^2 + \|\boldsymbol{P}_{Nt}^\epsilon\|_2^2 + \|\nabla \boldsymbol{P}_N^\epsilon\|_2^2)\mathrm{d}t + \frac{C_0}{C^*} + \frac{C_1}{C^*}.$$

结合 Gronwall 不等式, 可得 (6.40).

步骤 3. 应用 Sobolev 嵌入定理和 Hölder 不等式, 可得 (6.41), 引理 6.4 得证.

**引理 6.5** 在引理 6.4 的条件下, 对方程组 (6.31)~(6.39) 的解 $(\boldsymbol{Z}_N^\epsilon, \boldsymbol{M}_N^\epsilon, \boldsymbol{E}_N^\epsilon, \boldsymbol{P}_N^\epsilon)$, 存在常数 $C > 0$, 不依赖于 $N, D$ 和 $\epsilon$, 使得

$$\sup_{0\leqslant t\leqslant T} \{\|\boldsymbol{Z}_{Nt}^\epsilon\|_{H^{-2}(\Omega)} + \|\boldsymbol{M}_{Nt}^\epsilon\|_{H^{-2}(\Omega)} + \|\boldsymbol{E}_{Nt}^\epsilon\|_{H^{-2}(\Omega)} + \|\boldsymbol{P}_{Nt}^\epsilon\|_{H^{-2}(\Omega)}\} \leqslant C.$$

$$(6.55)$$

证明. 对任意周期函数 $\varphi \in H_0^2(\Omega)$，$\varphi$ 可表示为

$$\varphi = \varphi_N + \overline{\varphi}_N, \overline{\varphi}_N = \sum_{s=1}^{N} \eta_s w_s(x), \overline{\varphi}_N = \sum_{s=N+1}^{\infty} \eta_s w_s(x). \tag{6.56}$$

对 $s \geqslant N+1$，我们有

$$\int \boldsymbol{Z}_{Nt}^{\epsilon} w_s(x) \mathrm{d}x = 0,$$

则由引理 6.4，下式成立

$$\left| \int \boldsymbol{Z}_{Nt}^{\epsilon} \varphi(x) \mathrm{d}x \right| = \left| \int \boldsymbol{Z}_{Nt}^{\epsilon} \varphi_N(x) \mathrm{d}x \right|$$

$$= \left| \int \boldsymbol{Z}_N^{\epsilon} \Delta \varphi_N(x) \mathrm{d}x - k \int (1 + \mu_1 |\boldsymbol{Z}_N^{\epsilon}|) \boldsymbol{Z}_N^{\epsilon} \varphi_N \mathrm{d}x \right|$$

$$\leqslant C_1 (\|\nabla \varphi_N\|_3 + \|\varphi_N\|_\infty)$$

$$\leqslant C_2 \|\varphi\|_{H^2}.$$

同理可得

$$\left| \int \boldsymbol{M}_{Nt}^{\epsilon} \varphi(x) \mathrm{d}x \right| \leqslant C_3 \|\varphi\|_{H^2},$$

$$\left| \int \boldsymbol{E}_{Nt}^{\epsilon} \varphi(x) \mathrm{d}x \right| \leqslant C_4 \|\varphi\|_{H^2},$$

$$\left| \int \boldsymbol{P}_{Nt}^{\epsilon} \varphi(x) \mathrm{d}x \right| \leqslant C_5 \|\varphi\|_{H^2},$$

其中，常数 $C_1, C_2, C_3, C_4, C_5$ 不依赖于 $N, D$ 及 $\epsilon$.

**引理 6.6** 在引理 6.4 的条件下，对方程组 $(6.31) \sim (6.39)$ 的解 $(\boldsymbol{Z}_N^{\epsilon}, \boldsymbol{M}_N^{\epsilon}, \boldsymbol{E}_N^{\epsilon}, \boldsymbol{P}_N^{\epsilon})$，存在常数 $C_1$ 不依赖于 $N, D$ 和 $\epsilon$，使得

$$\|\boldsymbol{Z}_N^{\epsilon}(\cdot, t_1) - \boldsymbol{Z}_N^{\epsilon}(\cdot, t_2)\|_2 \leqslant C_1 |t_1 - t_2|^{\frac{1}{3}}, \tag{6.57}$$

$$\boldsymbol{M}_N^{\epsilon}, \boldsymbol{E}_N^{\epsilon}, \boldsymbol{P}_N^{\epsilon}, \boldsymbol{P}_{Nt}^{\epsilon} \in C([0, T]; H^{-1}(\Omega)). \tag{6.58}$$

证明. 由负指数 Solove 插值不等式，下式成立

$$\|\boldsymbol{Z}_N^\epsilon(\cdot,t_1) - \boldsymbol{Z}_N^\epsilon(\cdot,t_2)\|_2$$

$$\leqslant C\|\boldsymbol{Z}_N^\epsilon(\cdot,t_1) - \boldsymbol{Z}_N^\epsilon(\cdot,t_2)\|_{H^{-2}}^{\frac{1}{3}}\|\boldsymbol{Z}_N^\epsilon(\cdot,t_1) - \boldsymbol{Z}_N^\epsilon(\cdot,t_2)\|_{H^1}^{\frac{2}{3}}$$

$$\leqslant C\|\int_{t_1}^{t_2}\frac{\partial \boldsymbol{Z}_N}{\partial t}\mathrm{d}t\|_{H^{-2}}^{\frac{1}{3}} \leqslant C_1|t_1 - t_2|^{\frac{1}{3}}.$$

另一方面，由引理 6.3 和

$$L^2(\Omega) \hookrightarrow H^{-1}(\Omega) \hookrightarrow H^{-2}(\Omega),$$

$$\boldsymbol{M}_N^\epsilon \in L^\infty(0,T;L^2(\Omega) \cap \{\Psi : \frac{\partial \Psi}{\partial t} \in L^\infty(0,T;H^{-2}(\Omega))\}),$$

可得

$$\boldsymbol{M}_N^\epsilon \in C(0,T;H^{-1}(\Omega)).$$

类似地，我们有

$$\boldsymbol{E}_N^\epsilon, \boldsymbol{P}_N^\epsilon, \boldsymbol{P}_{Nt}^\epsilon \in C((0,T];H^{-1}(\Omega)).$$

引理 6.6 得证.

事实上，由常微分方程解的存在性定理可得常微分方程组 (6.31) $\sim$ (6.39) 存在整体解. 结合引理 6.4~6.6，有下列引理:

**引理 6.7** 在引理 6.4 的条件下，常微分方程组 (6.31) $\sim$ (6.39) 的初值问题至少存在一个连续可微的整体解

$$\alpha_{sN}^\epsilon(t), \beta_{sN}^\epsilon(t), \gamma_{sN}^\epsilon(t), \delta_{sN}^\epsilon(t)(s=1,2,N \in [0,T]).$$

## 6.4　弱解的存在性

首先，类似于定义 6.1，我们定义黏性问题 (6.1) ∼ (6.3) 和 (6.12) 的弱解. 为证明定理 6.1，我们需应用下面的引理.

**引理 6.8** 假设在 $L^2(Q_T)$ 上 $u_n \to u$ 强收敛，且在 $L^2(Q_T)$ 上 $v_n \to v$ 弱收敛，则在 $L^1(Q_T)$ 上 $u_n v_n \to uv$ 弱收敛且在分布意义下.

现在我们证明黏性问题 (6.1) ∼ (6.3) 和 (6.12) 弱解的存在性 (定理 6.1 的证明).

定理 6.1 的证明. 近似解 $(\boldsymbol{Z}_N^\epsilon(x,t), \boldsymbol{M}_N^\epsilon(x,t), \boldsymbol{E}_N^\epsilon(x,t), \boldsymbol{P}_N^\epsilon(x,t))$ 的一致先验估计在上面已经得到，因此存在子序列 $\{\boldsymbol{Z}_N^\epsilon(x,t), \boldsymbol{M}_N^\epsilon(x,t), \boldsymbol{E}_N^\epsilon(x,t), \boldsymbol{P}_N^\epsilon(x,t)\}$，使得

$$\text{在 } L^6(Q_T) \text{ 上，} \quad \boldsymbol{Z}_N^\epsilon(x,t) \text{ 弱 * 收敛于 } \boldsymbol{Z}^\epsilon(x,t), \tag{6.59}$$

$$\text{在 } L^{6-\rho}(Q_T)(\rho > 0) \text{ 上，} \quad \boldsymbol{Z}_N^\epsilon(x,t) \text{ 强收敛于 } \boldsymbol{Z}^\epsilon(x,t), \tag{6.60}$$

$$\text{在 } L^\infty([0,T]; H^1(\Omega)) \text{ 上，} \quad \boldsymbol{Z}_N^\epsilon(x,t) \text{ 弱 * 收敛于 } \boldsymbol{Z}^\epsilon(x,t), \tag{6.61}$$

$$\text{在 } L^\infty([0,T]; L^2(\Omega)) \text{ 上，} \quad \boldsymbol{H}_N^\epsilon(x,t) \text{ 弱 * 收敛于 } \boldsymbol{H}^\epsilon(x,t), \tag{6.62}$$

$$\text{在 } L^\infty([0,T]; L^2(\Omega)) \text{ 上，} \quad \boldsymbol{E}_N^\epsilon(x,t) \text{ 弱 * 收敛于 } \boldsymbol{E}^\epsilon(x,t), \tag{6.63}$$

$$\text{在 } L^\infty([0,T]; H^1(\Omega)) \text{ 上，} \quad \boldsymbol{P}_N^\epsilon(x,t) \text{ 弱 * 收敛于 } \boldsymbol{P}^\epsilon(x,t), \tag{6.64}$$

$$\text{在 } L^\infty([0,T]; L^2(\Omega)) \text{ 上，} \quad \boldsymbol{P}_{Nt}^\epsilon(x,t) \text{ 弱 * 收敛于 } \boldsymbol{P}_t^\epsilon(x,t), \tag{6.65}$$

$$\text{在 } L^\infty([0,T]; L^2(\Omega)) \text{ 上，} \quad \nabla \times \boldsymbol{P}_N^\epsilon(x,t) \text{ 弱 * 收敛于 } \nabla \times \boldsymbol{P}^\epsilon(x,t), \tag{6.66}$$

$$\text{在 } L^\infty([0,T]; H^{-2}(\Omega)) \text{ 上，} \quad \boldsymbol{Z}_{Nt}^\epsilon(x,t) \text{ 弱 * 收敛于 } \boldsymbol{Z}_t^\epsilon(x,t). \tag{6.67}$$

由估计 (6.40) 可得，在 $L^\infty([0,T]; H^1(\Omega))$ 上，$\boldsymbol{P}_N^\epsilon$ 是一致有界的且在 $L^\infty([0,T]; L^2(\Omega))$ 上，$\partial_t \boldsymbol{P}_N^\epsilon$ 是一致有界的.

由引理 6.8，可得

$$L^\infty([0,T];H^1(\Omega)) \cap \{\varphi : \frac{\partial\varphi}{\partial t} \in L^\infty([0,T];L^2(\Omega))\}$$

$$\hookrightarrow\hookrightarrow C([0,T];L^2(\Omega)) \subset L^2([0,T];L^2(\Omega)).$$

因此存在 $\{P_N^\epsilon\}$ 的子序列，仍记为 $\{P_N^\epsilon\}$，使得当 $N \to \infty$,

$$\text{在 } L^\infty([0,T];L^2(\Omega)) \text{ 上，} \boldsymbol{P}_N^\epsilon(x,t) \text{ 强收敛于 } \boldsymbol{P}^\epsilon(x,t). \tag{6.68}$$

对任意向量值周期函数 $\Psi(x,t) \in C^1(\overline{Q_T})$, $\Psi(x,T) = 0$，我们定义近似序列

$$\Psi_N(x,t) = \sum_{s=1}^N \eta_s(t)w_s(x),$$

其中，$\eta_s(t) = \int \Psi(x,t)w_s(x)\mathrm{d}x$，则

$$\Psi_N(x,t) \to \Psi(x,t) \text{ 在 } C^1(Q_T) \cap L^p(Q_T), \forall p > 1. \tag{6.69}$$

分别求方程 (6.31)、(6.32)、(6.34) 与 $\eta_s(t)$ 的内积，及方程 (6.33) 与 $e^{\sigma t}\eta_s(x)$ 的内积，再分部积分，可得

$$\int_{Q_T} \boldsymbol{Z}_N^\epsilon \Psi_{Nt}\mathrm{d}x\mathrm{d}t - \int \boldsymbol{Z}_N^\epsilon(\cdot,0)\Psi(\cdot,0)\mathrm{d}x +$$

$$\int_{Q_T} \nabla\boldsymbol{Z}_N^\epsilon \nabla\Psi_N\mathrm{d}x\mathrm{d}t +$$

$$\int_{Q_T} (\boldsymbol{Z}_N^\epsilon \times \nabla\boldsymbol{Z}_N^\epsilon)\nabla\Psi_N\mathrm{d}x\mathrm{d}t +$$

$$k\int_{Q_T} (1 + \mu_1|\boldsymbol{Z}_N^\epsilon|^2)\boldsymbol{Z}_N^\epsilon\Psi_N\mathrm{d}x\mathrm{d}t = 0, \tag{6.70}$$

$$\int_{Q_T} (\boldsymbol{H}_N^\epsilon + \beta\boldsymbol{Z}_N^\epsilon) \cdot \Psi_{Nt}^\epsilon\mathrm{d}x\mathrm{d}t - \int_{Q_T} (\nabla \times \Psi_N) \cdot \boldsymbol{E}_N^\epsilon\mathrm{d}x\mathrm{d}t +$$

$$\int (\boldsymbol{H}_N^\epsilon(x,0) + \beta\boldsymbol{Z}_N(x,0)) \cdot \Psi_N(x,0)\mathrm{d}x = 0, \tag{6.71}$$

$$\int_{Q_T} (\boldsymbol{E}_N^\epsilon + \boldsymbol{P}_N^\epsilon)(e^{\sigma t}\Psi_{Nt})\mathrm{d}x\mathrm{d}t +$$

$$\int_{Q_T} e^{\sigma t}(\nabla \times \Psi_N) \cdot \boldsymbol{H}_N^\epsilon \mathrm{d}x\mathrm{d}t +$$

$$\sigma \int_{Q_T} e^{\sigma t}\boldsymbol{P}_N^\epsilon \cdot \Psi_N^\epsilon \mathrm{d}x\mathrm{d}t +$$

$$\int (\boldsymbol{E}_N^\epsilon(\cdot,0) + \boldsymbol{P}_N^\epsilon(\cdot,0))\Psi_N(\cdot,0)\mathrm{d}x = 0, \tag{6.72}$$

$$\int_{Q_T} \boldsymbol{P}_{Nt}^\epsilon \Psi_{Nt}^\epsilon \mathrm{d}x\mathrm{d}t - \lambda^2 \int_{Q_T} \nabla \times \boldsymbol{P}_N^\epsilon \cdot \nabla \times \Psi_N \mathrm{d}x\mathrm{d}t -$$

$$\mu \int_{Q_T} \boldsymbol{P}_{Nt}^\epsilon \Psi_N^\epsilon \mathrm{d}x\mathrm{d}t + \nu \int_{Q_T} \boldsymbol{E}_N^\epsilon \Psi_N \mathrm{d}x\mathrm{d}t -$$

$$\epsilon \int_{Q_T} \nabla \boldsymbol{P}_N^\epsilon \cdot \nabla \Psi_N \mathrm{d}x\mathrm{d}t -$$

$$2\nu \int_{Q_T} \Phi'(|\boldsymbol{P}_N^\epsilon|^2)\boldsymbol{P}_N^\epsilon \Psi_N \mathrm{d}x\mathrm{d}t +$$

$$\int \boldsymbol{P}_{Nt}^\epsilon \Psi_N(\cdot,0)\mathrm{d}x = 0. \tag{6.73}$$

下面证明 $(\boldsymbol{Z}^\epsilon(x,t), \boldsymbol{M}^\epsilon(x,t), \boldsymbol{E}^\epsilon(x,t), \boldsymbol{P}^\epsilon(x,t))$ 是方程组 (6.1)~(6.3) 和 (6.12) 的弱解.

首先，我们证明

$$\left| \int_{Q_T} \Phi'(|\boldsymbol{P}_N^\epsilon|^2)\boldsymbol{P}_N^\epsilon \Psi_N \mathrm{d}x\mathrm{d}t - \int_{Q_T} \Phi'(|\boldsymbol{P}^\epsilon|^2)\boldsymbol{P}^\epsilon \Psi \mathrm{d}x\mathrm{d}t \right|$$

$$\leqslant \left| \int_{Q_T} (\Phi'(|\boldsymbol{P}_N^\epsilon|^2)\boldsymbol{P}_N^\epsilon - \Phi'(|\boldsymbol{P}^\epsilon|^2)\boldsymbol{P}^\epsilon)\Psi_N \mathrm{d}x\mathrm{d}t + \right.$$

$$\left. \int_{Q_T} \Phi'(|\boldsymbol{P}^\epsilon|^2)\boldsymbol{P}^\epsilon(\Psi_N - \Psi)\mathrm{d}x\mathrm{d}t \right|$$

$$\leqslant C \int_{Q_T} |\boldsymbol{P}_N^\epsilon - \boldsymbol{P}^\epsilon||\Psi_N|\mathrm{d}x\mathrm{d}t +$$

$$C_1 \|\boldsymbol{P}^\epsilon\|_{L^\infty(0,T;L^2(\Omega))} \int_0^T \|\Psi_N - \Psi\|_{L^2(\Omega)}\mathrm{d}t$$

$$\leqslant C\|\Psi_N\|_{L^2(0,T;L^2(\Omega))}\|\boldsymbol{P}_N^\epsilon - \boldsymbol{P}^\epsilon\|_{L^2(0,T;L^2(\Omega))} +$$

$$C_1\|\boldsymbol{P}^\epsilon\|_{L^\infty(0,T;L^2(\Omega))}\int_0^T\|\Psi_N-\Psi\|_2\mathrm{d}t$$

$$\to 0\,(\text{当 }N\to+\infty\text{ 时}),$$

其中，我们应用了函数 $\Phi$ 的条件 (6.13)、(6.15).

其次，我们断言存在 $\{\boldsymbol{Z}_N^\epsilon\}$ 的子序列，仍记为 $\{\boldsymbol{Z}_N^\epsilon\}$，使得当 $N\to+\infty, i=1,2,3$ 时，

$$\text{在 }L^\infty([0,T];L^{\frac{3}{2}}(\Omega))\text{ 上，}\quad\boldsymbol{Z}_N^\epsilon\times\frac{\partial\boldsymbol{Z}_N^\epsilon}{\partial x_i}\text{ 弱收敛于 }\boldsymbol{Z}^\epsilon\times\frac{\partial\boldsymbol{Z}^\epsilon}{\partial x_i}. \tag{6.74}$$

事实上，对任意周期试验函数 $\Psi(x,t)\in C^1(Q_T)$，可得

$$\int_{Q_T}\left(\boldsymbol{Z}_N^\epsilon\times\frac{\partial\boldsymbol{Z}_N^\epsilon}{\partial x_i}-\boldsymbol{Z}^\epsilon\times\frac{\partial\boldsymbol{Z}^\epsilon}{\partial x_i}\right)\Psi\mathrm{d}x\mathrm{d}t$$

$$=\int_{Q_T}\left[(\boldsymbol{Z}_N^\epsilon-\boldsymbol{Z}^\epsilon)\times\frac{\partial\boldsymbol{Z}_N^\epsilon}{\partial x_i}\right]\Psi\mathrm{d}x\mathrm{d}t+$$

$$\int_{Q_T}\left[\boldsymbol{Z}^\epsilon\times\left(\frac{\partial\boldsymbol{Z}_N^\epsilon}{\partial x_i}-\frac{\partial\boldsymbol{Z}^\epsilon}{\partial x_i}\right)\right]\Psi\mathrm{d}x\mathrm{d}t$$

$$\leqslant\|\Psi\|_{L^\infty(Q_T)}\left\|\frac{\partial\boldsymbol{Z}_N^\epsilon}{\partial x_i}\right\|_{L^2(Q_T)}\|\boldsymbol{Z}_N^\epsilon-\boldsymbol{Z}^\epsilon\|_{L^2(Q_T)}+$$

$$\int_{Q_T}\left[\boldsymbol{Z}^\epsilon\times\left(\frac{\partial\boldsymbol{Z}_N^\epsilon}{\partial x_i}-\frac{\partial\boldsymbol{Z}^\epsilon}{\partial x_i}\right)\right]\Psi\mathrm{d}x\mathrm{d}t$$

$$\to 0\,(\text{当 }N\to\infty\text{ 时}).$$

因此，(6.74) 得证.

$$\left|\int_{Q_T}(\boldsymbol{Z}_N^\epsilon\times\boldsymbol{M}_N^\epsilon-\boldsymbol{Z}^\epsilon\times\boldsymbol{M}^\epsilon)\Psi\mathrm{d}x\mathrm{d}t\right|$$

$$\leqslant\left|\int_{Q_T}(\boldsymbol{Z}_N^\epsilon-\boldsymbol{Z}^\epsilon)\times\boldsymbol{M}_N^\epsilon\Psi\mathrm{d}x\mathrm{d}t+\int_{Q_T}\boldsymbol{Z}^\epsilon\times(\boldsymbol{M}_N^\epsilon-\boldsymbol{M}^\epsilon)\cdot\Psi\mathrm{d}x\mathrm{d}t\right|$$

$$\leqslant\left|\int_0^T\|\boldsymbol{Z}_N^\epsilon-\boldsymbol{Z}^\epsilon\|_5\|\boldsymbol{M}_N^\epsilon\|_2\|\Psi\|_{\frac{10}{3}}\mathrm{d}t+\int_{Q_T}\boldsymbol{Z}^\epsilon\times(\boldsymbol{M}_N^\epsilon-\boldsymbol{M}^\epsilon)\Psi\mathrm{d}x\mathrm{d}t\right|$$

$$\to 0.$$

最后，在 (6.70) ～ (6.73) 中，令 $N \to +\infty$ 可得 $(\boldsymbol{Z}^\epsilon(x,t), \boldsymbol{M}^\epsilon(x,t), \boldsymbol{E}^\epsilon(x,t),$ $\boldsymbol{P}^\epsilon(x,t))$ 是黏性问题 (6.1) ～ (6.3) 和 (6.12) 的一个弱解. 定理 6.1 证毕.

## 6.5　对黏性系数的一致先验估计和弱解的存在性

在上一节中，我们已经得到黏性问题 (6.1) ～ (6.3) 和 (6.12) 对固定 $\epsilon > 0$ 的整体弱解的存在性. 本节我们将得到对黏性问题解的一致先验估计，这些一致先验估计可使得 $\epsilon \to 0$，从而得到问题 (6.1) ～ (6.5) 的整体弱解.

**引理 6.9** 假设 $\Omega = \{x = (x_1, x_2) 或 x = (x_1, x_2, x_3); |x_i| \leqslant D, i = 1, 2, 3\}, f \in X_p(\Omega)$，则 $f \in H^1(\Omega)$，且下式成立

$$\|f\|_{H^1(\Omega)}^2 = \|f\|_{X_p(\Omega)}^2. \tag{6.75}$$

证明. 由关系式

$$\Delta f = \nabla(\nabla \cdot f) - \nabla \times (\nabla \times f),$$

可得

$$\int f \Delta f \mathrm{d}x = \int f(\nabla(\nabla \cdot f)) \mathrm{d}x - \int f \cdot \nabla \times (\nabla \times f) \mathrm{d}x.$$

$f$ 的周期性蕴含

$$\int |\nabla f|^2 \mathrm{d}x = \int |\nabla \cdot f|^2 \mathrm{d}x + \int |\nabla \times f|^2 \mathrm{d}x,$$

因此，引理 6.9 得证.

由上面的估计和收敛性，可得下面的引理.

**引理 6.10** 假设 $(\boldsymbol{Z}_0(x),\ \boldsymbol{H}_0(x),\ \boldsymbol{E}_0(x),\ \boldsymbol{P}_0(x),\ \boldsymbol{P}_{t0}(x)) \in (H^1(\Omega),\ L^2(\Omega),\ L^2(\Omega),$ $H^1(\Omega),\ L^2(\Omega)),\ \Omega \subseteq \mathbb{R}^d,\ d = 2, 3,$ 则对于黏性问题 $(6.1) \sim (6.3)$ 和 $(6.12)$ 的解,下面的先验估计成立.

$$\sup_{0 \leqslant t \leqslant T} \{\|\boldsymbol{Z}^\epsilon(\cdot, t)\|_{H^1}^2 + \|\boldsymbol{E}^\epsilon(\cdot, t)\|_2^2 + \|\boldsymbol{H}^\epsilon(\cdot, t)\|_2^2 + \|\boldsymbol{P}^\epsilon(\cdot, t)\|_2^2 +$$

$$\|\nabla \times \boldsymbol{P}^\epsilon(\cdot, t)\|_2^2 + \|\boldsymbol{P}_t^\epsilon(\cdot, t)\|_2^2\} \leqslant C_1, \tag{6.76}$$

$$\sup_{0 \leqslant t \leqslant T} \|\boldsymbol{Z}^\epsilon(\cdot, t)\|_6^2 \leqslant C_2, \tag{6.77}$$

$$\sup_{0 \leqslant t \leqslant T} \|\boldsymbol{Z}^\epsilon(\cdot, t) \times \nabla \boldsymbol{Z}^\epsilon(\cdot, t)\|_{\frac{3}{2}} \leqslant C_3, \tag{6.78}$$

其中,常数 $C_1, C_2, C_3$ 不依赖于 $D$ 和 $\epsilon$.

接下来我们将证明 $\nabla \boldsymbol{P}^\epsilon$ 在 $L^\infty([0,T]; L^2(\Omega))$ 上是一致有界的. 我们考虑与黏性问题有关的相容性条件

$$\frac{\partial(e^\epsilon + p^\epsilon)}{\partial t} + \sigma e^\epsilon = 0, \tag{6.79}$$

$$\frac{\partial}{\partial t}(h^\epsilon + \beta \nabla \cdot \boldsymbol{Z}^\epsilon) = 0, \tag{6.80}$$

$$\frac{\partial^2 p^\epsilon}{\partial t^2} + \mu \frac{\partial p^\epsilon}{\partial t} - \epsilon \Delta p^\epsilon - \nu e^\epsilon + 2\nu \Phi'|p^\epsilon|^2 p^\epsilon = -4\nu \Phi^{(2)}|\boldsymbol{P}^\epsilon|^2 \boldsymbol{P}_i^\epsilon \boldsymbol{P}_j^\epsilon \frac{\partial \boldsymbol{P}_j^\epsilon}{\partial x_i}, \tag{6.81}$$

其中

$$h^\epsilon = \operatorname{div} \boldsymbol{H}^\epsilon,$$

$$e^\epsilon = \operatorname{div} \boldsymbol{E}^\epsilon,$$

$$p^\epsilon = \operatorname{div} \boldsymbol{P}^\epsilon,$$

$$\operatorname{div}(\boldsymbol{P}^\epsilon \Phi'|\boldsymbol{P}^\epsilon|^2) = \Phi'|\boldsymbol{P}^\epsilon|^2 p^\epsilon + \alpha \Phi^{(2)}|\boldsymbol{P}^\epsilon|^2 \boldsymbol{P}_i^\epsilon \boldsymbol{P}_j^\epsilon \frac{\partial \boldsymbol{P}_j^\epsilon}{\partial x_i},$$

这里 $\boldsymbol{P}_i^\epsilon$ 是 $\boldsymbol{P}^\epsilon$ 的第 $i$ 个元素.

为了得到 $\nabla \boldsymbol{P}^\epsilon(\cdot, t)$ 的 $L^2(\Omega)$ 估计，需要假设

$$\operatorname{div} \boldsymbol{H}_0, \operatorname{div} \boldsymbol{E}_0, \operatorname{div} \boldsymbol{P}_0, \operatorname{div} \boldsymbol{P}_{t0} \in L^2(\Omega). \tag{6.82}$$

我们有下面的引理:

**引理 6.11** 在引理 6.10 的条件下且假设 (6.82) 成立，则对黏性问题 (6.1)~(6.3) 和 (6.12) 的解，我们有

$$\sup_{0 \leqslant t \leqslant T} \|\nabla \boldsymbol{P}^\epsilon(\cdot, t)\|_2 \leqslant C, \tag{6.83}$$

其中，$C$ 不依赖于 $D$ 及 $\epsilon$.

证明. 简单起见，我们仅证明 $\nabla(\operatorname{div} \boldsymbol{P}_0) \in L^2(\Omega)$，因为对于一般情形 $\operatorname{div} \boldsymbol{P}_0 \in L^2(\Omega)$，由 $\operatorname{div} \boldsymbol{P}_0$ 的近似或适当的修正技术可得.

方程 (6.79) 两边同时乘以 $3e^\epsilon$ 和 $2(e^\epsilon + p^\epsilon)$，可得

$$\frac{3}{2} \frac{\mathrm{d}}{\mathrm{d}t} \int |e^\epsilon|^2 \mathrm{d}x + 3 \int e^\epsilon \frac{\partial p^\epsilon}{\partial t} \mathrm{d}x + 3\sigma \int |e^\epsilon|^2 \mathrm{d}x = 0, \tag{6.84}$$

$$\frac{\mathrm{d}}{\mathrm{d}t} \int |e^\epsilon + p^\epsilon|^2 \mathrm{d}x + 2\sigma \int |e^\epsilon + p^\epsilon|^2 \mathrm{d}x - 2\sigma \int (e^\epsilon + p^\epsilon) p^\epsilon \mathrm{d}x = 0. \tag{6.85}$$

方程 (6.81) 两边同时乘以 $\dfrac{\partial p^\epsilon}{\partial t}$，可得

$$\frac{1}{2} \frac{\mathrm{d}}{\mathrm{d}t} \int \left| \frac{\partial p^\epsilon}{\partial t} \right|^2 \mathrm{d}x + \mu \int \left| \frac{\partial p^\epsilon}{\partial t} \right|^2 \mathrm{d}x + \frac{\epsilon}{2} \frac{\mathrm{d}}{\mathrm{d}t} \int |\nabla p^\epsilon|^2 \mathrm{d}x - $$
$$\nu \int e^\epsilon \frac{\partial p^\epsilon}{\partial t} \mathrm{d}x + 2\nu \int \Phi'(|\boldsymbol{P}^\epsilon|^2) p^\epsilon \frac{\partial p^\epsilon}{\partial t} \mathrm{d}x + $$
$$4\nu \int \Phi^{(2)}(|\boldsymbol{P}^\epsilon|^2) \boldsymbol{P}_i^\epsilon \boldsymbol{P}_j^\epsilon \frac{\partial \boldsymbol{P}_j^\epsilon}{\partial x_i} \frac{\partial p^\epsilon}{\partial t} \mathrm{d}x = 0. \tag{6.86}$$

结合 (6.84)~(6.86)，可得

$$\frac{1}{2} \frac{\mathrm{d}}{\mathrm{d}t} \int \left( 2|e^\epsilon + p^\epsilon|^2 + 3|e^\epsilon|^2 + \left| \frac{\partial p^\epsilon}{\partial t} \right|^2 + \epsilon|\nabla p^\epsilon|^2 \right) \mathrm{d}x + $$

$$2\sigma \int |e^\epsilon + p^\epsilon|^2 \mathrm{d}x + \mu \int \left|\frac{\partial p^\epsilon}{\partial t}\right|^2 \mathrm{d}x$$

$$= -3\sigma \int |e^\epsilon|^2 \mathrm{d}x + 2\sigma \int (p^\epsilon + e^\epsilon) p^\epsilon \mathrm{d}x + (\nu - 3) \int e^\epsilon \frac{\partial p^\epsilon}{\partial t} \mathrm{d}x -$$

$$2\nu \int \varPhi'(|\boldsymbol{P}^\epsilon|^2) p^\epsilon \frac{\partial p^\epsilon}{\partial t} \mathrm{d}x - 4\nu \int \varPhi^{(2)}(|\boldsymbol{P}^\epsilon|^2) \boldsymbol{P}_i^\epsilon \boldsymbol{P}_j^\epsilon \frac{\partial P_j^\epsilon}{\partial x_i} \frac{\partial p^\epsilon}{\partial t} \mathrm{d}x$$

$$\leqslant C \int \left(|e^\epsilon|^2 + |p^\epsilon|^2 + \left|\frac{\partial p^\epsilon}{\partial t}\right|^2\right) \mathrm{d}x + C_1 + C_2 \int |\nabla \boldsymbol{P}^\epsilon|^2 \mathrm{d}x.$$

因此，我们有

$$\frac{1}{2}\frac{\mathrm{d}}{\mathrm{d}t} \int \left(2|e^\epsilon + p^\epsilon|^2 + 3|e^\epsilon|^2 + \left|\frac{\partial p^\epsilon}{\partial t}\right|^2 + \epsilon|\nabla p^\epsilon|^2\right) \mathrm{d}x$$

$$\leqslant C \int \left(|e^\epsilon|^2 + |p^\epsilon|^2 + \left|\frac{\partial p^\epsilon}{\partial t}\right|^2\right) \mathrm{d}x + C_1 + C_2 \int |\nabla p^\epsilon|^2 \mathrm{d}x.$$

上式对 $t$ 积分，可得

$$2\|(e^\epsilon + p^\epsilon)(\cdot, t)\|_2^2 + 3\|e^\epsilon(\cdot, t)\|_2^2 + \left\|\frac{\partial p^\epsilon}{\partial t}(\cdot, t)\right\|_2^2 + \epsilon\|\nabla p^\epsilon(\cdot, t)\|_2^2$$

$$\leqslant C_1 + 2C_2 \int_0^t \int |\nabla \boldsymbol{P}^\epsilon|^2 \mathrm{d}x \mathrm{d}t + 2C_3 \int_0^t \int \left(|e^\epsilon|^2 + |p^\epsilon|^2 + \left|\frac{\partial p^\epsilon}{\partial t}\right|^2\right) \mathrm{d}x \mathrm{d}t.$$

其中，$C_1 = 2\|\mathrm{div}\boldsymbol{E}_0 + \mathrm{div}\boldsymbol{P}_0\|_2^2 + 3\|\mathrm{div}\boldsymbol{E}_0\|_2^2 + \|\mathrm{div}\boldsymbol{P}_{t0}\|_2^2 + \epsilon\|\nabla(\mathrm{div}\boldsymbol{P}_0)\|_2^2 + 2C_2$，是一个常数.

另一方面

$$\|p^\epsilon(\cdot, t)\|_2^2 = \|p^\epsilon(\cdot, t) + e^\epsilon(\cdot, t) - e^\epsilon(\cdot, t)\|_2^2$$

$$\leqslant 2\|p^\epsilon(\cdot, t) + e^\epsilon(\cdot, t)\|_2^2 + 2\|e^\epsilon(\cdot, t)\|_2^2.$$

我们有

$$\|p^\epsilon(\cdot, t)\|_2^2 + \|e^\epsilon(\cdot, t)\|_2^2 + \left\|\frac{\partial p^\epsilon}{\partial t}(\cdot, t)\right\|_2^2 + \epsilon\|\nabla p^\epsilon(\cdot, t)\|_2^2$$

$$\leqslant C_1 + 2C_2 \int_0^t \int |\nabla p^\epsilon|^2 \mathrm{d}x\mathrm{d}t + 2C_3 \int_0^t \int \left( |e^\epsilon|^2 + |p^\epsilon|^2 + \left|\frac{\partial p^\epsilon}{\partial t}\right|^2 \right) \mathrm{d}x\mathrm{d}t.$$

由 Gronwall 不等式，可得

$$\|p^\epsilon(\cdot,t)\|_2^2 + \|e^\epsilon(\cdot,t)\|_2^2 + \left\|\frac{\partial p^\epsilon}{\partial t}(\cdot,t)\right\|_2^2$$
$$\leqslant \left(C_1 + C_2 \int_0^t \int |\nabla \boldsymbol{P}^\epsilon|^2 \mathrm{d}x\mathrm{d}t\right) + (1 + Cte^{C_3 t})$$
$$\leqslant C_1 + C_2 \int_0^t \int |\nabla \boldsymbol{P}^\epsilon|^2 \mathrm{d}x\mathrm{d}t.$$

因此，我们有

$$\|p^\epsilon(\cdot,t)\|_2^2 \leqslant C_1 + C_2 \int_0^t \int |\nabla \boldsymbol{P}^\epsilon|^2 \mathrm{d}x\mathrm{d}t. \tag{6.87}$$

应用引理 6.10 对 $\boldsymbol{P}^\epsilon(\cdot,t)$，可得

$$\|\nabla \boldsymbol{P}^\epsilon(\cdot,t)\|_2^2$$
$$\leqslant C(\|\nabla \times \boldsymbol{P}^\epsilon(\cdot,t)\|_2^2 + \|\mathrm{div}\boldsymbol{P}^\epsilon(\cdot,t)\|_2^2 + \|\boldsymbol{P}^\epsilon(\cdot,t)\|_2^2)$$
$$\leqslant C_1 + C_2 \int_0^t \|\nabla \boldsymbol{P}^\epsilon\|_2^2 \mathrm{d}t.$$

应用 Gronwall 不等式，可得

$$\|\nabla \boldsymbol{P}^\epsilon(\cdot,t)\|_2^2 \leqslant C,$$

其中，常数 $C$ 不依赖于 $\epsilon$. 引理 6.11 得证.

**注 6.1** 引理 6.10 和引理 6.11 表明 $\{\boldsymbol{P}^\epsilon\}$ 在 $L^\infty([0,T];H^1(\Omega))$ 是一致有界的.

由黏性问题方程 (6.31) $\sim$ (6.39) 的一致先验估计，令 $\epsilon \to 0$，可得问题 (6.1) $\sim$ (6.4) 带有周期边界条件 (6.5) 的整体弱解.

下面研究问题 (6.1)∼(6.4) 的整体光滑解. 应用半群算子和压缩映射原理, 可得问题 (6.1)∼(6.5) 局部解的存在性, 从而定理 6.3 得证.

为了证明周期初值问题 (6.1)∼(6.5) 整体光滑解的存在性, 需建立下列先验估计.

**引理 6.12** 假设 $\boldsymbol{Z}_0(x) \in L^2(\Omega), \Omega \subseteq \mathbb{R}^d, d = 2, 3$, 则对于周期初值问题 (6.1)∼(6.5) 的光滑解, 下式成立

$$\|\boldsymbol{Z}(\cdot, t)\|_2^2 \leqslant C\|\boldsymbol{Z}_0(x)\|_2^2, \tag{6.88}$$

其中, 常数 $C$ 不依赖于 $D$ 和 $t$.

证明. 方程 (6.1) 两边同时与 $\boldsymbol{Z}$ 做内积

$$\frac{1}{2}\frac{\mathrm{d}}{\mathrm{d}t}\|\boldsymbol{Z}(\cdot, t)\|_2^2 + \|\nabla \boldsymbol{Z}\|_2^2 + k\int(1 + \mu_1|\boldsymbol{Z}|^2)|\boldsymbol{Z}|^2\mathrm{d}x = 0.$$

对于 $k > 0, \mu_1 > 0$, 我们有

$$\frac{\mathrm{d}}{\mathrm{d}x}\|\boldsymbol{Z}(\cdot, t)\|_2^2 \leqslant 0,$$

即

$$\|\boldsymbol{Z}(\cdot, t)\|_2^2 \leqslant C\|\boldsymbol{Z}_0(x)\|_2^2,$$

其中, 常数 $C$ 不依赖于 $D$ 和 $t$.

**引理 6.13** 假设 $\boldsymbol{Z}_0(x) \in H^2(\Omega), \Omega \subseteq \mathbb{R}^d, d = 2, 3$, 则对于周期初值问题 (6.1)∼(6.5) 的解, 我们有

$$\|\boldsymbol{Z}(\cdot, t)\|_\infty^2 \leqslant C\|\boldsymbol{Z}_0(x)\|_{H^2(\Omega)}^2, \tag{6.89}$$

其中, 常数 $C$ 不依赖于 $D$ 和 $t$, 引理 6.12 得证.

证明. 方程 (6.1) 两边同时与 $|\boldsymbol{Z}|^{p-2}\boldsymbol{Z}(p>2)$ 做内积, 并在 $\Omega$ 上积分, 可得

$$
\begin{aligned}
\frac{1}{4}&\frac{\mathrm{d}}{\mathrm{d}t}\|\boldsymbol{Z}(\cdot,t)\|_p^p \\
&= \int |\boldsymbol{Z}|^{p-2}\boldsymbol{Z}\cdot\boldsymbol{Z}_t\mathrm{d}x \\
&= \int |\boldsymbol{Z}|^{p-2}\boldsymbol{Z}\Delta\boldsymbol{Z} - k\int |\boldsymbol{Z}|^{p-2}(1+\mu_1|\boldsymbol{Z}|^2)|\boldsymbol{Z}|^2\mathrm{d}x \\
&\leqslant -\int |\boldsymbol{Z}|^{p-2}\nabla\boldsymbol{Z}\cdot\nabla\boldsymbol{Z}\mathrm{d}x - (p-2)\int |\boldsymbol{Z}|^{p-2}(\boldsymbol{Z}\cdot\nabla\boldsymbol{Z})^2\mathrm{d}x - \\
&\quad k\int |\boldsymbol{Z}|^{p-2}(1+\mu_1|\boldsymbol{Z}|^2)|\boldsymbol{Z}|^2\mathrm{d}x \\
&\leqslant 0.
\end{aligned}
$$

这个不等式蕴含

$$
\|\boldsymbol{Z}(\cdot,t)\|_p \leqslant \|\boldsymbol{Z}_0(x)\|_p \leqslant \|\boldsymbol{Z}_0\|_{H^2}, \ \forall p \geqslant 2, t \geqslant 0, \tag{6.90}
$$

其中, 我们应用了 Sobolev 空间的嵌入定理. 注意到常数 $\|\boldsymbol{Z}_0(x)\|_{H^2}$ 不依赖于 $p$, 令 $p\to\infty$, 引理 6.13 得证.

类似于引理 6.13 的证明, 我们可得出以下引理.

**引理 6.14** 假设 $(\boldsymbol{Z}_0(x),\boldsymbol{M}_0(x),\boldsymbol{E}_0(x),\boldsymbol{P}_0(x),\boldsymbol{P}_{t0}(x)) \in (H^2(\Omega),L^2(\Omega),L^2(\Omega),$ $H^1(\Omega),L^2(\Omega)),\Omega\subseteq\mathbb{R}^d, d=2,3,$ 则对于周期初值问题 (6.1) $\sim$ (6.5) 的光滑解, 有下列估计

$$
\begin{aligned}
\sup_{0\leqslant t\leqslant T}&\{\|\boldsymbol{Z}(\cdot,t)\|_{H^1(\Omega)}^2 + \|\boldsymbol{E}(\cdot,t)\|_2^2 + \|\boldsymbol{H}(\cdot,t)\|_2^2 + \|\boldsymbol{P}(\cdot,t)\|_2^2 + \\
&\|\nabla\times\boldsymbol{P}(\cdot,t)\|_2^2 + \|\boldsymbol{P}_t(\cdot,t)\|_2^2\} \leqslant C_1,
\end{aligned} \tag{6.91}
$$

$$
\sup_{0\leqslant t\leqslant T}\|\boldsymbol{Z}(\cdot,t)\|_6^2 \leqslant C_2, \quad \sup_{0\leqslant t\leqslant T}\|\boldsymbol{Z}(\cdot,t)\|_\infty^2 \leqslant C_3, \tag{6.92}
$$

$$
\int_0^t \|\Delta\boldsymbol{Z}(\cdot,t)\|_2^2\mathrm{d}t \leqslant C_4, \tag{6.93}
$$

其中，常数 $C_1, C_2, C_3, C_4$ 仅依赖于 $\|\Delta \boldsymbol{Z}_0(x)\|_2^2, \|\boldsymbol{H}_0(x)\|_2^2, \|\boldsymbol{E}_0(x)\|_2^2, \|\boldsymbol{P}_0(x)\|_2^2$ 和 $\|\boldsymbol{P}_{t0}(x)\|_2^2$.

现在我们建立周期初值问题 (6.1)～(6.5) 光滑解的高阶先验估计.

**引理 6.15** 假设 $(\boldsymbol{Z}_0(x), \boldsymbol{H}_0(x), \boldsymbol{E}_0(x), \boldsymbol{P}_0(x), \boldsymbol{P}_{t0}(x)) \in (H^2(\Omega), H^1(\Omega), H^1(\Omega), H^2(\Omega), H^1(\Omega)), \Omega \subseteq \mathbb{R}^2$，则周期初值问题 (6.1)～(6.5) 的光滑解 $(\boldsymbol{Z}(x,t), \boldsymbol{H}(x,t), \boldsymbol{E}(x,t), \boldsymbol{P}(x,t))$，满足

$$\sup_{0 \leqslant t \leqslant T} \{\|\Delta \boldsymbol{Z}\|_2^2 + \|\nabla \boldsymbol{E}\|_2^2 + \|\nabla \boldsymbol{H}\|_2^2 + \|P_{tt}\|_2^2 + \|\Delta \boldsymbol{P}\|_2^2\} \leqslant C_1 \tag{6.94}$$

$$\int_0^t \|\nabla^3 \boldsymbol{Z}\|_2^2 \mathrm{d}t \leqslant C_2, \tag{6.95}$$

其中，常数 $C_1, C_2$ 不依赖于 $D$.

证明. 方程 (6.1) 两边与 $\Delta(\Delta \boldsymbol{Z} + \boldsymbol{H})$ 做内积，并在 $\Omega$ 上积分，可得

$$\frac{1}{2} \frac{\mathrm{d}}{\mathrm{d}t} \int |\Delta \boldsymbol{Z}|^2 \mathrm{d}x + \int \boldsymbol{Z}_t \cdot \Delta \boldsymbol{H} \mathrm{d}x + \|\nabla \Delta \boldsymbol{Z}\|_2^2$$

$$= -\int \nabla \boldsymbol{Z} \times (\Delta \boldsymbol{Z} + \boldsymbol{H})(\nabla \Delta \boldsymbol{Z} + \nabla \boldsymbol{H}) \mathrm{d}x + \int \Delta \boldsymbol{Z} \cdot \Delta \boldsymbol{H} \mathrm{d}x + G_1$$

$$\leqslant \int |\nabla \boldsymbol{Z} \times \Delta \boldsymbol{Z} \cdot \nabla \Delta \boldsymbol{Z}| \mathrm{d}x +$$

$$\int |\nabla \boldsymbol{Z} \times \boldsymbol{H} \cdot \nabla \Delta \boldsymbol{Z}| \mathrm{d}x + \int |\nabla \boldsymbol{Z} \times \boldsymbol{H} \cdot \nabla \boldsymbol{H}| \mathrm{d}x +$$

$$\int |\nabla \boldsymbol{Z} \times \Delta \boldsymbol{Z} \cdot \nabla \boldsymbol{H}| \mathrm{d}x + G_1$$

$$\leqslant C_1 (\|\nabla \boldsymbol{Z}\|_4 \|\Delta \boldsymbol{Z}\|_4 \|\nabla \Delta \boldsymbol{Z}\|_2 + \|\nabla \boldsymbol{Z}\|_\infty \|\boldsymbol{H}\|_2 \|\nabla \Delta \boldsymbol{Z}\|_2 +$$

$$\|\nabla \boldsymbol{Z}\|_\infty \|\boldsymbol{H}\|_2 \|\nabla \boldsymbol{H}\|_2 + \|\Delta \boldsymbol{Z}\|_4 \|\nabla \boldsymbol{Z}\|_4 \|\nabla \boldsymbol{H}\|_2) + G_1,$$

其中

$$G_1 := k \int (\nabla \Delta \boldsymbol{Z} + \nabla \boldsymbol{H}) \nabla [(1 + \mu_1 |\boldsymbol{Z}|^2) \boldsymbol{Z}] \mathrm{d}x.$$

记

$$G_2 := C_1(\|\nabla \boldsymbol{Z}\|_4 \|\Delta \boldsymbol{Z}\|_4 \|\nabla \Delta \boldsymbol{Z}\|_2 + \|\nabla \boldsymbol{Z}\|_\infty \|\boldsymbol{H}\|_2 \|\nabla \Delta \boldsymbol{Z}\|_2 +$$

$$\|\nabla \boldsymbol{Z}\|_\infty \|\boldsymbol{H}\|_2 \|\nabla \boldsymbol{H}\|_2 + \|\Delta \boldsymbol{Z}\|_4 \|\nabla \boldsymbol{Z}\|_4 \|\nabla \boldsymbol{H}\|_2).$$

现在我们建立项 $G_1$ 和项 $G_2$ 的先验估计. 应用 Young 不等式可得

$$C_1 \|\nabla \boldsymbol{Z}\|_4 \|\Delta \boldsymbol{Z}\|_4 \|\nabla \Delta \boldsymbol{Z}\|_2 \leqslant \frac{1}{4} \|\nabla \Delta \boldsymbol{Z}\|_2^2 + C_2 \|\nabla \boldsymbol{Z}\|_4^4 + C_3 \|\Delta \boldsymbol{Z}\|_4^4, \quad (6.96)$$

$$C_1 \|\Delta \boldsymbol{Z}\|_4 \|\nabla \boldsymbol{Z}\|_4 \|\nabla \boldsymbol{H}\|_2 \leqslant C_2 \|\nabla \boldsymbol{H}\|_2^2 + C_3 \|\nabla \boldsymbol{Z}\|_4^4 + C_4 \|\Delta \boldsymbol{Z}\|_4^4. \quad (6.97)$$

应用 Soblev 嵌入定理，我们有 $\|\nabla \boldsymbol{Z}\|_\infty \leqslant C \|\nabla \boldsymbol{Z}\|_2^{\frac{3}{4}} \|\nabla \Delta \boldsymbol{Z}\|_2^{\frac{1}{4}}$，再结合估计 (6.91) 可得

$$C_1 \|\nabla \boldsymbol{Z}\|_\infty \|\boldsymbol{H}\|_2 \|\nabla \Delta \boldsymbol{Z}\|_2^2 \leqslant \frac{1}{4} \|\nabla \Delta \boldsymbol{Z}\|_2^2 + C_2 \|\nabla \boldsymbol{Z}\|_2^2$$

$$\leqslant \frac{1}{4} \|\nabla \Delta \boldsymbol{Z}\|_2^2 + C_3, \quad (6.98)$$

$$C_1 \|\nabla \boldsymbol{Z}\|_\infty \|\boldsymbol{H}\|_2 \|\nabla \boldsymbol{H}\|_2 \leqslant C_2 \|\nabla \Delta \boldsymbol{Z}\|_2^{\frac{1}{4}} \|\nabla \boldsymbol{H}\|_2$$

$$\leqslant \frac{1}{4} \|\nabla \Delta \boldsymbol{Z}\|_2^2 + C_3 \|\nabla \boldsymbol{H}\|_2^2 + C_4. \quad (6.99)$$

结合不等式 (6.96)、(6.97)、(6.98) 和 (6.99)，我们有

$$G_2 \leqslant \frac{3}{4} \|\nabla \Delta \boldsymbol{Z}\|_2^2 + C_1(\|\Delta \boldsymbol{Z}\|_4^4 + \|\nabla \boldsymbol{Z}\|_4^4 + \|\nabla \boldsymbol{H}\|_2^2) + C_2. \quad (6.100)$$

下面我们估计项 $G_1$. 因为

$$G_1 := \int (\nabla \Delta \boldsymbol{Z} + \nabla \boldsymbol{H}) k \nabla [(1 + \mu_1 |\boldsymbol{Z}|^2) \boldsymbol{Z}] \mathrm{d}x$$

$$= \int k(\nabla \Delta \boldsymbol{Z} + \nabla \boldsymbol{H}) \nabla \boldsymbol{Z} \mathrm{d}x +$$

$$k \mu_1 \int (\nabla \Delta \boldsymbol{Z} + \nabla \boldsymbol{H}) \nabla (|\boldsymbol{Z}|^2 \boldsymbol{Z}) \mathrm{d}x$$

$$= k \int (-|\Delta \boldsymbol{Z}|^2 + \nabla \boldsymbol{H} \cdot \nabla \boldsymbol{Z}) \mathrm{d}x +$$

$$k\mu_1 \int [\Delta \boldsymbol{Z} \cdot \Delta(|\boldsymbol{Z}|^2 \boldsymbol{Z}) + \nabla \boldsymbol{H} \cdot \nabla(|\boldsymbol{Z}|^2 \boldsymbol{Z})] \mathrm{d}x$$

$$\leqslant C_1(\|\Delta \boldsymbol{Z}\|_2^2 + \|\nabla \boldsymbol{Z}\|_2^2 + \|\nabla \boldsymbol{H}\|_2^2) +$$

$$C_2\|\boldsymbol{Z}\|_\infty^2\|\Delta \boldsymbol{Z}\|_2^2 + C_3\|\boldsymbol{Z}\|_\infty^2(\|\nabla \boldsymbol{Z}\|_2^2 + \|\nabla \boldsymbol{H}\|_2^2),$$

应用引理 6.13 和引理 6.14，我们有 $\|\nabla \boldsymbol{Z}\|_2^2 \leqslant C$ 及 $\|\boldsymbol{Z}\|_\infty^2 \leqslant \|\boldsymbol{Z}_0(x)\|_{\boldsymbol{H}^2}^2 \leqslant C$，因此我们得到

$$G_1 \leqslant C_1(\|\Delta \boldsymbol{Z}\|_2^2 + \|\nabla \boldsymbol{H}\|_2^2) + C_2. \tag{6.101}$$

结合以上有关项 $G_1$ 和项 $G_2$ 的先验估计，可得

$$\frac{1}{2}\frac{\mathrm{d}}{\mathrm{d}t}\int |\Delta \boldsymbol{Z}|^2 \mathrm{d}x + \int \boldsymbol{Z}_t \cdot \Delta \boldsymbol{H} \mathrm{d}x + \|\nabla \Delta \boldsymbol{Z}\|_2^2$$

$$= -\int \nabla \boldsymbol{Z} \times (\Delta \boldsymbol{Z} + \boldsymbol{H})(\nabla \Delta \boldsymbol{Z} + \nabla \boldsymbol{H}) \mathrm{d}x +$$

$$\int \Delta \boldsymbol{Z} \cdot \Delta \boldsymbol{H} \mathrm{d}x + G_1$$

$$\leqslant \int |\nabla \boldsymbol{Z} \times \Delta \boldsymbol{Z} \cdot \nabla \Delta \boldsymbol{Z}| \mathrm{d}x + \int |\nabla \boldsymbol{Z} \times \boldsymbol{H} \cdot \nabla \Delta \boldsymbol{Z}| \mathrm{d}x +$$

$$\int |\nabla \boldsymbol{Z} \times \boldsymbol{H} \cdot \nabla \boldsymbol{H}| \mathrm{d}x + \int |\nabla \boldsymbol{Z} \times \Delta \boldsymbol{Z} \cdot \nabla \boldsymbol{H}| \mathrm{d}x +$$

$$\int |\nabla \Delta \boldsymbol{Z}||\nabla \boldsymbol{H}| \mathrm{d}x + G_1$$

$$\leqslant C_1(\|\nabla \boldsymbol{Z}\|_4\|\Delta \boldsymbol{Z}\|_4\|\nabla \Delta \boldsymbol{Z}\|_2 + \|\nabla \boldsymbol{Z}\|_\infty\|\boldsymbol{H}\|_2\|\nabla \Delta \boldsymbol{Z}\|_2 +$$

$$\|\nabla \boldsymbol{Z}\|_\infty\|\boldsymbol{H}\|_2\|\nabla \boldsymbol{H}\|_2 + \|\Delta \boldsymbol{Z}\|_4\|\nabla \boldsymbol{Z}\|_4\|\nabla \boldsymbol{H}\|_2) +$$

$$\frac{1}{3}\|\nabla \Delta \boldsymbol{Z}\|_2^2 + C_2\|\nabla \boldsymbol{H}\|_2^2 + G_1$$

$$\leqslant \frac{2}{3}\|\nabla \Delta \boldsymbol{Z}\|_2^2 + C_1(\|\Delta \boldsymbol{Z}\|_4^4 + \|\nabla \boldsymbol{Z}\|_4^4 + \|\Delta \boldsymbol{Z}\|_2^2 + \|\nabla \boldsymbol{H}\|_2^2) + C_2. \tag{6.102}$$

现在我们处理项 $\int \boldsymbol{Z}_t \cdot \Delta \boldsymbol{H} \mathrm{d}x$. 对于方程 (6.1)，我们有

$$\int \boldsymbol{Z}_t \cdot \Delta \boldsymbol{H} \mathrm{d}x$$

$$= \int \Delta \boldsymbol{Z} \cdot \Delta \boldsymbol{H} \mathrm{d}x + \int \boldsymbol{Z} \times (\Delta \boldsymbol{Z} + \boldsymbol{H}) \cdot \Delta \boldsymbol{H} \mathrm{d}x -$$

$$k \int (1 + \mu_1 |\boldsymbol{Z}|^2) \boldsymbol{Z} \cdot \Delta \boldsymbol{H} \mathrm{d}x$$

$$\leqslant \frac{1}{4} \|\nabla \Delta \boldsymbol{Z}\|_2^2 + C_1 \|\nabla \boldsymbol{H}\|_2^2 + \|\boldsymbol{Z}\|_\infty \int (|\nabla \Delta \boldsymbol{Z}||\nabla \boldsymbol{H}| + \boldsymbol{H} \cdot \Delta \boldsymbol{H}) \mathrm{d}x +$$

$$k \int \nabla \boldsymbol{Z} \cdot \nabla \boldsymbol{H} \mathrm{d}x + k\mu_1 \|\boldsymbol{Z}\|_\infty^2 \int \nabla \boldsymbol{Z} \cdot \nabla \boldsymbol{H} \mathrm{d}x$$

$$\leqslant \frac{1}{4} \|\nabla \Delta \boldsymbol{Z}\|_2^2 + (C_1 + \|\boldsymbol{Z}_0(x)\|_{\boldsymbol{H}^2}^2) \|\nabla \boldsymbol{H}\|_2^2 +$$

$$\|\boldsymbol{Z}_0(x)\|_{\boldsymbol{H}^2}^2 \int |\nabla \Delta \boldsymbol{Z}||\nabla \boldsymbol{H}| \mathrm{d}x +$$

$$k \int \nabla \boldsymbol{Z} \cdot \nabla \boldsymbol{H} \mathrm{d}x + k\mu_1 \|\boldsymbol{Z}_0(x)\|_{\boldsymbol{H}^2}^2 \int \nabla \boldsymbol{Z} \cdot \nabla \boldsymbol{H} \mathrm{d}x$$

$$\leqslant \frac{1}{2} \|\nabla \Delta \boldsymbol{Z}\|_2^2 + C_1 \|\nabla \boldsymbol{Z}\|_2^2 + C_2 \|\nabla \boldsymbol{H}\|_2^2.$$

因此，我们有

$$\frac{1}{2} \frac{\mathrm{d}}{\mathrm{d}t} \int |\Delta \boldsymbol{Z}|^2 \mathrm{d}x + \|\nabla \Delta \boldsymbol{Z}\|_2^2$$

$$\leqslant \frac{2}{3} \|\nabla \Delta \boldsymbol{Z}\|_2^2 + C_1(\|\Delta \boldsymbol{Z}\|_4^4 + \|\nabla \boldsymbol{Z}\|_4^4 + \|\Delta \boldsymbol{Z}\|_2^2 + \|\nabla \boldsymbol{H}\|_2^2) -$$

$$\int \boldsymbol{Z}_t \Delta \boldsymbol{H} \mathrm{d}x + C_2$$

$$\leqslant \frac{5}{6} \|\nabla \Delta \boldsymbol{Z}\|_2^2 + C_1(\|\Delta \boldsymbol{Z}\|_4^4 +$$

$$\|\nabla \boldsymbol{Z}\|_4^4 + \|\Delta \boldsymbol{Z}\|_2^2 + \|\nabla \boldsymbol{Z}\|_2^2 + \|\nabla \boldsymbol{H}\|_2^2) + C_2. \tag{6.103}$$

应用 Sobolev 不等式，可得

$$\|\nabla \boldsymbol{Z}\|_4^4 \leqslant C_1 \|\nabla \boldsymbol{Z}\|_{\boldsymbol{H}^{2,2}} \|\nabla \boldsymbol{Z}\|_2^3 \leqslant \frac{1}{8} \|\nabla \Delta \boldsymbol{Z}\|_2^2 + C \|\nabla \boldsymbol{Z}\|_2^6.$$

因此

$$\frac{1}{2}\frac{\mathrm{d}}{\mathrm{d}t}\int |\Delta \boldsymbol{Z}|^2\mathrm{d}x + \|\nabla\Delta \boldsymbol{Z}\|_2^2$$

$$\leqslant \frac{5}{6}\|\nabla\Delta \boldsymbol{Z}\|_2^2 + C_1(\|\Delta \boldsymbol{Z}\|_4^4 + \|\nabla \boldsymbol{Z}\|_4^4 + \|\Delta \boldsymbol{Z}\|_2^2 + \|\nabla \boldsymbol{Z}\|_2^2 + \|\nabla \boldsymbol{H}\|_2^2) + C_2$$

$$\leqslant \frac{23}{24}\|\nabla\Delta \boldsymbol{Z}\|_2^2 + C_1(\|\Delta \boldsymbol{Z}\|_4^4 + \|\Delta Z\|_2^2 + \|\nabla \boldsymbol{H}\|_2^2) + C_2. \tag{6.104}$$

方程 (6.2) 两边与 $\Delta \boldsymbol{E}$ 做内积，方程 (6.3) 两边与 $\Delta \boldsymbol{H}$ 做内积，再关于 $x(x\in\Omega)$ 积分，可得

$$\frac{1}{2}\frac{\mathrm{d}}{\mathrm{d}t}\int(|\nabla \boldsymbol{E}|^2 + |\nabla \boldsymbol{M}|^2)\mathrm{d}x + \sigma\int |\nabla \boldsymbol{E}|^2\mathrm{d}x -$$

$$\int \Delta \boldsymbol{E}\cdot P_t\mathrm{d}x - \beta\int \boldsymbol{Z}_t\cdot \Delta \boldsymbol{H}\mathrm{d}x = 0, \tag{6.105}$$

其中

$$\int[(\nabla\times \boldsymbol{H})\cdot \Delta \boldsymbol{E} - (\nabla\times \boldsymbol{E})\cdot \Delta \boldsymbol{H}]\mathrm{d}x$$

$$= -\int[(\nabla\times\nabla \boldsymbol{H})\cdot \nabla \boldsymbol{E} - (\nabla\times\nabla \boldsymbol{E})\cdot \nabla \boldsymbol{H}]\mathrm{d}x$$

$$= 0.$$

对方程 (6.4) 关于时间 $t$ 微分，然后再与 $P_{tt}$ 做内积，可得

$$P_{tt}\cdot(P_{ttt} + \lambda^2\nabla\times\nabla\times P_t - \mu P_{tt} - \nu E_t + 2\nu(P\varPhi'(|P|^2))_t) = 0, \tag{6.106}$$

因此我们有

$$\frac{1}{2}\frac{\mathrm{d}}{\mathrm{d}t}\|\boldsymbol{P}_{tt}\|_2^2 + \frac{\lambda}{2}\frac{\mathrm{d}}{\mathrm{d}t}\|\nabla\times \boldsymbol{P}_t\|_2^2 \leqslant C(\|\boldsymbol{E}_t\|_2^2 + \|\boldsymbol{P}_{tt}\|_2^2 + 1). \tag{6.107}$$

因为

$$\left|\int \Delta \boldsymbol{E}P_t\mathrm{d}x\right| \leqslant \frac{1}{2}(\|\nabla \boldsymbol{E}\|_2^2 + \|\nabla \boldsymbol{P}_t\|_2^2), \tag{6.108}$$

应用引理 6.4 和引理 6.5 的方法, 我们有

$$\|\nabla \boldsymbol{P}_t\|_2^2 + \|\Delta \boldsymbol{P}\|_2^2 \leqslant C_1. \tag{6.109}$$

由估计式 (6.105)、(6.106)、(6.107) 和 (6.108) 可得

$$\frac{1}{2}\frac{\mathrm{d}}{\mathrm{d}t}(\|\Delta \boldsymbol{Z}\|_2^2 + \|\nabla \boldsymbol{Z}\|_2^2 + \|\nabla \boldsymbol{H}\|_2^2 + \|\partial_t^2 \boldsymbol{P}\|_2^2)$$

$$\leqslant C(\|\Delta \boldsymbol{Z}\|_2^4 + \|\Delta \boldsymbol{Z}\|_2^2 + \|\nabla \boldsymbol{Z}\|_2^2 + \|\nabla \boldsymbol{H}\|\|_2^2 + \|\partial_t^2 \boldsymbol{P}\|_2^2). \tag{6.110}$$

应用 Gronwall 不等式和估计式 (6.108), 可得

$$\sup_{0\leqslant t\leqslant T}\{\|\Delta \boldsymbol{Z}\|_2^2 + \|\nabla \boldsymbol{E}\|_2^2 + \|\nabla \boldsymbol{H}\|_2^2 + \|\boldsymbol{P}_{tt}\|_2^2 + \|\Delta \boldsymbol{P}\|_2^2\} \leqslant C_2, \tag{6.111}$$

$$\int_0^t \|\nabla^3 \boldsymbol{Z}\|_2^2 \mathrm{d}t \leqslant C_3, \tag{6.112}$$

其中, 常数 $C_1, C_2, C_3$ 不依赖于 $D$.

由数学归纳法, 我们有

**引理 6.16** 假设 $(\boldsymbol{Z}_0(x), \boldsymbol{H}_0(x), \boldsymbol{E}_0(x), \boldsymbol{P}_0(x), \boldsymbol{P}_{t0}(x)) \in (H^m(\Omega), H^{m-1}(\Omega), H^{m-1}(\Omega), H^m(\Omega), H^{m-1}(\Omega)), m \geqslant 2, \Omega \subseteq \mathbb{R}^2$, 则对于周期初值问题 $(6.1) \sim (6.5)$ 的光滑解 $(Z(x,t), H(x,t), E(x,t), P(x,t))$, 满足

$$\sup_{0\leqslant t\leqslant T}\{\|\boldsymbol{Z}\|_{H^m} + \|\boldsymbol{E}\|_{H^{m-1}} + \|\boldsymbol{H}\|_{H^{m-1}} + \|\boldsymbol{P}\|_{H^m}\} \leqslant C_1, \tag{6.113}$$

$$\int_0^t \|\boldsymbol{Z}\|_{H^{m+1}} \mathrm{d}t \leqslant C_2, \tag{6.114}$$

其中, 常数 $C_1, C_2$ 不依赖于 $D$.

证明. 我们对 $m$ 应用归纳法对引理进行证明. 由引理 6.14 和引理 6.16 得, 估计式对 $m = 1, 2$ 成立.

接下来我们将证明对于 $m = M \geqslant 3$，引理的结论也成立.

$$\sup_{0 \leqslant t \leqslant T} \{\|\boldsymbol{Z}\|_{H^M} + \|\boldsymbol{E}\|_{H^{M-1}} + \|\boldsymbol{H}\|_{H^{M-1}} + \|\boldsymbol{P}\|_{H^M}\} \leqslant C_1. \tag{6.115}$$

下面我们将证明不等式 (6.115) 对于 $m = M + 1$ 也成立.

方程 (6.1) 两边同时与 $\Delta^M(\Delta\boldsymbol{Z} + \boldsymbol{H})$ 做内积，并在 $\Omega$ 上积分，可得

$$\frac{1}{2}\frac{\mathrm{d}}{\mathrm{d}t}\|D^{M+1}\boldsymbol{Z}\|_2^2 + \int \boldsymbol{Z}_t \cdot \Delta^M \boldsymbol{H}\mathrm{d}x + \int |D^{M+2}\boldsymbol{Z}|^2\mathrm{d}x$$

$$= \int \Delta\boldsymbol{Z} \cdot \Delta^M \boldsymbol{H}\mathrm{d}x + \int [\boldsymbol{Z} \times (\Delta\boldsymbol{Z} + \boldsymbol{H})] \cdot \Delta^M(\Delta\boldsymbol{Z} + \boldsymbol{H})\mathrm{d}x + G,$$

其中

$$G := \int -[k(1 + \mu_1|\boldsymbol{Z}|^2)\boldsymbol{Z}]\Delta^M(\Delta\boldsymbol{Z} + \boldsymbol{H})\mathrm{d}x$$

$$\leqslant C_1(\|D^{M+1}\boldsymbol{Z}\|_2^2 + \|D^M\boldsymbol{Z}\|_2^2 + \|D^M\boldsymbol{H}\|_2^2) +$$

$$C_2\|\boldsymbol{Z}\|_\infty^2(\|D^{M+1}\boldsymbol{Z}\|_2^2 + \|D^M\boldsymbol{Z}\|_2^2 + \|D^M\boldsymbol{H}\|_2^2)$$

$$\leqslant C(\|D^{M+1}\boldsymbol{Z}\|_2^2 + \|D^M\boldsymbol{H}\|_2^2 + 1).$$

此处我们应用了假设性结论 (6.115).

$$\int \Delta\boldsymbol{Z} \cdot \Delta^M \boldsymbol{H}\mathrm{d}x$$

$$\leqslant (-1)^M \int D^{M+2}\boldsymbol{Z}D^M\boldsymbol{H}\mathrm{d}x$$

$$\leqslant \frac{1}{8}\|D^{M+2}\boldsymbol{Z}\|_2^2 + C\|D^M\boldsymbol{H}\|_2^2,$$

$$\int [\boldsymbol{Z} \times (\Delta\boldsymbol{Z} + \boldsymbol{H})] \cdot \Delta^M(\Delta\boldsymbol{Z} + \boldsymbol{H})\mathrm{d}x$$

$$\leqslant \int [D^M\boldsymbol{Z} \times (\Delta\boldsymbol{Z} + \boldsymbol{H})] \cdot D^{M+2}\boldsymbol{Z}\mathrm{d}x +$$

$$\int [D^M\boldsymbol{Z} \times (\Delta\boldsymbol{Z} + \boldsymbol{H})] \cdot D^M\boldsymbol{H}\mathrm{d}x$$

$$\leqslant \|D^M \boldsymbol{Z}\|_4 \|\Delta \boldsymbol{Z}\|_4 \|D^{M+2} \boldsymbol{Z}\|_2 + \|D^M \boldsymbol{Z}\|_4 \|\boldsymbol{H}\|_4 \|D^{M+2} \boldsymbol{Z}\|_2 +$$

$$\|D^M \boldsymbol{Z}\|_4 \|\Delta \boldsymbol{Z}\|_4 \|D^M \boldsymbol{H}\|_2 + \|D^M \boldsymbol{Z}\|_4 \|\boldsymbol{H}\|_4 \|D^M \boldsymbol{H}\|_2.$$

应用 Sobolev 不等式，可得

$$\|D^M \boldsymbol{Z}\|_4 \leqslant C \|D^{M+2} \boldsymbol{Z}\|_2^{\frac{1}{4}} \|D^M \boldsymbol{Z}\|_2^{\frac{3}{4}},$$

$$\|\Delta \boldsymbol{Z}\|_4 \leqslant C \|\nabla \Delta \boldsymbol{Z}\|_2^{\frac{1}{2}} \|\Delta \boldsymbol{Z}\|_2^{\frac{1}{2}},$$

$$\|\boldsymbol{H}\|_4 \leqslant C \|\nabla \boldsymbol{H}\|_2^{\frac{1}{2}} \|\boldsymbol{H}\|_2^{\frac{1}{2}}.$$

因此，我们有

$$\|D^M \boldsymbol{Z}\|_4 \|\Delta \boldsymbol{Z}\|_4 \|D^{M+2} \boldsymbol{Z}\|_2 \leqslant \frac{1}{8} \|D^{M+2} \boldsymbol{Z}\|_2^2 + C,$$

$$\|D^M \boldsymbol{Z}\|_4 \|\boldsymbol{H}\|_4 \|D^{M+2} \boldsymbol{Z}\|_2 \leqslant \frac{1}{8} \|D^{M+2} \boldsymbol{Z}\|_2^2 + C,$$

$$\|D^M \boldsymbol{Z}\|_4 \|\Delta \boldsymbol{Z}\|_4 \|D^M \boldsymbol{H}\|_2 \leqslant \frac{1}{8} \|D^{M+2} \boldsymbol{Z}\|_2^2 + C \|D^M \boldsymbol{H}\|_2^2 + C_1,$$

$$\|D^M \boldsymbol{Z}\|_4 \|\boldsymbol{H}\|_4 \|D^M \boldsymbol{H}\|_2 \leqslant \frac{1}{8} \|D^{M+2} \boldsymbol{Z}\|_2^2 + C \|D^M \boldsymbol{H}\|_2^2 + C.$$

因此

$$\int [\boldsymbol{Z} \times (\Delta \boldsymbol{Z} + \boldsymbol{H})] \cdot \Delta^M (\Delta \boldsymbol{Z} + \boldsymbol{H}) \mathrm{d}x$$

$$\leqslant \frac{1}{2} \|D^{M+2} \boldsymbol{Z}\|_2^2 + C \|D^M \boldsymbol{H}\|_2^2 + C.$$

下面我们处理项 $\int \boldsymbol{Z}_t \cdot \Delta^M \boldsymbol{H} \mathrm{d}x$. 对于方程 (6.1)，我们有

$$\int \boldsymbol{Z}_t \cdot \Delta^M \boldsymbol{H} \mathrm{d}x$$

$$= \int \Delta \boldsymbol{Z} \cdot \Delta^M \boldsymbol{H} \mathrm{d}x + \int \boldsymbol{Z} \times (\Delta \boldsymbol{Z} + \boldsymbol{H}) \cdot \Delta^M \boldsymbol{H} \mathrm{d}x -$$

$$k \int (1 + \mu_1 |\boldsymbol{Z}|^2) \boldsymbol{Z} \cdot \Delta^M \boldsymbol{H} \mathrm{d}x$$

$$\leqslant \frac{1}{4}\|D^{M+2}\boldsymbol{Z}\|_2^2 + C_1\|D^M\boldsymbol{H}\|_2^2 +$$

$$\|\boldsymbol{Z}\|_\infty \int (|D^{M+2}\boldsymbol{Z}||D^M\boldsymbol{H}| + \boldsymbol{H}\cdot\Delta^M\boldsymbol{H})\mathrm{d}x +$$

$$k\int D^M\boldsymbol{Z}\cdot D^M\boldsymbol{H}\mathrm{d}x + k\mu_1\|\boldsymbol{Z}\|_\infty^2\int D^M\boldsymbol{Z}\cdot D^M\boldsymbol{H}\mathrm{d}x$$

$$\leqslant \frac{1}{8}\|D^{M+2}\boldsymbol{Z}\|_2^2 + (C_1 + \|\boldsymbol{Z}_0(x)\|_{\boldsymbol{H}^2}^2)\|D^M\boldsymbol{H}\|_2^2 +$$

$$\|\boldsymbol{Z}_0(x)\|_{\boldsymbol{H}^2}^2\int |D^{M+2}\boldsymbol{Z}||D^M\boldsymbol{H}|\mathrm{d}x +$$

$$k\int D^M\boldsymbol{Z}\cdot D^M\boldsymbol{H}\mathrm{d}x + k\mu_1\|\boldsymbol{Z}_0(x)\|_{\boldsymbol{H}^2}^2\int D^M\boldsymbol{Z}\cdot D^M\boldsymbol{H}\mathrm{d}x$$

$$\leqslant \frac{1}{4}\|D^{M+2}\boldsymbol{Z}\|_2^2 + C_1\|D^M\boldsymbol{Z}\|_2^2 + C_2\|D^M\boldsymbol{H}\|_2^2.$$

因此

$$\frac{1}{2}\frac{\mathrm{d}}{\mathrm{d}t}\|D^{M+1}\boldsymbol{Z}\|_2^2 + \|D^{M+2}\boldsymbol{Z}\|_2^2$$

$$\leqslant \frac{7}{8}\|D^{M+2}\boldsymbol{Z}\|_2^2 + C(\|D^{M+1}\boldsymbol{Z}\|_2^2 + \|D^M\boldsymbol{H}\|_2^2) + C_1.$$

方程 (6.2) 与 $\Delta^M\boldsymbol{E}$ 做内积, 方程 (6.3) 两边与 $\Delta^M\boldsymbol{H}$ 做内积, 然后关于 $x\in\Omega$ 积分, 可得

$$\frac{1}{2}\frac{\mathrm{d}}{\mathrm{d}t}\int (|D^M\boldsymbol{E}|^2 + |D^M\boldsymbol{H}|^2)\mathrm{d}x +$$

$$\sigma\int |D^M\boldsymbol{E}|^2\mathrm{d}x - \int \Delta^M\boldsymbol{E}\cdot P_t\mathrm{d}x - \beta\int \boldsymbol{Z}_t\cdot\Delta^M\boldsymbol{H}\mathrm{d}x$$

$$= 0, \tag{6.116}$$

其中

$$\int [(\nabla\times\boldsymbol{H})\cdot\Delta^M\boldsymbol{E} - (\nabla\times\boldsymbol{E})\cdot\Delta^M\boldsymbol{H}]\mathrm{d}x$$

$$= (-1)^M\int [(\nabla\times D^M\boldsymbol{H})\cdot D^M\boldsymbol{E} - (\nabla\times D^M\boldsymbol{E})\cdot D^M\boldsymbol{H}]\mathrm{d}x$$

$$= 0.$$

对方程 (6.4) 关于时间 $t$ 做 $M$ 次微分，然后与 $\boldsymbol{P}_t^M$ 做内积，可得

$$(\boldsymbol{P}_t^M, \boldsymbol{P}_t^{M+1} + \lambda^2 \nabla \times \nabla \times \boldsymbol{P}_t^M - \mu \boldsymbol{P}_t^{M+1} -$$

$$\nu \boldsymbol{E}_t^M + 2\nu (\boldsymbol{P}\Phi'(|\boldsymbol{P}|^2))_t^M)$$

$$= 0. \tag{6.117}$$

因此，我们有

$$\frac{1}{2}\frac{\mathrm{d}}{\mathrm{d}t}\|\boldsymbol{P}_t^M\|_2^2 + \frac{\lambda}{2}\frac{\mathrm{d}}{\mathrm{d}t}\|\nabla \times \boldsymbol{P}_t^M\|_2^2$$

$$\leqslant C(\|\boldsymbol{E}_t^M\|_2^2 + \|\boldsymbol{P}_t^M\|_2^2 + 1), \tag{6.118}$$

且

$$\left|\int \Delta^M \boldsymbol{E}\boldsymbol{P}_t \mathrm{d}x\right| \leqslant \frac{1}{2}(\|D^M \boldsymbol{E}\|_2^2 + \|D^M \boldsymbol{P}_t\|_2^2). \tag{6.119}$$

应用引理 6.4 和引理 6.5 的方法，我们有

$$\|D^M \boldsymbol{P}_t\|_2^2 + \|D^{M+1} \boldsymbol{P}\|_2^2 \leqslant C_1, \tag{6.120}$$

则由 (6.104)、(6.116)、(6.118)、(6.120)，我们有

$$\sup_{0\leqslant t\leqslant T}(\|\boldsymbol{Z}\|_{\boldsymbol{H}^{M+1}} + \|\boldsymbol{E}\|_{\boldsymbol{H}^M} + \|\boldsymbol{H}\|_{\boldsymbol{H}^M} + \|\boldsymbol{P}\|_{\boldsymbol{H}^{M+1}}) \leqslant C_1, \tag{6.121}$$

$$\int_0^t \|D^{M+2}\boldsymbol{Z}\|_2^2 \mathrm{d}t \leqslant C_3, \tag{6.122}$$

其中，常数 $C_1, C_2, C_3$ 不依赖于 $D$.

**引理 6.17** 假设 $(\boldsymbol{Z}_0(x), \boldsymbol{H}_0(x), \boldsymbol{E}_0(x), \boldsymbol{P}_0(x), \boldsymbol{P}_{t0}(x)) \in (H^2(\Omega), H^1(\Omega), H^1(\Omega),$ $H^2(\Omega), H^1(\Omega)), \Omega \subset \mathbb{R}^3$，且 $\|\boldsymbol{Z}\|_\infty \leqslant \|\boldsymbol{Z}_0\|_{H^2} \ll 1$，则对于周期初值问题 (6.1) $\sim$ (6.5) 的光滑解 $(\boldsymbol{Z}(x,t), \boldsymbol{H}(x,t), \boldsymbol{E}(x,t), \boldsymbol{P}(x,t))$ 满足

$$\sup_{0 \leqslant t \leqslant T} (\|\Delta \boldsymbol{Z}\|_2^2 + \|\nabla \boldsymbol{E}\|_2^2 + \|\nabla \boldsymbol{H}\|_2^2 + \|\boldsymbol{P}_{tt}\|_2^2 + \|\Delta \boldsymbol{P}\|_2^2) \leqslant C_1, \tag{6.123}$$

$$\int_0^t \|\nabla^3 \boldsymbol{Z}\|_2^2 \mathrm{d}t \leqslant C_2, \tag{6.124}$$

其中，常数 $C_1, C_2$ 不依赖于 $D$.

**注 6.2** 引理 6.17 的证明与引理 6.15 的证明类似，只是在估计时会用到 $\|\boldsymbol{Z}\|_\infty \leqslant \|\boldsymbol{Z}_0\|_{H^2} \ll 1$ 这个小初值条件，故此略去.

由数学归纳法，可得

**引理 6.18** 假设 $(\boldsymbol{Z}_0(x), \boldsymbol{H}_0(x), \boldsymbol{E}_0(x), \boldsymbol{P}_0(x), \boldsymbol{P}_{t0}(x)) \in (H^m(\Omega), H^{m-1}(\Omega), H^{m-1}(\Omega),$ $H^m(\Omega), H^{m-1}(\Omega))\,(m \geqslant 2), \Omega \subseteq \mathbb{R}^3$ 和 $\|\boldsymbol{Z}\|_\infty \leqslant \|\boldsymbol{Z}_0\|_{H^2} \ll 1$，则周期初值问题 (6.1) $\sim$ (6.5) 的光滑解 $(\boldsymbol{Z}(x,t), \boldsymbol{H}(x,t), \boldsymbol{E}(x,t), \boldsymbol{P}(x,t))$ 满足

$$\sup_{0 \leqslant t \leqslant T} (\|\boldsymbol{Z}\|_{H^m} + \|\boldsymbol{E}\|_{H^{m-1}} + \|\boldsymbol{H}\|_{H^{m-1}} + \|\boldsymbol{P}\|_{H^m}) \leqslant C_1, \tag{6.125}$$

$$\int_0^t \|\boldsymbol{Z}\|_{H^{m+1}} \mathrm{d}t \leqslant C_2, \tag{6.126}$$

其中，常数 $C_1, C_2$ 不依赖于 $D$.

**注 6.3** 引理 6.18 的证明与引理 6.16 的证明类似，只是在估计时会用到 $\|\boldsymbol{Z}\|_\infty \leqslant \|\boldsymbol{Z}_0\|_{H^2} \ll 1$ 这个小初值条件，故此略去.

同样，注意到上面的先验估计不依赖于 $D$. 应用鞋带原理，令 $D \to \infty$，我们可得柯西问题 (6.1) $\sim$ (6.4) 和 (6.6) 的整体光滑解的存在性. 定理 6.5 得证.

# 第 7 章
## 分数阶 Landau-Lifshitz-Bloch 方程的光滑解

分数阶 Landau-Lifshitz-Bloch 方程跟 Landau-Lifshitz-Bloch 方程类似, 来源于分数阶 Landau-Lifshitz 方程, 其形式如下

$$z_t = z \times (-\Delta)^\alpha z - \lambda z \times (-\Delta)^\beta z, \tag{7.1}$$

其中, $\lambda \geqslant 0$ 为系数, $\alpha$ 和 $\beta$ 为非负的实数. 参考文献 [47] 证明了当 $\lambda = 0$ 时分数阶 Landau-Lifshitz 方程弱解的存在性, 参考文献 [48] 证明了当 $\alpha = \beta$ 时分数阶 Landau-Lifshitz 方程弱解的存在性, 参考文献 [49] 证明了分数阶 Landau-Lifshitz 方程与一个波方程耦合的方程组的弱解的存在性.

本章考察如下的分数阶 Landau-Lifshitz-Bloch 方程

$$z_t = -(-\Delta)^\alpha z - z \times (-\Delta)^\beta z, \tag{7.2}$$

其中, $\alpha$ 和 $\beta$ 为非负的实数. 可以有很多种方式定义 $(-\Delta)^\alpha$, 由于本章考虑的是周期边界的情况, 我们将用如下的 Fourier 级数的定义:

**定义 7.1** 如果 $z = \displaystyle\sum_{n \in \mathbf{Z}^2} a_n \mathrm{e}^{\mathrm{i}n \cdot x}$, 则

$$(-\Delta)^\alpha z = \sum_{n \in \mathbf{Z}^2} |n|^{2\alpha} a_n \mathrm{e}^{\mathrm{i}n \cdot x}.$$

其中, $x \in \Omega = [0, 2\pi] \times [0, 2\pi]$.

从上面的定义可以看出，如果 $\alpha = \beta = 1$，那么 $(-\Delta)^{\alpha}$ 就是标准的拉普拉斯算子，此时方程 (7.2) 变成标准的 Landau-Lifshitz-Bloch 方程. 因为 $\alpha$ 和 $\beta$ 的变化情况比较多，本章考察方程 (7.2) 的一种特殊形式

$$z_t = -(-\Delta)^{2\alpha}z - z \times (-\Delta)^{\alpha}z, \tag{7.3}$$

$$z(x, 0) = z_0, x \in \Omega. \tag{7.4}$$

为书写方便，定义 $\Lambda = (-\Delta)^{\frac{1}{2}}$，于是 (7.3) 等价于

$$z_t = -\Lambda^{4\alpha}z - z \times \Lambda^{2\alpha}z. \tag{7.5}$$

本章主要考虑方程 (7.4) 在周期边界条件 (7.5) 下光滑解的存在性，主要结论如下：

**定理 7.1** *如果维数 $d = 2$ 且 $z_0 \in H^m(m \geqslant 2)$，那么对任意的 $T > 0$，上述方程存在光滑解 $z$，满足下列条件*

$$\partial_t^j \partial_x^{\alpha} z \in L^{\infty}([0, T]; L^2(\Omega)), \tag{7.6}$$

$$\partial_t^k \partial_x^{\beta} z \in L^2([0, T]; L^2(\Omega)), \tag{7.7}$$

*其中，$2j + |\alpha| \leqslant m$，并且 $2k + |\beta| \leqslant m + 1$.*

证明定理 7.1 的主要思路是，先利用压缩映像原理通过构造空间的方法证明局部光滑解的存在性，然后证明先验估计，先验估计的作用在于保证了解在其存在区间上的模的一致有界性，于是可以通过延拓的办法得到解的全局存在性.

## 7.1　局部光滑解的存在性先验估计

首先证明局部光滑解的存在性，类似于 Landau-Lifshitz-Gilbert 方程的情况，

定义空间

$$X = \{u | u \in C([0,T]; H^m(R^d)),$$

$$t^\alpha u(t) \in C^\alpha([0,T]; H^m(\Omega)), u(0) = u_0\}$$

和

$$Y = \{u | u \in X, \|u\|_{C([0,T]; H^m(R^d))} +$$

$$[t^\theta u]_{C^\alpha([0,T]; H^m(\Omega))} \leqslant \rho\},$$

其中，$0 < \theta < 1, m \geqslant 2$，在 $Y$ 上定义映射 $\Gamma$: $\Gamma(u) = v$，其中 $v$ 是下列方程的解

$$v_t = -\Lambda^{4\alpha} v - z \times \Lambda^{2\alpha} z, v(0) = z_0. \tag{7.8}$$

于是，根据参考文献 [16] 中的定理 4.3.5, $\Gamma$ 是从 $Y$ 到 $X$ 的映射，并且当 $T$ 足够小时，它还是一个压缩映射，所以根据压缩映像原理，方程存在唯一的局部光滑解，下面只需要对方程的解做先验估计即可.

**引理 7.1** 如果 $z_0 \in L^2$，则有

$$\frac{\mathrm{d}}{\mathrm{d}t} \int_\Omega z^2 \mathrm{d}x \leqslant 0, \tag{7.9}$$

即 $\|z(\cdot, t)\|_2 \leqslant \|z_0\|_2$.

证明. 对方程 (7.3) 量变与 $z$ 做点乘，然后在 $\Omega$ 上积分，于是

$$\int_\Omega z \cdot z_t \mathrm{d}x = \int_\Omega -\Lambda^{4\alpha} z \cdot z \mathrm{d}x, \tag{7.10}$$

为处理上式右边的积分，引进如下的分数阶导数的分部积分公式

$$\int_\Omega \Lambda^{\alpha_1} z \cdot \Lambda^{\alpha_2} z \mathrm{d}x = \int_\Omega \Lambda^{\beta_1} z \cdot \Lambda^{\beta_2} z \mathrm{d}x, \tag{7.11}$$

其中，$\alpha_1 + \alpha_2 = \beta_1 + \beta_2$.

根据这个公式，(7.10) 的右边可以改写成

$$\int_\Omega -\Lambda^{4\alpha} z \cdot z \mathrm{d}x = -\int_\Omega |\Lambda^{2\alpha} z|^2 \mathrm{d}x \leqslant 0. \tag{7.12}$$

因此

$$\frac{1}{2}\frac{\mathrm{d}}{\mathrm{d}t}\int_\Omega z^2 \mathrm{d}x \leqslant 0, \tag{7.13}$$

即 $\|z(\cdot, t)\|_2 \leqslant \|z_0\|_2$.

**引理 7.2** 如果 $z_0 \in H^\alpha$，即 $\Lambda^\alpha z \in L^2$，则有

$$\int_\Omega |\Lambda^\alpha z|^2 \mathrm{d}x + 2\int_0^t \int_\Omega |\Lambda^{3\alpha} z|^2 \mathrm{d}x \mathrm{d}t$$
$$\leqslant \int_\Omega |\Lambda^\alpha z_0|^2 \mathrm{d}x. \tag{7.14}$$

即 $\|\Lambda^\alpha z(\cdot, t)\|_2 \leqslant \|\Lambda^\alpha z_0\|_2$.

证明. 对方程 (7.3) 两边与 $\Lambda^{2\alpha} z$ 做点乘，然后在 $\Omega$ 上积分，于是

$$\int_\Omega \Lambda^{2\alpha} z \cdot z_t \mathrm{d}x = -\int_\Omega \Lambda^{4\alpha} z \cdot \Lambda^{2\alpha} \mathrm{d}x. \tag{7.15}$$

根据分数阶导数的分部积分公式，上式可以改写为

$$\frac{1}{2}\frac{\mathrm{d}}{\mathrm{d}t}\int_\Omega |\Lambda^\alpha z|^2 \mathrm{d}x = -\int_\Omega |\Lambda^{3\alpha} z|^2 \mathrm{d}x. \tag{7.16}$$

上式两边关于时间 $t$ 在 $(0, t)$ 上积分，就得到了引理 7.2.

**引理 7.3** 如果 $1 > \alpha > \dfrac{1}{2}$, $z_0 \in H^{2\alpha}$，则有

$$\int_\Omega |\Lambda^{2\alpha} z|^2 \mathrm{d}x + \int_0^t \int_\Omega |\Lambda^{3\alpha} z|^2 \mathrm{d}x \mathrm{d}t \leqslant C. \tag{7.17}$$

证明. (7.5) 两边与 $\Lambda^{4\alpha}z$ 做点乘, 然后在 $\Omega$ 上积分, 于是

$$\int_{\Omega} \Lambda^{4\alpha}z \cdot z_t \mathrm{d}x = -\int_{\Omega} \Lambda^{4\alpha}z \cdot \Lambda^{2\alpha} \mathrm{d}x + \int_{\Omega} z \times \Lambda^{2\alpha}z \cdot \Lambda^{4\alpha} \mathrm{d}x, \tag{7.18}$$

为处理上式右边最后一项, 引进下面的几个命题.

**命题 7.1** 若 $z \sim a_n, v \sim b_n$, 则

$$\int z \cdot v \mathrm{d}x = \sum a_n b_n, \tag{7.19}$$

并且 $\|z\|_2 = \|a_n\|_2$.

**命题 7.2** 若 $z \sim a_n$, 则 $\Lambda^{\alpha}z \sim |n|^{\alpha}a_n$.

**命题 7.3** 若 $z \sim a_n, v \sim b_n, zv \sim c_n$, 则

$$c_n = \sum_k a_k b_{n-k}, \tag{7.20}$$

并且有如下 Hausdorff-Young 不等式

$$\|c_n\|_p \leqslant \|a_n\|_q \|b_n\|_r, \tag{7.21}$$

其中, $\dfrac{1}{p} + 1 = \dfrac{1}{q} + \dfrac{1}{r}, p, q, r > 1$.

**命题 7.4** 若 $a, b > 0, 1 \geqslant \alpha \geqslant 0$, 则有

$$(a + b)^{\alpha} \leqslant a^{\alpha} + b^{\alpha}. \tag{7.22}$$

以上几个命题都属于数学分析中的基础内容, 应用级数的基本知识就可以证明. 下面证明引理 7.3:

令

$$I = \int z \times \Lambda^{2\alpha}z \cdot \Lambda^{4\alpha} \mathrm{d}x = \int \Lambda^{\alpha}(z \times \Lambda^{2\alpha}z) \cdot \Lambda^{3\alpha}z \mathrm{d}x,$$

根据命题 7.1 和命题 7.3，有

$$|I| \leqslant \sum_n |n|^\alpha \sum_k |a_{n-k}||k|^{2\alpha}|a_k| \cdot |n|^{3\alpha}|a_n| \tag{7.23}$$

$$= \sum_n \left( |n|^\alpha \sum_k |a_{n-k}||k|^{2\alpha}|a_k| - \sum_k |a_{n-k}||k|^{3\alpha}|a_k| \right) \cdot |n|^{3\alpha}|a_n| \tag{7.24}$$

$$\leqslant \sum_n \sum_k |n-k|^\alpha |a_{n-k}||k|^{2\alpha}|a_k| \cdot |n|^{3\alpha}|a_n| \tag{7.25}$$

$$\leqslant \left( \sum_n |c_n|^2 \right)^{\frac{1}{2}} \left( \sum_n |n|^{6\alpha}|a_n|^2 \right)^{\frac{1}{2}}. \tag{7.26}$$

其中，$c_n = \sum_k |n-k|^\alpha |a_{n-k}||k|^{2\alpha}|a_k|$，根据 Hausdorff-Young 不等式有

$$\|c_n\|_2 \leqslant \sum_n |n|^\alpha |a_n| \left( \sum_n |n|^{4\alpha}|a_n|^2 \right)^{\frac{1}{2}}. \tag{7.27}$$

结合 Hölder 不等式和命题 7.2，有

$$|I| \leqslant \sum_n |n|^\alpha |a_n| \|\Lambda^{2\alpha}\|_2 \|\Lambda^{3\alpha}\|_2,$$

其中

$$\sum_n |n|^\alpha |a_n| = \sum_n |n|^{3\alpha}|a_n||n|^{-2\alpha}$$

$$\leqslant \left( \sum_n |n|^{6\alpha}|a_n|^2 \right)^{\frac{1}{2}} \left( \sum_n |n|^{-4\alpha} \right)^{\frac{1}{2}}.$$

所以当 $\alpha > \dfrac{1}{2}$ 时，$\sum_n |n|^\alpha |a_n|$ 被 $\|\Lambda^{3\alpha}z\|_2$ 所控制，因此

$$|I| \leqslant C\|\Lambda^{2\alpha}z\|_2 \|\Lambda^{3\alpha}z\|_2^2 \leqslant C\|\Lambda^{4\alpha}z\|_2 \|\Lambda^{2\alpha}z\|_2^2$$

$$\leqslant \|\Lambda^{4\alpha}z\|_2^2 + C\|\Lambda^{2\alpha}z\|_2^4,$$

即

$$\frac{d}{dt} \int_\Omega |\Lambda^{2\alpha} z|^2 dx \leqslant C \|\Lambda^{2\alpha} z\|_2^4,$$

由引理 7.2 可知，$\int_0^t \|\Lambda^{2\alpha} z\|_2^2 dt$ 有界，再根据广义的 Gronwall 不等式，有

$$\|\Lambda^{2\alpha} z\|_2 \leqslant C,$$

由此即得引理 7.3.

下面考虑方程的解的高阶导数估计，假设 $m \geqslant 2$ 是一个整数，(7.5) 两边与 $\Lambda^{(2m+2)\alpha} z$ 做点乘，然后在 $\Omega$ 上积分，于是有

$$\int_\Omega \Lambda^{(2m+2)\alpha} z \cdot z_t dx$$
$$= - \int_\Omega \Lambda^{4\alpha} z \cdot \Lambda^{(2m+2)\alpha} z dx +$$
$$\int_\Omega (u \times \Lambda^{2\alpha} z) \cdot \Lambda^{(2m+2)\alpha} z dx. \tag{7.28}$$

根据分数阶导数的分部积分公式，上式可以改写为

$$\frac{1}{2} \frac{d}{dt} \int_\Omega |\Lambda^{(m+1)\alpha} z|^2 dx$$
$$= - \int_\Omega |\Lambda^{(m+3)\alpha} z|^2 dx +$$
$$\int_\Omega \Lambda^{(m-1)\alpha} (z \times \Lambda^{2\alpha} z) \cdot \Lambda^{(m+3)\alpha} u dx. \tag{7.29}$$

上式右边第二项记为 $I$，类似于引理 7.3 的证明，有

$$|I| \leqslant \sum_n |n|^{(m-1)\alpha} \sum_k |a_{n-k}||k|^{2\alpha}|a_k| \cdot |n|^{(m+3)\alpha}|a_n| \tag{7.30}$$
$$\leqslant C \sum_n (|n-k|^{(m-1)\alpha} + |k|^{(m-1)\alpha})$$

$$\sum_k |a_{n-k}||k|^{2\alpha}|a_k| \cdot |n|^{(m+3)\alpha}|a_n| \tag{7.31}$$

$$= C \sum_n \sum_k |n-k|^{(m-1)\alpha}|a_{n-k}||k|^{2\alpha}|a_k| \cdot |n|^{(m+3)\alpha}|a_n| +$$

$$C \sum_n \sum_k |a_{n-k}||k|^{(m+1)\alpha}|a_k| \cdot |n|^{(m+3)\alpha}|a_n|. \tag{7.32}$$

上式右边第一项记为

$$\sum_n c_n \cdot |n|^{(m+3)\alpha}|a_n|$$

$$\leqslant \left( \sum_n |c_n|^2 \right)^{\frac{1}{2}} \left( \sum_n |n|^{(2m+6)\alpha}|a_n|^2 \right)^{\frac{1}{2}}, \tag{7.33}$$

其中，$c_n = \sum_k |n-k|^\alpha |a_{n-k}||k|^{2\alpha}|a_k|$，根据 Hausdorff-Young 不等式有

$$\|c_n\|_2 \leqslant \sum_n |n|^{2\alpha}|a_n| \left( \sum_n |n|^{2(m-1)\alpha}|a_n|^2 \right)^{\frac{1}{2}}$$

$$\leqslant C\|\Lambda^{(m-1)\alpha}z\|_2. \tag{7.34}$$

同样的方法可以用到 (7.32) 式右边第二项上，综合可得

$$|I| \leqslant C\|\Lambda^{(m-1)\alpha}u\|_2\|\Lambda^{(m+3)\alpha}u\|_2. \tag{7.35}$$

结合 Holder 不等式和 Gronwall 不等式，有以下结论:

**引理 7.4** 如果 $1 > \alpha > \dfrac{1}{2}$, $z_0 \in H^{(m+1)\alpha}$，则有

$$\int_\Omega |\Lambda^{(m+1)\alpha}z|^2 \mathrm{d}x + \int_0^t \int_\Omega |\Lambda^{(m+3)\alpha}z|^2 \mathrm{d}x\mathrm{d}t \leqslant C. \tag{7.36}$$

上述引理给出了方程的解的高阶导数的先验估计，由于这个估计是一致的，再结合解的局部存在性证明，我们就可得到定理 7.1 的证明.

## 7.2　解的唯一性证明

本节将证明方程的光滑解的唯一性，结论如下：

**定理 7.2** 如果 $z$ 和 $v$ 是方程 $(7.4)\sim(7.5)$ 的两个光滑解，它们的初值相同，满足 $z_0 = v_0 \in H^\infty(\Omega)$，则有 $z \equiv v$.

证明. 设 $w = z - v$，只需证明 $w \equiv 0$. 由于 $z$ 和 $v$ 都满足同一个方程，通过计算可知 $w$ 满足方程

$$w_t = -\Lambda^{4\alpha} w - z \times \Lambda^{2\alpha} z + v \times \Lambda^{2\alpha} v,$$

上式右端中带 "×" 的项可以改写为

$$- z \times \Lambda^{2\alpha} z + v \times \Lambda^{2\alpha} v$$
$$= -w \times \Lambda^{2\alpha} z + v \times \Lambda^{2\alpha} w.$$

于是

$$w_t = -\Lambda^{4\alpha} w - w \times \Lambda^{2\alpha} z + v \times \Lambda^{2\alpha} w.$$

上式两边同时与 $w$ 做点乘，然后在 $\Omega$ 上积分，则有

$$\frac{1}{2} \frac{\mathrm{d}}{\mathrm{d}t} \int_\Omega |w|^2 \mathrm{d}x$$
$$= -\int_\Omega |\Lambda^{2\alpha} w|^2 \mathrm{d}x + \int_\Omega (v \times \Lambda^{2\alpha} w) \cdot w \mathrm{d}x.$$

其中，根据引理 7.3 的结论

$$\left| \int_\Omega (v \times \Lambda^{2\alpha} w) \cdot w \mathrm{d}x \right|$$
$$\leqslant 2 \|\Lambda^\alpha v\|_{L^\infty}^2 \|w\|_{L^2}^2 + \frac{1}{2} \|\Lambda^{2\alpha} w\|_{L^2}^2.$$

既然 $z$ 和 $v$ 是光滑解，范数 $\|\Lambda^{\alpha}v\|_{L^{\infty}}^{2}$，$\|z\|_{L^{\infty}}^{2}$ 和 $\|v\|_{L^{\infty}}^{2}$ 可以用常数代替，于是

$$\frac{\mathrm{d}}{\mathrm{d}t}\int_{\Omega}|w|^{2}\mathrm{d}x \leqslant C\int_{\Omega}|w|^{2}\mathrm{d}x.$$

根据 Gronwall 不等式和条件 $w(x,0) \equiv 0$，就有 $w \equiv 0$.

# 第 8 章

# 随机 Landau-Lifshitz-Bloch 方程解的适定性
# 和遍历性

本章第一节将研究二维周期初值随机 Landau-Lifshitz-Bloch 方程整体光滑解的存在性. 通过证明随机 Landau-Lifshitz-Bloch 方程鞅解的整体存在性和路径的唯一性,我们将得到随机 Landau-Lifshitz-Bloch 方程的整体光滑性. 更进一步,我们将研究方程的正则性. 第二节我们将研究随机 Landau-Lifshitz-Bloch 方程的遍历性. 首先,应用 Krylov-Bogoliubov 方法在有界区间对 Feller 半群证明其不变测度集的存在性. 其次,对于退化带噪声的情形,利用渐近强 Feller 的概念证明相应的过渡半群属性的不变测度集的唯一性.

## 8.1 随机 Landau-Lifshitz-Bloch 方程的光滑解

Landau-Lifshitz-Gilbert (LLG) 方程[42] 为建立居里温度 $T_c$ 以下的铁磁动力学行为模型提供了数学基础. 但是在高温下,我们必须用热力学模型 Landau-Lifshitz-Bloch (LLB) 方程来代替 LLG. LLB 方程事实上是 LLG 方程 (低温情形下) 与 Ginzburg-Landau 相变理论的插值,并且 LLB 方程在低于居里温度和高于居里温度时都是有效的. 当温度 $T \geqslant \frac{3}{4} T_c$ 时,LLB 方程可以替代 LLG 方程,例如光诱导的强大的飞秒激光器的退磁[50]. 此时,电子的温度通常要高于 $T_c$. LLB 方程已经被证明可以准确地观察到飞秒磁化动力学现象,而 LLG 方程在这种情况下不起作用. 在铁磁性理论中, 一个重要的问题就是要表现出由随机热波动引起的相变. 然后, 我们需要修正的 LLB 方程将随机因子引入磁化动力学中并且以此来揭示噪声引起的过渡.

简化的随机 LLB 方程可写为

$$\mathrm{d}z = [\kappa_1 \Delta z + \gamma z \times \Delta z - \kappa_2(1 + \mu|z|^2)z]\mathrm{d}t + (z \times G) \circ \mathrm{d}W. \tag{8.1}$$

其中, $z$ 是自旋极化, $\kappa_1$ 是横向阻尼参数, $\gamma > 0$ 是旋磁率, $\kappa_2 := \dfrac{\kappa_1}{\chi_\parallel}$ ($\chi_\parallel$ 是纵波磁化系数), $\mu := \dfrac{3}{5}\dfrac{T}{T - T_c}$, $|\cdot|$ 是欧式范数, $\times$ 是向量叉乘, $G$ 是一个给定的 Hilbert-Schmidt 算子, $\circ\mathrm{d}$ 是 Stratonovich 微分, $W$ 是圆柱形 Wiener 过程. 我们注意到, (8.1) 是物理中随机 LLB 方程的特殊形式. 当 $T > T_c$ 时, 方程的平衡分布是 Boltzmann 方程. 因此, 随机 LLB 方程被认为是描述微磁动力学行为当温度接近 $T_c$ 的唯一有效模型. 目前, 随机 LLB 方程主要用于自旋电子学, 如热辅助磁场记录的仿真.

我们假设系数 $\kappa_1, \kappa_2, \gamma, \mu$ 是正实数, 并假设初值

$$z(0, x) = z_0(x), \tag{8.2}$$

且为周期边界条件.

假设 $W(t) = \displaystyle\sum_{k=1}^{\infty} \beta_k(t)e_k$ 是圆柱形 Wiener 过程, 其中, $\{e_k\}_{k \in N}$ 表示 $L^2(D)$ 的完备正交基, 其中 $D = T^2$; $\{\beta_k\}_{k \in N}$ 表示实数独立布朗运动序列. 对每个 $k \in N$, 记 $G_k := Ge_k$ 且假设 $G\dot{W} = \displaystyle\sum_{k \in N} G_k \dot{\beta}_k(t)$, 其中 $G$ 是 $L^2(D)$ 到 $W^{2,3}(D)$ 的 Hilbert-Schmidt 算子. 假设

$$\sum_{k=1}^{\infty} \|G_k\|_{W^{2,2}(D)}^2 < \infty. \tag{8.3}$$

对于 LLB 方程，Le 在参考文献 [13] 中考虑了整体弱解的存在性及时间正则性. 对于三维随机 LLB 方程，Jiang, Ju-Wang[51] 首先得到了鞅弱解的存在性并研究了在有界域中解的正则性.

在本节中，我们将通过证明鞅解的整体存在性和路径唯一性来证明 LLB 方程的整体适定性. 首先证明解的 $L^\infty$ 范数，解的唯一性和规律性有关时间 $t$ 一致有界，然后应用一致有界性，证明路径的唯一性和解的正则性.

首先，我们给出鞅解的定义.

**定义 8.1** 已知 $T > 0$，具有周期边界条件的方程 $(8.1) \sim (8.2)$ 的鞅解 $((\Omega, \mathcal{F}, \mathcal{F}_t, \mathbb{P}), W, z)$ 满足如下条件:

(1) $(\Omega, \mathcal{F}, \mathcal{F}_t, \mathbb{P})$ 是随机基，其中 $\mathcal{F}_t$ 是概率空间 $(\Omega, \mathcal{F}, \mathbb{P})$ 的过滤.

(2) $W$ 是 $\mathcal{F}_t$-圆柱形 Wiener 过程.

(3) 对几乎每一个 $t \in [0, T]$，$z(t)$ 是逐步可测的.

(4) $z : \Omega \times [0, T] \to H^1(D) \cap L^4(D)$，使得对 $\varphi \in C_0^\infty(D)$ 且 $t \in [0, T]$，我们有

$$
\begin{aligned}
\langle z(t), \varphi \rangle = {} & \langle z_0, \varphi \rangle - \kappa_1 \int_0^t \langle z(s) \times \nabla z(s), \nabla \varphi \rangle \mathrm{d}s - \\
& \gamma \int_0^t \langle z(s) \times \nabla z(s), \nabla \varphi \rangle \mathrm{d}s - \\
& \kappa_2 \int_0^t \langle (1 + \mu |z|^2(s)) z(s), \varphi \rangle \mathrm{d}s + \\
& \int_0^t \langle z \times G, \varphi \rangle \circ \mathrm{d}W.
\end{aligned}
$$

接下来，我们给出鞅解存在性的结果.

**命题 8.1** 假设 $G \in W^{2,3}(D)$. 对于 $T > 0$ 和初始条件 $z_0 \in H^1(D)$，对于定义 8.1 意义下带有周期边界条件的方程 $(8.1) \sim (8.2)$，存在鞅解 $((\Omega, \mathcal{F}, \mathcal{F}_t, \mathbb{P}), W, z)$.

证明. 命题 8.1 的证明类似于参考文献 [51]，只给出证明的概括. 首先应用 Faedo-Galerkin 构造近似解. 由能量估计可得到某些收敛，然而，收敛性太弱无法保证极限是 $[0, T]$ 上的解. 其次，我们使用随机紧致方法得到紧性. 再次，使用 Jakubowski-Skorokhod 定理获得一个新的概率空间. 新随机变量的存在性与新概率空间上的近似解具有相同的性质 (可以证明新的随机变量满足近似方程式)，并且几乎可以肯定新的随机变量的收敛性. 最后，结合能量估计，得出其收敛性 (证明的关键点是验证限制 Wiener 过程本身，它的二次变化和交叉变化是鞅)，从而得到其存在性.

我们得到主要定理:

**定理 8.1** 假设 $G \in W^{2,3}(D)$. 对于 $T > 0$ 和初始条件 $z_0 \in H^2(D)$，带有周期边界条件的方程 (8.1) ∼ (8.2) 存在唯一的强解 $z(t, x)$，满足

(1) 对任意 $T > 0, z \in L^2(\Omega, C([0, T], H^2)) \cap L^2(\Omega, L^2([0, T], H^3))$ 且

$$E\left(\sup_{0 \leqslant t \leqslant T} \|z(t)\|_{H^2}^2\right) + E \int_0^T \|z(s)\|_{H^3}^2 \mathrm{d}s \leqslant C_T \|z_0\|_{H^2}^2.$$

(2) 对所有的 $t \in [0, T]$, P-a.s 成立.

$$z(t) = z_0 + \kappa_1 \int_0^t \Delta z(s) \mathrm{d}s +$$
$$\int_0^t [\gamma z(s) \times \Delta z(s) - \kappa_2 (1 + \mu |z|^2(s)) z(s)] \mathrm{d}s +$$
$$\int_0^t (z \times G) \circ \mathrm{d}W(s).$$

本节我们先给出弱解的先验估计，然后给出弱解路径的唯一性，最后我们得到强解的整体存在性.

### 8.1.1 解的先验估计

**引理 8.1** 假设 $G \in W^{2,3}(D)$. 对于 $T > 0$ 和初始值 $z_0 \in H^1(D)$, 我们有

(1) 对任意 $T > 0$, $z \in L^2(\Omega, C([0,T], L^2)) \cap L^2(\Omega, L^2([0,T], H^1))$, 且

$$
E\left( \sup_{0 \leqslant t \leqslant T} \|z(t)\|_{L^2}^2 \right) +
$$
$$
E\left( \kappa_1 \int_0^T \|\nabla z(s)\|_{L^2}^2 \mathrm{d}s + \kappa_2 \int_0^T \|(1 + \mu|z|^2(s))^{\frac{1}{2}} z(s)\|_{L^2}^2 \mathrm{d}s \right)
$$
$$
\leqslant C_T \|z_0\|_{L^2}^2.
$$

(2) 对所有 $t \in [0,T]$, $E\left( \sup_{0 \leqslant t \leqslant T} \|\nabla z(t)\|_{L^2}^2 \right) + E\left( \kappa_1 \int_0^T \|\Delta z(s)\|_{L^2}^2 \mathrm{d}s \right) \leqslant$ $C_T \|z_0\|_{H^1}^2$ 成立.

证明. 应用 Itô 公式, (8.1) 和 $(z \times G) \circ \mathrm{d}W = z \times G \mathrm{d}W + \dfrac{1}{2} \displaystyle\sum_{k \in N} (z \times G) \times G_k \mathrm{d}t$, 我们有

$$
\|z(t)\|_{L^2}^2 + \kappa_1 \int_0^t \|\nabla z(s)\|_{L^2}^2 \mathrm{d}s + \kappa_2 \int_0^t \|(1 + \mu|z|^2(s))^{\frac{1}{2}} z(s)\|_{L^2}^2 \mathrm{d}s
$$
$$
= \|z_0\|_{L^2}^2 + \sum_{i=1}^4 I_i^1,
$$

其中

$$
I_1^1 = 2\gamma \int_0^t \langle z(s) \times \Delta z(s), z(s) \rangle \mathrm{d}s,
$$
$$
I_2^1 = 2 \int_0^t \langle z(s) \times G, z(s) \rangle \mathrm{d}W(s),
$$
$$
I_3^1 = \sum_{k \in N} \int_0^t \langle (z(s) \times G_k) \times G_k, z(s) \rangle \mathrm{d}s,
$$
$$
I_4^1 = \sum_{k \in N} \int_0^t \|z(s) \times G_k\|_{L^2}^2 \mathrm{d}s.
$$

应用 $\langle a \times b, a \rangle = 0$，我们有 $I_1^1 = 0$ 和 $I_2^1 = 0$. 应用等式 $\langle a \times b, c \rangle = -\langle b \times c, a \rangle$，我们有 $I_3^1 + I_4^1 = 0$. 因此，我们得到引理 8.1 的 (1).

应用 Itô 公式和 (8.1)，对于 $2 < p < \infty$，我们有

$$\|z(t)\|_{L^p}^p = \|z_0\|_{L^p}^p + \sum_{i=1}^{5} I_i^2,$$

其中

$$I_1^2 = p \int_0^t \langle \kappa_1 \Delta z(s), |z|^{p-2} z(s) \rangle \mathrm{d}s -$$
$$p\kappa_2 \int_0^t \int_{T^2} |z|^{p-2}(1 + \mu|z|^2(s)) z^2(s) \mathrm{d}x \mathrm{d}s,$$

$$I_2^2 = p\gamma \int_0^t \langle z(s) \times \Delta z(s), |z|^{p-2} z(s) \rangle \mathrm{d}s,$$

$$I_3^2 = p \int_0^t \langle z(s) \times G, |z|^{p-2} z(s) \rangle \mathrm{d}W(s),$$

$$I_4^2 = \frac{p}{2} \sum_{k \in N} \int_0^t \langle (z(s) \times G_k) \times G_k, |z|^{p-2} z(s) \rangle \mathrm{d}s,$$

$$I_5^2 = \frac{p}{2} \sum_{k \in N} \int_0^t \||z|^{\frac{p-2}{2}} z(s) \times G_k\|_{L^2}^2 \mathrm{d}s.$$

应用 $I_1^2 \leqslant 0, I_2^2 = 0,$ (8.3) 和 Gronwall 不等式，我们有 $E\left( \sup\limits_{0 \leqslant t \leqslant T} \|z(t)\|_{L^p} \right) \leqslant C_T \|z_0\|_{L^p}$，不等式取极限，我们有

$$E\left( \sup_{0 \leqslant t \leqslant T} \|z(t)\|_{L^\infty} \right) \leqslant C_T \|z_0\|_{L^\infty}.$$

应用 Itô 公式和 (8.1)，我们有

$$\|\nabla z(t)\|_{L^2}^2 + \kappa_1 \int_0^t \|\Delta z(s)\|_{L^2}^2 \mathrm{d}s = \|\nabla z_0\|_{L^2}^2 + \sum_{i=1}^{5} I_i^3,$$

其中

$$I_1^3 = 2\kappa_2 \int_0^t \langle (1 + \mu|z|^2(s)) z(s), -\Delta z(s) \rangle \mathrm{d}s \leqslant \frac{\kappa_1}{2} \int_0^t \|\Delta z\|_{L^2}^2 + C,$$

$$I_2^3 = 2\gamma \int_0^t \langle z(s) \times \Delta z(s), -\Delta z(s)\rangle \mathrm{d}s,$$

$$I_3^3 = 2 \int_0^t \langle z(s) \times G, -\Delta z(s)\rangle \mathrm{d}W(s),$$

$$I_4^3 = \sum_{k \in N} \int_0^t \langle (z(s) \times G_k) \times G_k, -\Delta z(s)\rangle \mathrm{d}s,$$

$$I_5^3 = \sum_{k \in N} \int_0^t \|\nabla(z(s) \times G_k)\|_{L^2}^2 \mathrm{d}s.$$

因此，应用 $E(\sup_{0 \leqslant t \leqslant T} \|z(t)\|_{L^\infty} \leqslant C_T \|z_0\|_{L^\infty}$, (8.3) 和 Gronwall 不等式，我们可得到引理 8.1 的 (2).

**引理 8.2** 假设 $G \in W^{2,3}(D)$. 对于 $T > 0$ 和初始值 $z_0 \in H^2(D)$, 对任意 $T > 0$, 我们有 $z \in L^2(\Omega, C([0,T], H^2)) \cap L^2(\Omega, L^2([0,T], H^3))$ 及

$$E\left(\sup_{0 \leqslant t \leqslant T} \|\Delta z(t)\|_{L^2}^2\right) +$$
$$E\left(\kappa_1 \int_0^T \|\nabla \Delta z(s)\|_{L^2}^2 \mathrm{d}s + \kappa_2 \int_0^T \|(1 + \mu|z|^2(s))^{\frac{1}{2}} z(s)\|_{H^2}^2 \mathrm{d}s\right)$$
$$\leqslant C_T \|z_0\|_{H^2}^2.$$

证明. 根据 (8.1)，可得

$$\mathrm{d}(\Delta z)$$
$$= \left[\kappa_1 \Delta^2 z + 2\gamma \sum_{j=1}^2 \partial_{x_j} z \times \Delta \partial_{x_j} z + \gamma z \times \Delta^2 z - \kappa_2 \Delta((1 + \mu|z|^2)z)\right] \mathrm{d}t +$$
$$\Delta((z \times G) \circ \mathrm{d}W).$$

应用 Itô 公式和上面的等式，我们有

$$\|\Delta z(t)\|_{L^2}^2 + \kappa_1 \int_0^t \|\nabla \Delta z(s)\|_{L^2}^2 \mathrm{d}s + \kappa_2 \int_0^t \|\Delta z(s)\|_{L^2}^2 \mathrm{d}s$$

$$= \|\Delta z_0\|_{L^2}^2 + \sum_{i=1}^{5} I_i^4,$$

其中

$$I_1^4 = 2\kappa_2 \int_0^t \langle \Delta(\mu|z|^2(s)z(s)), \Delta z(s)\rangle \mathrm{d}s,$$

$$I_2^4 = 2\gamma \int_0^t \left\langle \sum_{j=1}^{2} \partial_{x_j} z \times \Delta\partial_{x_j}z, \Delta z(s) \right\rangle \mathrm{d}s,$$

$$I_3^4 = 2 \int_0^t \langle \Delta(z(s) \times G), \Delta z(s)\rangle \mathrm{d}W(s),$$

$$I_4^4 = \sum_{k \in N} \int_0^t \langle \Delta[(z(s) \times G_k) \times G_k], \Delta z(s)\rangle \mathrm{d}s,$$

$$I_5^4 = \sum_{k \in N} \int_0^t \|\Delta(z(s) \times G_k)\|_{L^2}^2 \mathrm{d}s,$$

$$I_1^4 \leqslant C \int_0^t (\|z\|_{L^\infty}^2 \|\Delta z\|_{L^2}^2 + \|\nabla z\|_{L^4}^4)\mathrm{d}s$$

$$\leqslant \frac{\kappa_1}{4} \int_0^t \|\nabla\Delta z\|_{L^2}^2 \mathrm{d}s + C.$$

应用 Gagliardo-Nirenberg 不等式，可得

$$\|\nabla z\|_{L^4} \leqslant C\|\nabla z\|_{L^2}^{\frac{3}{4}} \|\nabla z\|_{H^2}^{\frac{1}{4}},$$

$$\|\Delta z\|_{L^4} \leqslant C\|\Delta z\|_{H^1}^{\frac{1}{2}} \|\Delta z\|_{L^2}^{\frac{1}{2}},$$

因此，我们有

$$\left\langle \sum_{j=1}^{2} \partial_{x_j} z \times \Delta\partial_{x_j}z, \Delta z(s) \right\rangle$$

$$\leqslant 2\|\nabla z\|_{L^4} \|\Delta z\|_{L^4} \|\Delta\nabla z\|_{L^2}$$

$$\leqslant \epsilon\|\Delta\nabla z\|_{L^2}^2 + C(1 + \|\Delta z\|_{L^2}^2).$$

应用 (8.3) 和 Gronwall 不等式，即可得引理 8.2 的结论.

## 8.1.2　路径的唯一性

在随机微分方程中，通常有两种类型的唯一性，一种是路径 (强) 唯一性，一种是唯一性[52]. 这里，根据我们的需求只给出路径唯一性的定义.

**定义 8.2** 已知带有周期边界条件的方程 (8.1) ∼ (8.2) 的两个弱解，定义在相同的可测空间且具有相同的布朗运动

$$((\Omega, \mathcal{F}, \{\mathcal{F}_t\}_{t \geqslant 0}, \mathbb{P}), W, z_1),$$

$$((\Omega, \mathcal{F}, \{\mathcal{F}_t\}_{t \geqslant 0}, \mathbb{P}), W, z_2).$$

如果 $\mathbb{P}\{z_1(0) = z_2(0)\} = 1$，则 $\mathbb{P}\{z_1(t,w) = z_2(t,w), \forall t \geqslant 0\} = 1$. 我们说路径唯一性成立.

**定理 8.2** 带有周期边界条件和 $H^2$ 初值的随机 LLB 方程 (8.1) 的强唯一性存在.

证明. 假设 $z_1$ 和 $z_2$ 是定义在相同的随机空间，具有相同布朗运动和具有相同初始值 $z_0$ 的方程 (8.1) 的两个弱解. 对任意 $T > 0$ 和 $R > 0$，定义停止时间

$$\tau_R := \inf\{t \in [0, T] : \|z(t, z_{01})\|_{H^2} \vee \|z(t, z_{02})\|_{H^2} \geqslant R\}.$$

假设 $v(t) = z_1(t) - z_2(t)$，对 $\|v(t)\|_{L^2}^2$ 应用 Itô 公式，从方程 (8.1) 可得

$$\|v(t)\|_{L^2}^2 + 2\kappa_1 \int_0^t \|\nabla v(s)\|_{L^2}^2 \mathrm{d}s$$

$$= -2 \int_0^t \langle \kappa_2(1 + \mu|z_1(s)|^2)z_1(s) - \kappa_2(1 + \mu|z_2(s)|^2)z_2(s), v(s) \rangle \mathrm{d}s +$$

$$2\gamma \int_0^t \langle z_1(s) \times \Delta z_1(s) - z_2(s) \times \Delta z_2(s), v(s) \rangle \mathrm{d}s +$$

$$\int_0^t \langle (z_1(s) - z_2(s)) \times G, v(s) \rangle \mathrm{d}W(s) +$$

$$\int_0^t \sum_{k \in N} \|(z_1(s) - z_2(s)) \times G_k\|_{L^2}^2 \mathrm{d}s +$$

$$\frac{1}{2}\int_0^t \sum_{k\in N} \langle [(z_1(s) - z_2(s)) \times G_k] \times G_k, v(s) \rangle \mathrm{d}t$$

$$=: J_1 + J_2 + J_3 + J_4 + J_5. \tag{8.4}$$

现在我们来逐项估计. 对于项 $J_1$，由直接计算、Hölder 不等式、Young 不等式和 Sobolev 嵌入不等式可得

$$J_1(t \wedge \tau_R)$$
$$\leqslant 2\kappa_2 \int_0^{t\wedge\tau_R} \|v(s)\|_{L^2}^2 \mathrm{d}s + C_R \int_0^{t\wedge\tau_R} \|v(s)\|_{L^2}^2 \mathrm{d}s$$
$$\leqslant \frac{\kappa_1}{2} \int_0^{t\wedge\tau_R} \|v(s)\|_{H^1}^2 \mathrm{d}s + C_R \int_0^{t\wedge\tau_R} \|v(s)\|_{L^2}^2 \mathrm{d}s.$$

对于项 $J_2$，应用公式 $\langle a \times b, b \rangle = 0$, $\langle a \times b, c \rangle = -\langle a \times c, b \rangle$ 和分部积分可得

$$J_2(t \wedge \tau_R)$$
$$\leqslant \frac{\kappa_1}{4} \int_0^{t\wedge\tau_R} \|v(s)\|_{H^1}^2 \mathrm{d}s +$$
$$\int_0^{t\wedge\tau_R} \|z_2(s)\|_{H^2}^2 \|v(s)\|_{H^1} \|v(s)\|_{L^2} \mathrm{d}s$$
$$\leqslant \frac{\kappa_1}{2} \int_0^{t\wedge\tau_R} \|v(s)\|_{H^1}^2 \mathrm{d}s + C_R \int_0^{t\wedge\tau_R} \|v(s)\|_{L^2}^2 \mathrm{d}s.$$

对于项 $J_3$，我们有 $E(J_3(t \wedge \tau_R)) = 0$. 对于项 $J_4, J_5$，应用 (8.3) 和 Hölder 不等式，容易得 $J_i(t \wedge \tau_R) \leqslant C_R \int_0^{t\wedge\tau_R} \|v(s)\|_{L^2}^2 \mathrm{d}s, i = 4, 5$. 因此，对任意 $t \in [0, T]$，对 (8.4) 取期望并应用 $J_1, J_2, J_3, J_4, J_5$ 的估计，可得

$$E(\|v(t \wedge \tau_R)\|_{L^2}^2) + \kappa_1 E \int_0^{t\wedge\tau_R} \|v(s)\|_{H^1}^2 \mathrm{d}s$$
$$\leqslant C_R E \int_0^t \|v(s \wedge \tau_R)\|_{L^2}^2 \mathrm{d}s.$$

应用 Gronwall 不等式，对任意 $t \in [0, T]$，我们有 $E(\|v(t \wedge \tau_R)\|_{L^2}^2) = 0$. 因为当 $R \to \infty$ 时，$\tau_R \to \infty$，结合收敛定理，即可得唯一性，定理 8.2 证毕.

## 8.2　随机 Landau-Lifshitz-Bloch 方程的遍历性

随机 Landau-Lifshitz-Bloch 方程被认为是在居里温度附近唯一的典型模型并且对热磁片记录的模拟具有重要的作用. 本节我们研究随机 Landau-Lifshitz-Bloch 方程在温度高于居里温度时的情形.

### 8.2.1　相关背景

微磁模型已被证明是一种广泛使用的工具, 在许多方面与实验测量相辅相成. Landau-Lifshitz-Gilbert (LLG) 方程[53] 为此建模提供了理论基础, 特别是在动力学行为的情形. 根据此理论, 在低于临界 (Curie) 温度的温度下, 磁化 $m(t,x) \in \mathbb{S}^2$, 其中, $\mathbb{S}^2$ 是 $\mathbb{R}^3$ 中的单位球面. 对于 $t > 0$ 和 $x \in D \subset \mathbb{R}$ (实数轴上的有界区间), 满足下面的 LLG 方程

$$\frac{\partial m}{\partial t} = \lambda_1 m \times H_{\text{eff}} - \lambda_2 m \times (m \times H_{\text{eff}}), \tag{8.5}$$

其中, $\times$ 是 $\mathbb{R}^3$ 中的向量叉乘, $H_{\text{eff}}$ 是有效磁场.

然而, 对于高温, 模型必须用更热力学的新的模型来代替, 例如 Landau-Lifshitz-Bloch (LLB) 方程. LLB 方程基本上是在低温下的 LLG 方程和相变理论的 Ginzburg-Landau 方程之间进行插值, 它在 Curie 温度 $T_c$ 以下和在 Curie 温度 $T_c$ 以上都是有效的. LLB 方程的一个重要特性是磁化强度不再是守恒的, 而是一个动力学变量[54]. 自旋极化 $z(t,x) \in \mathbb{R}^3$ ($z = m/m_s^0$, $m$ 是磁化强度, $m_s^0$ 是在 $T = 0$ 的饱和磁化值), 对于 $t > 0$ 和 $x \in D \subset \mathbb{R}$ 时, 满足下面的 LLB 方程

$$\frac{\partial z}{\partial t} = \gamma z \times H_{\text{eff}} + \frac{L_1}{|z|^2}(z \cdot H_{\text{eff}})z - \frac{L_2}{|z|^2} z \times (z \times H_{\text{eff}}). \tag{8.6}$$

这里, $|\cdot|$ 是 $\mathbb{R}^3$ 中的 Euclidean 范数, $\gamma > 0$ 是旋磁比, $L_1$ 和 $L_2$ 分别表示纵向和横向阻尼参数, 有效磁场为

$$H_{\text{eff}} = \Delta z - \frac{1}{\chi_\parallel} \left( 1 + \frac{3}{5} \frac{T}{T - T_c} |z|^2 \right) z,$$

其中，$\chi_\parallel$ 是纵向易感性. 应用 3 个向量的乘积公式 $a \times (b \times c) = b(a \cdot c) - c(a \cdot b)$，可得

$$z \times (z \times H_{\text{eff}}) = z(z \cdot H_{\text{eff}}) - H_{\text{eff}} |z|^2.$$

当温度 $T$ 比 $T_c$ 更高时，纵向阻尼参数 $L_1$ 和横向阻尼参数 $L_2$ 是相等的，都等于 $\kappa_1$，此时方程 (8.6) 变为

$$\frac{\partial z}{\partial t} = \gamma z \times H_{\text{eff}} + \kappa_1 H_{\text{eff}}. \tag{8.7}$$

LLB 微磁学已经在温度接近 Curie 温度 $(T \geqslant \frac{3}{4} T_c)$ 时完全替代了 LLG 微磁学. 对于小说中描述的令人兴奋的现象，例如飞秒 (fs) 级的光诱导退磁激光变为现实，此过程中，电子温度通常高于 $T_c$，基于 LLG 方程的微磁学在这些情况下无法工作，而基于 LLB 方程的微磁学已被证明能正确描述所观察到的 fs 磁化动力学. 如上所述，LLB 方程描述了平均值磁化轨迹. 然而，在高温下，个体轨道的分散是重要的. 例如，当磁化被淬灭时，它应该描述样品的不同位置中的磁化相关性的损失. 在激光诱导的动力学中，当系统温度降低时，将导致在高激光流动性下磁化恢复的减慢. 铁磁性理论中的一个重要问题是描述由场的热波动引起的不同平衡状态之间的相变. 因此，将磁化强度 $z$ 的场 $H_{\text{eff}}$ 的随机波动引入 LLB 方程，从而得到由噪声引起的描述平衡状态的铁磁体.

众所周知，将随机项引入到确定性方程没有唯一的形式. 例如，在 LLG 方程中随机场可以同时引入到进动项和阻尼项，或仅引入到其中一项. 分析噪声引起的转换的过程由 Neel[55] 发起，并在文献 [56,57] 中进一步发展. 文献 [56] 中，通过增加 (8.5) 随机噪声项 $\xi(t, x)$ 来考虑热波动. 在文献 [16,58–60] 中，一种将噪

声融入 LLB 方程的简单方法是用高斯噪声扰动有效场, 即在 (8.6) 中由 $H_{\text{eff}} + \xi$ 替换 $H_{\text{eff}}$, 其中, $\xi$ 是相对于时间变量的白噪声. 更确切地说, 我们将修正 (8.7) 为

$$
\begin{aligned}
\frac{\partial z}{\partial t} = {} & \kappa_1 \Delta z + \gamma z \times \left( \Delta z + \frac{\mathrm{d}\xi(t, x)}{\mathrm{d}t} \right) - \\
& \kappa_2 (1 + \mu |z|^2) z + \kappa_1 \frac{\mathrm{d}\xi(t, x)}{\mathrm{d}t},
\end{aligned}
\tag{8.8}
$$

其中, $\kappa_2 := \dfrac{\kappa_1}{\chi_\parallel}, \mu := \dfrac{3}{5} \dfrac{T}{T - T_c}$. 我们注意到, 物理学中的随机 LLB 方程在参考文献 [54] 中被引入, 而 (8.8) 是它的特殊形式. 该方程被认为是温度接近 $T_c$ 时唯一有效的模型. 该模型对于实际应用中的热磁记录仿真尤为重要. 方程 (8.8) 中, $\xi$ 为高斯时空白噪声 (见参考文献 [61]). 由于时空白噪声的不规律性, 方程 (8.8) 无法定为解的形式, 我们考虑使用更常规的噪声. 设 $W$ 是一个圆柱形的 Wiener 过程, 可由下式给出

$$
W(t) = \sum_{k=1}^{\infty} \beta_k(t) e_k,
$$

其中, $\{e_k\}_{k \in \mathbb{N}}$ 是 $L^2(D)$ 的完备正交基, 且 $\{\beta_k\}_{k \in \mathbb{N}}$ 是不依赖于布朗运动的实值序列. 对每一个 $k \in \mathbb{N}, G_k := Ge_k$, 定义

$$
\xi(t, x) = G\dot{W} = \sum_{k \in N} G_k \dot{\beta}_k(t),
$$

其中, $G$ 是空间 $L^2(D)$ 到 $L^\infty(D) \cap W^{1,3}(D)$ 的 Hilbert-Schmidt 算子. 这里我们假设

$$
\sum_{k=1}^{\infty} \|G_k\|_{L^\infty(D) \cap W^{1,3}(D)}^2 < \infty.
\tag{8.9}
$$

更进一步, 我们应用参考文献 [62] 的方法消除 (8.8) 的噪音 $\kappa_1 \mathrm{d}\xi$, 则简化的随机 LLB 方程为

$$
\mathrm{d}z = [\kappa_1 \Delta z + \gamma z \times \Delta z - \kappa_2 (1 + \mu |z|^2) z] \mathrm{d}t + (z \times G) \circ \mathrm{d}W.
\tag{8.10}
$$

这里，"∘d" 为 Stratonovich 微分，并且我们记 "d" 为 Itô 微分.

我们考虑铁磁链 LLB 方程 (8.10) 的随机形式且 $\kappa_1, \kappa_2, \gamma, \mu$ 为正实数，方程的初值为

$$z(0, x) = z_0(x), \tag{8.11}$$

边界条件为

$$\frac{\partial z}{\partial x}(t, x) = 0 \text{ on } (0, \infty) \times \partial D. \tag{8.12}$$

为了使用非预期积分，我们将等式 (8.10) 重写为它的 Itô 形式. 通过使用 Stratonovich 和 Itô 微分之间的关系，我们加入校正项，得到 (8.10) 的 Itô 形式. 从这个意义上讲，噪声项可以改写为

$$(z \times G) \circ \mathrm{d}W = z \times G\mathrm{d}W + \frac{1}{2}\sum_{k \in N}(z \times G_k) \times G_k \mathrm{d}t. \tag{8.13}$$

LLG 方程 (8.5)，许多学者证明了其整体弱解的存在性[63-67]. 有关有效磁场受高斯噪声干扰的随机 LLG 方程，也有许多学者证明了其弱解的存在性[16,60,68]. 应该指出的是，可以在参考文献 [58,59,69] 中找到近似解的计算. 对于 LLB 方程, Le 证明了其弱解的存在性及正则性[13]. Xu-Tan-Wang 应用时间和空间 Galerkin 近似方法得到具有外部磁场的时间周期的 LLG 方程强解的存在性，并研究了 $\mathbb{R}^3$ 中解的时间正则性. 对于随机 LLB 方程，Jiang-Ju-Wang 首先利用一个新的理论得到了鞅弱解的存在性，并讨论了它在三维有界域中的正则性[51]. 据我们所知，随机 LLB 方程的整体解的存在性尚未解决.

在本节中，我们将证明随机 LLB 方程整体光滑解的存在性. 证明中有两个关键点. 第一个关键点是我们应用 Hairer 和 Mattingly[70] 提出的方法，当随机强迫退化时，作者证明了二维随机 Navier-Stokes 方程的最优遍历性结果. 更确切地

说，他们开发了两个主要工具: 半群的渐近强 Feller 性质和 Malliavin 微积分中的近似分部积分法. 许多作者认识到它们是证明具有退化随机强迫的随机偏微分方程遍历性强大且不可或缺的技术[71]. 在参考文献 [70,71] 中，作者给出渐进强 Feller 性质比强 Feller 性质弱得多，并且由简单噪声驱动的许多方程只有渐进强 Feller 性质而没有强 Feller 性.

如果没有更高阶的能量估计，就很难证明由随机 LLB 方程的流动产生的半群是渐近强的 Feller. 证明中的第二个关键点是我们建立了更高阶的能量估计. 通过使用高阶估计，我们可以得到几个关键估计，这保证了与退化随机 LLB 方程相关的半群渐近强 Feller.

虽然我们的证明受参考文献 [70] 中二维随机 Navier-Stokes 方程的激发，但由于 (8.10) 的不同非线性项，我们推导出了新的估计. 对于二维随机 Navier-Stokes 方程，$L^2$ 解具有唯一性，因此该解推广了随机流的 Markov 半群. 但是，对于一维随机 LLB 方程，由于缺乏 $L^2$ 解的路径唯一性，该流不会推广到半群. 本章中我们考虑 $H^1$ 解. 但是，在 $H^1$ 解中，所有解的估计比 $L^2$ 中的复杂. 另外，虽然非线性项 $z \cdot \nabla z$ 由一阶导数组成，但它是二次代数，而在随机 LLB 方程中，非线性项是 $|z|^2 z$ (立方) 和 $z \cdot \nabla z$，当证明 Feller 性质的强渐近性时，必须估计更高阶能量来处理这些非线性项.

## 8.2.2 本节的主要结果

在给随机 LLB 方程 (8.10) 鞅弱解的定义之前，我们先引入一些函数空间. 假设 $D$ 是 $\mathbb{R}$ 中具有平滑边界的开有界域，泛函空间 $H^1(D) =: H^1$ 定义为

$$H^1(D) = \left\{ z \in L^2(D) \left| \frac{\partial z}{\partial x} \in L^2(D) \right. \right\}.$$

这里，$L^p(D) =: L^p, p > 0$ 是定义在 $D$ 上的 Lebesgue 可积函数空间，并且在 $\mathbb{R}^3$ 中取值. 在本节中，我们记 Hilbert 空间 $H$ 中一个标量积为 $\langle \cdot, \cdot \rangle$，其范数为 $\|\cdot\|_H$. 将空间 $X$ 与对偶空间 $X^*$ 之间的双括号表示为 $_X\langle \cdot, \cdot \rangle_{X^*}$. 为了简化符号，我们取参数 $w \in \Omega$. $\{\mathcal{F}_t\}_{t \geqslant 0}$ 是概率空间 $(\Omega, \mathcal{F}, \mathbb{P})$ 上的右连续滤波，使得 $\mathcal{F}_0$ 包含 $\Omega$ 所有 $\mathbb{P}$ 可测子集. 我们使用 $\mathbb{E}X = \int_\Omega X \mathrm{d}\mathbb{P}$ 来表示对于固定 $t$ 的随机变量 $X(\omega, t)$ 的期望. 所有随机积分都是在 Itô 意义上定义的，见参考文献 [72]. 此外，$C$ 表示常数在不同的位置可取不同的值. 为简单起见，当 $A \leqslant CB$ 时，我们记 $A \lesssim B$.

现在，我们给出鞍弱解的定义：

**定义 8.3** 已知 $T > 0$，方程 (8.10)~(8.12) 的鞍弱解是一个系统 $((\Omega, \mathcal{F}, \mathcal{F}_t, \mathbb{P}), W, z)$ 且满足下列性质：

(1) $(\Omega, \mathcal{F}, \mathcal{F}_t, \mathbb{P})$ 是一个随机基，其中 $\mathcal{F}_t$ 是概率空间 $(\Omega, \mathcal{F}, \mathbb{P})$ 的一个过滤，$\sigma$-场的非递减序列 $\{\mathcal{F}_t : t \geqslant 0\}$，$\mathcal{F} : \mathcal{F}_s \subset \mathcal{F}_t \subset \mathcal{F}$ 对于 $0 \leqslant s < t < \infty$.

(2) $W$ 是 $\mathcal{F}_t$ 圆柱 Wiener 过程.

(3) 对几乎每一个 $t \in [0, T], z(t)$ 是 $\mathcal{F}_t$-可测的.

(4) $z : \Omega \times [0, T] \to H^1(D) \cap L^4(D)$，使得对每一个 $\varphi \in C_0^\infty(D)$ 和 $t \in [0, T]$，P-a.s 成立.

$$\langle z(t), \varphi \rangle = \langle z_0, \varphi \rangle - \kappa_1 \int_0^t \langle \nabla z(s), \nabla \varphi \rangle - \gamma \int_0^t \langle z(s) \times \nabla z(s), \nabla \varphi \rangle \mathrm{d}s -$$
$$\kappa_2 \int_0^t \langle (1 + \mu|z|^2(s)) z(s), \varphi \rangle \mathrm{d}s + \int_0^t \langle z \times G, \varphi \rangle \circ \mathrm{d}W.$$

(5) 对每一个 $\alpha \in (0, 1/2), z \in C^\alpha([0, T], L^{\frac{3}{2}}(D)) \mathbb{P}$-a.s.

我们首先回忆有关鞍弱解存在性的一个定理.

**定理 8.3** 假设 $D \subseteq \mathbb{R}^3$ 的带有光滑外扩张性质的有界开集，且假设 $G \in L^\infty(D) \cap$

$W^{1,3}(D)$. 对于 $T > 0$ 和初值 $z_0 \in H^1(D)$, 存在方程 $(8.10) \sim (8.12)$ 在定义 8.3 意义下的鞍弱解 $((\Omega, \mathcal{F}, \mathcal{F}_t, \mathbb{P}), W, z)$, 对每一个 $t \in [0, T]$, 有

$$\langle z(t), \varphi \rangle = \langle z_0, \varphi \rangle - \kappa_1 \int_0^t \langle \nabla z(s), \nabla \varphi \rangle - \gamma \int_0^t \langle z(s) \times \nabla z(s), \nabla \varphi \rangle \mathrm{d}s - $$
$$\kappa_2 \int_0^t \langle (1 + \mu |z|^2(s)) z(s), \varphi \rangle \mathrm{d}s + \int_0^t \langle z \times G, \varphi \rangle \circ \mathrm{d}W.$$

接下来, 我们给出本节的主要结果.

**定理 8.4** 假设 $D \subseteq \mathbb{R}$ 的带有光滑张力性质的有界开集, 并假设 $G \in L^\infty(D) \cap W^{1,3}(D)$. 对于 $T > 0$ 和初值 $z_0 \in H^1(D)$, 方程 $(8.10) \sim (8.12)$ 存在唯一的解 $z(t, x)$, 满足

(1) 对任意 $T > 0$, $z \in L^2(\Omega; C([0, T]; H^1)) \cap L^2(\Omega; L^2([0, T]; H^2))$ 及

$$\mathbb{E} \left( \sup_{0 \leqslant t \leqslant T} \|z(s)\|_{H^1}^2 \right) + \mathbb{E} \int_0^T \|z(t)\|_{H^2}^2 \mathrm{d}t \leqslant C_T \|z_0\|_{H^1}^2.$$

(2) 对所有的 $t \in [0, T]$, 在 $L^2 \mathbb{P}$-a.s, 下式成立

$$z(t) = z_0 + \kappa_1 \int_0^t \Delta z(s) \mathrm{d}s + $$
$$\int_0^t [\gamma z(s) \times \Delta z(s) - \kappa_2 (1 + \mu |z(s)|^2) z(s)] \mathrm{d}s + $$
$$\int_0^t (z(s) \times G) \circ \mathrm{d}W(s).$$

对于固定的初值 $z_0 \in H^1$, 我们记 $z(t, z_0)$ 是定理 8.4 的唯一解, 则 $\{z(t, z_0) : t \geqslant 0\}$ 是空间 $H^1$ 的强 Markov 过程. 这导致我们给出下面的概念. 假设 $\mathcal{P}_t$ 是空间 $C_b(H^1)$ 的 Markov 不变子群 ($H^1$ 上所有有界和局部一致连续泛函的集合), 与 LLB 方程相关的为

$$\mathcal{P}_t \varphi(z_0) = \mathbb{E} \varphi(z(t, \cdot; 0, z_0)), t \geqslant 0, z_0 \in H^1, \varphi \in C_b(H^1),$$

则定义在概率空间 $\mathcal{M}(H^1)$ 上的对偶子群 $\mathcal{P}_t^*$ 为

$$\int_{H^1} \varphi \mathrm{d}(\mathcal{P}_t^* \widetilde{\mu}) = \int_{H^1} \mathcal{P}_t \varphi \mathrm{d}\widetilde{\mu}, \forall \widetilde{\mu} \in \mathcal{M}(H^1).$$

对每一个 $t \geqslant 0$，若有 $\mathcal{P}_t^* \tilde{\mu} = \tilde{\mu}$，则称测度 $\tilde{\mu} \in \mathcal{M}(H^1)$ 是不变的.

我们考虑噪声发散的情形，也就是说，仅有部分噪声的 Fourier 节点为非零. 下面我们详细进行说明: 对于 $n \in \mathbb{N}$，假设 $\Omega = C_0(\mathbb{R}^+, \mathbb{R}^n)$ 是所有初值为 0 的连续泛函的空间，$\mathbb{P}$ 是 $\mathcal{F} := \mathcal{B}(C_0(\mathbb{R}^+, \mathbb{R}^n))$ 上标准的 Wiener 测度，则相应的过程

$$W_t(\omega) := \omega(t), \omega \in \Omega$$

为 $(\Omega, \mathcal{F}, \mathbb{P})$ 上标准的 Wiener 过程. 假设 $H^1$ 的正交基 $\xi = \{e_i, i \in \mathbb{N}\}$ 构成 $\Delta$ 的特征向量，也就是说

$$\Delta e_i = -\lambda_i e_i, \langle e_i, e_j \rangle_{H^1} = 1, i = 1, 2, \cdots,$$

其中，$0 \leqslant \lambda_1 \leqslant \lambda_2 \leqslant \cdots \leqslant \lambda_n \uparrow \infty$.

如果 $z|_{\partial D} = 0$，我们有下面的 Poincáe 不等式

$$\|z(t)\|_{L^2}^2 \leqslant \frac{1}{\lambda_1} \|\nabla z(t)\|_{L^2}^2. \tag{8.14}$$

$H^1$ 和 $H^2$ 中的两个等价范数为

$$\|z(t)\|_{H^1} := \|\nabla z(t)\|_{L^2},$$

$$\|z(t)\|_{H^2} := \|\Delta z\|_{L^2}.$$

我们考虑下面的随机方程

$$\mathrm{d}z(t) = \kappa_1 \Delta z(t) \mathrm{d}t + [\gamma z \times \Delta z - \kappa_2 (1 + \mu |z|^2) z] \mathrm{d}t + \mathrm{d}w(t),$$

$$z(0) = z_0 \in H^1. \tag{8.15}$$

并且 $z|_{\partial D} = 0, w(t) := QW_t$ 是噪声，线性映射 $Q : \mathbb{R}^n \to H^1$ 定义为

$$Qe_i = q_i e_i, q_i > 0, i = 1, 2, \cdots, n,$$

这里，$\{e_i\}_{i=1}^n$ 是 $\mathbb{R}^n$ 的单位正交基. 假设

$$\mathcal{E}_0 = \sum_{i=1}^n q_i^2/\lambda_i,$$

$$\mathcal{E}_1 = \sum_{i=1}^n q_i^2,$$

则 $w(t)$ 在 $L^2$ 和 $H^1$ 中的二次变量分别为

$$[\omega(\cdot)]_{L^2}(t) = \mathcal{E}_0 t, \ [\omega(\cdot)]_{H^1}(t) = \mathcal{E}_1(t),$$

并注意到 $\mathcal{E}_0 \leqslant \mathcal{E}_1/\lambda_1$，我们有下面的定理：

**定理 8.5** 假设 $\{\mathcal{P}_t\}_{t \geqslant 0}$ 是 (8.15) 的相变子群. 对任意足够大的 $n_* = n_*(\mathcal{E}_1, \lambda_1) \in \mathbb{N}$，$\{\mathcal{P}_t\}_{t \geqslant 0}$，存在唯一的不变概率测度.

这里要注意，我们在一阶 Sobolev 空间 $H^1$ 中工作，我们所有的讨论都将在 $H^1$ 中进行. 在 $G$ 的一些假设下证明随机 LLB 方程 (8.10) 唯一强解的存在性，我们首先给出 $\mathbb{E}(\|z\|_{H^1}^{2p})$ 的一些估计. 通过使用这些估计和停止时间，我们可以推导出路径唯一性. 在这里，"强" 蕴含在随机微分方程理论和偏微分方程理论的意义上都是 "强" 的性质. 结合定理 8.3 和著名的 Yamada-Watanabe 定理：鞅解的存在加上路径唯一性产生唯一的强解，得到 (8.10) 的唯一强解之后，我们开始考虑在退化加性噪声的情况下不变测量的唯一性. 首先，我们证明了相应的半群 $\mathcal{P}_t$ 是一个 Feller 半群且存在一个不变测度集. 其次，我们通过参考文献 [70] 中的近似

分部积分法证明了渐近强 Feller 性和 0 属于 $\mathcal{P}_t$ 的任何不变测度集的支集. 最后, 由参考文献 [70] 的推论 3.16, 我们可以证明不变测度集的唯一性.

## 8.3 不变可测集的存在性

在本节, 我们将给出不变可测集的存在性. 首先我们证明路径的唯一性. 应用 Yamada-Watanabe 定理, 我们得出强解的存在性和唯一性. 从可测点的观点出发, 我们通常考虑随机方程定理解的两个方面: 强 (路径) 解和弱 (鞍) 解. 这里, 强解是指可测空间和分解是已知的, 当这些随机元素变为解的一部分时, 强解的存在性更强并且蕴含弱解的存在性.

### 8.3.1 能量估计

在本小节中, 我们将给出 $\mathbb{E}(\|z\|_{H^1}^{2p})$ 的一些估计, 这些估计对于证明半群 $\mathcal{P}_t$ 的渐近强 Feller 性非常重要.

**引理 8.3** 假设 (8.9) 成立, 对任意 $z_0 \in H^1$, 我们有下面的估计:

$$\mathbb{E}(\|z(t)\|_{L^2}^{2p}) \leqslant C[1 + \mathbb{E}(\|z(0)\|_{L^2}^{2p})](1 + t^p), p \geqslant 1.$$

**证明.** 对于泛函 $\|z(t)\|_{L^2}^{2p}$ 应用 Itô, 由 (8.10) 可得

$$\|z(t)\|_{L^2}^{2p} = \|z(0)\|_{L^2}^{2p} + \sum_{i=1}^{4} I_i(t), \tag{8.16}$$

其中

$$I_1(t) = 2p \int_0^t \|z(s)\|^{2(p-1)} \langle \kappa_1 \Delta z(s), z(s) \rangle \mathrm{d}s +$$
$$2p\gamma \int_0^t \|z(s)\|^{2(p-1)} \langle z(s) \times \Delta z(s), z(s) \rangle \mathrm{d}s,$$
$$I_2(t) = -2p\kappa_2 \int_0^t \|z(s)\|^{2(p-1)} \langle (1 + \mu|z(s)|^2)z(s), z(s) \rangle \mathrm{d}s,$$

$$I_3(t) = 2p \int_0^t \|z(s)\|^{2(p-1)} \langle z(s) \times G, z(s) \rangle \mathrm{d}W(s),$$

$$I_4(t) = p \sum_{k \in N} \int_0^t \|z(s)\|^{2(p-1)} \langle (z(s) \times G_k) \times G_k, z(s) \rangle \mathrm{d}s,$$

$$I_5(t) = p \sum_{k \in N} \int_0^t \|z(s)\|^{2(p-1)} \|z(s) \times G_k\|_{L^2}^2 \mathrm{d}s.$$

现在, 我们估计项 $I_1 \sim I_5$. 对于项 $I_1$, 应用分部积分法和 Hölder 不等式及 $\langle a \times b, a \rangle = 0$, 可得

$$I_1(t) = -2p\kappa_1 \int_0^t \|z(s)\|^{2(p-1)} \|\nabla z(s)\|_{L^2}^2 \mathrm{d}s. \tag{8.17}$$

对于项 $I_2$,

$$I_2(t) \leqslant 2p\kappa_2 \int_0^t \|z(s)\|^{2p} \mathrm{d}s - 2p\kappa_2 \int_0^t \|z(s)\|^{2(p-1)} \|z(s)\|_{L^4}^4 \mathrm{d}s. \tag{8.18}$$

对于项 $I_4$ 和项 $I_5$, 应用 Hölder 不等式和 (8.9), 我们有

$$I_i \leqslant Cp \int_0^t \|z(s)\|^{2p} \mathrm{d}s, i = 4, 5. \tag{8.19}$$

对于项 $I_3$, 我们有

$$\mathbb{E}(I_3(t)) = 0. \tag{8.20}$$

注意到

$$\|z(s)\|_{L^2}^2 \leqslant \|z(s)\|_{L^4}^2 \leqslant \epsilon \|z(s)\|_{L^4}^4 + C_\epsilon, \tag{8.21}$$

因此, 对于 $p = 1$, 对 (8.16) 取期望并应用 (8.17) $\sim$ (8.21) 可得

$$\mathbb{E}(\|z(t)\|^2) + 2\kappa_1 \mathbb{E} \int_0^t \|z(s)\|_{H^1}^2 \mathrm{d}s$$

$$\leqslant C\mathbb{E}(\|z(0)\|^2) + Ct$$

$$\leqslant C[1 + \mathbb{E}(\|z(0)\|_{L^2}^2)](1 + t). \tag{8.22}$$

当 $p = 2$ 时，类似于 (8.22)，可得

$$\mathbb{E}(\|z(t)\|^4) \leqslant \mathbb{E}(\|z(0)\|_{L^2}^4) + C_\epsilon \int_0^t \mathbb{E}(\|z(s)\|^2)\mathrm{d}s$$

$$\leqslant C[1 + \mathbb{E}(\|z(0)\|_{L^2}^4)](1 + t^2).$$

由归纳假设可得，对 $p \geqslant 1$

$$\mathbb{E}(\|z(t)\|^{2p}) \leqslant C[1 + \mathbb{E}(\|z(0)\|_{L^2}^{2p})](1 + t^p).$$

接下来，我们证明 $z(t)$ 的高阶能量估计.

**引理 8.4** 假设 (8.9) 成立，对所有的 $p \geqslant 1$ 和任意 $z_0 \in H^1$，我们有

$$\mathbb{E}(\|z(t)\|_{H^1}^{2p}) \leqslant C[1 + \mathbb{E}(\|z(0)\|_{H^1}^{2p})](1 + t^{p+1}).$$

证明. 对于 $\|z(t)\|_{H^1}^{2p}$，我们应用 Itô 公式、分部积分法和边界条件 (8.12)，得

$$\|z(t)\|_{H^1}^{2p} := \|z(0)\|_{H^1}^{2p} + \sum_{i=1}^4 J_i. \tag{8.23}$$

这里，

$$J_1(t) = 2p\kappa_1 \int_0^t \|z(s)\|_{H^1}^{2(p-1)} \langle \Delta z(s), (I - \Delta)z(s) \rangle \mathrm{d}s,$$

$$J_2(t) = 2p\gamma \int_0^t \|z(s)\|_{H^1}^{2(p-1)} \langle z(s) \times \Delta z(s), (I - \Delta)z(s) \rangle \mathrm{d}s,$$

$$J_3(t) = -2p\kappa_2 \int_0^t \|z(s)\|_{H^1}^{2(p-1)} \langle (1 + \mu|z(s)|^2)z(s), (I - \Delta)z(s) \rangle \mathrm{d}s,$$

$$J_4(t) = 2p \int^{t_0} \|z(s)\|_{H^1}^{2(p-1)} \langle z(s) \times G, (I - \Delta)z(s) \rangle \mathrm{d}W(s),$$

$$J_5(t) = p \sum_{k \in N} \int_0^t \|z(s)\|_{H^1}^{2(p-1)} \langle (z(s) \times G_k) \times G_k, (I - \Delta)z(s) \rangle \mathrm{d}s,$$

$$J_6 = p \sum_{k \in N} \int_0^t \|z(s)\|_{H^1}^{2(p-1)} \|z(s) \times G_k\|_{H^1}^2 \mathrm{d}s.$$

现在，我们估计上面各项. 对于项 $J_1$，由分部积分和 Hölder 不等式可得

$$J_1(t) = -2p\kappa_1 \int_0^t \|z(s)\|_{H^1}^{2(p-1)} \|\Delta z(s)\|_{L^2}^2 \mathrm{d}s -$$
$$2p\kappa_1 \int_0^t \|z(s)\|_{H^1}^{2(p-1)} \|\nabla z(s)\|_{L^2}^2 \mathrm{d}s. \tag{8.24}$$

对于项 $J_2$，应用 $\langle a \times b, a \rangle = 0$，可得

$$J_2(t) = 0. \tag{8.25}$$

对于项 $J_3$，我们有

$$J_3(t) = -2p\kappa_2 \int_0^t \|z(s)\|_{H^1}^{2(p-1)} \|z(s)\|_{H^1}^2 -$$
$$2p\kappa_2\mu \int_0^t \|z(s)\|_{H^1}^{2(p-1)} \|z(s)\|_{L^4}^4 \mathrm{d}s -$$
$$6p\kappa_2\mu \int_0^t \|z(s)\|_{H^1}^{2(p-1)} \|z(s)|\nabla z(s)|\|_{L^2}^2 \mathrm{d}s. \tag{8.26}$$

对于项 $J_4$，我们有

$$\mathbb{E}(J_4(t)) = 0. \tag{8.27}$$

对于项 $J_5, J_6$，应用 (8.9) 和 Hölder 不等式，可得

$$J_i(t) \leqslant C_p \int_0^t \|z(s)\|_{H^1}^{2p} \mathrm{d}s, i = 5, 6. \tag{8.28}$$

对 (8.23) 取期望，并应用不等式 $\|z(s)\|_{H^1}^2 \leqslant C\|z(s)\|_{L^2}\|z(s)\|_{H^2}$、Young 不等式及 (8.24) ～ (8.28) 和引理 8.3，可得

$$\mathbb{E}(\|z(t)\|_{H^1}^{2p}) \leqslant \mathbb{E}(\|z(0)\|_{H^1}^{2p}) - 2p\kappa_1\mathbb{E}\int_0^t \|z(s)\|_{H^1}^{2(p-1)} \|z(s)\|_{H^2}^2 \mathrm{d}s +$$

$$C_p \mathbb{E} \int_0^t \|z(s)\|_{H^1}^{2p} \mathrm{d}s$$

$$\leqslant \mathbb{E}(\|z(0)\|_{H^1}^{2p}) - 2p\kappa_1 \mathbb{E} \int_0^t \|z(s)\|_{H^1}^{2(p-1)} \|z(s)\|_{H^2}^2 \mathrm{d}s +$$

$$C_p \mathbb{E} \int_0^t \|z(s)\|_{H^1}^{2p} \mathrm{d}s$$

$$\leqslant \mathbb{E}(\|z(0)\|_{H^1}^{2p}) - 2p\kappa_1 \mathbb{E} \int_0^t \|z(s)\|_{H^1}^{2(p-1)} \|z(s)\|_{H^2}^2 \mathrm{d}s +$$

$$C_p \mathbb{E} \int_0^t \|z(s)\|_{H^1}^{2(p-1)} \|z(s)\|_{L^2} \|z\|_{H^2} \mathrm{d}s$$

$$\leqslant \mathbb{E}(\|z(0)\|_{H^1}^{2p}) - p\kappa_1 \mathbb{E} \int_0^t \|z(s)\|_{H^1}^{2(p-1)} \|z(s)\|_{H^2}^2 \mathrm{d}s +$$

$$C_p \mathbb{E} \int_0^t \|z(s)\|_{H^1}^{2(p-1)} \|z(s)\|_{L^2}^2 \mathrm{d}s$$

$$\leqslant \mathbb{E}(\|z(0)\|_{H^1}^{2p}) + C_p \mathbb{E} \int_0^t \|z(s)\|_{L^2}^{2p} \mathrm{d}s$$

$$\leqslant \mathbb{E}(\|z(0)\|_{H^1}^{2p}) + C_p \int_0^t C[1 + \mathbb{E}(\|z(0)\|_{L^2}^{2p})](1 + s^p) \mathrm{d}s$$

$$\leqslant C[1 + \mathbb{E}(\|z(0)\|_{H^1}^{2p})](1 + t^{p+1}). \tag{8.29}$$

引理 8.4 证毕.

接下来我们将会用到下面的插值不等式:

$$\|z\|_{L^\infty}^2 \leqslant \kappa^2 \|z\|_{L^2} \|z\|_{H^1}, \ \forall z \in H^1, \tag{8.30}$$

其中, 常数 $\kappa$ 的先验值为

$$\kappa = 2\max\left(1, \frac{1}{\sqrt{|D|}}\right).$$

## 8.3.2 路径的唯一性

在随机微分方程中有两种类型的唯一性, 一种为路径 (强) 唯一性, 一种为唯一性[52]. 这里, 根据我们的目的, 我们只给出路径唯一性的定义.

**定义 8.4** 已知定义在相同的可测空间且具有相同布朗运动的方程 (8.10) ~ (8.12) 的两个弱解

$$((\Omega, \mathcal{F}, \{\mathcal{F}_t\}_{t \geqslant 0}, \mathbb{P}), W, z_1),$$

$$((\Omega, \mathcal{F}, \{\mathcal{F}_t\}_{t \geqslant 0}, \mathbb{P}), W, z_2),$$

如果 $\mathbb{P}\{z_1(0) = z_2(0)\} = 1$，则 $\mathbb{P}\{z_1(t, w) = z_2(t, w), \forall t \geqslant 0\} = 1$，我们说路径唯一性成立.

我们将应用下面的停止时间来证明唯一性结果.

**定理 8.6** 对于带有 $H^1$ 初值的一维随机 LLB 方程的强唯一性成立.

证明. 假设 $z_1$ 和 $z_2$ 是定义在相同可测空间的方程 (8.10) 的两个弱解，并且具有相同的布朗运动和初始值 $z_0$. 对于任意的 $T > 0$ 和 $R > 0$，我们定义停止时间为

$$\tau_R = \inf\{t \in [0, T] : \|z(t, z_{01})\|_{H^1} \wedge \|z(t, z_{02})\|_{H^1} \geqslant R\}.$$

设 $v(t) = z_1(t) - z_2(t)$，对 $\|v(t)\|_{L^2}^2$ 应用 Itô 公式，由 (8.10) 可得

$$\|v(t)\|_{L^2}^2 + 2\kappa_1 \int_0^t \|\nabla v(s)\|_{L^2}^2 \mathrm{d}s$$

$$= -2 \int_0^t \langle \kappa_2(1 + \mu|z_1(s)|^2)z_1(s) - \kappa_2(1 + \mu|z_2(s)|^2)z_2(s), v(s) \rangle \mathrm{d}s +$$

$$2\gamma \int_0^t \langle z_1(s) \times \Delta z_1(s) - z_2(s) \times \Delta z_2(s), v(s) \rangle \mathrm{d}s +$$

$$\int_0^t \langle (z_1(s) - z_2(s)) \times G, v(s) \rangle \mathrm{d}W(s) +$$

$$\int_0^t \sum_{k \in N} \|(z_1(s) - z_2(s)) \times G_k\|_{L^2}^2 \mathrm{d}s +$$

$$\frac{1}{2} \int_0^t \sum_{k \in N} \langle [(z_1(s) - z_2(s)) \times G_k] \times G_k, v(s) \rangle \mathrm{d}t$$

$$:= K_1 + K_2 + K_3 + K_4 + K_5. \tag{8.31}$$

现在，我们逐项估计 $K_1 \sim K_5$. 对于项 $K_1$，直接计算和应用 Hölder 不等式，Young 不等式和 Sobolev 嵌入不等式，很容易由 (8.30) 得

$$
\begin{aligned}
& K_1(t \wedge \tau_R) \\
& = 2\kappa_2 \int_0^{t \wedge \tau_R} \|v(s)\|_{L^2}^2 \mathrm{d}s - \\
& \quad 2\kappa_2 \mu \int_0^{t \wedge \tau_R} \langle |z_1|^2 z_1 - |z_2|^2 z_2, v(s) \rangle \mathrm{d}s \\
& \leqslant 2\kappa_2 \int_0^{t \wedge \tau_R} \|v(s)\|_{L^2}^2 \mathrm{d}s + C \int_0^{t \wedge \tau_R} \||v|(|z_1| + |z_2|)\|_{L^2}^2 \mathrm{d}s \\
& \leqslant 2\kappa_2 \int_0^{t \wedge \tau_R} \|v(s)\|_{L^2}^2 + C \int_0^{t \wedge \tau_R} \|v(s)\|_{L^3}^2 (\|z_1(s)\|_{L^6}^2 + \|z_2(s)\|_{L^6}^2 \mathrm{d}s) \\
& \leqslant 2\kappa_2 \int_0^{t \wedge \tau_R} \|v(s)\|_{L^2}^2 \mathrm{d}s + C_R \int_0^{t \wedge \tau_R} \|v(s)\|_{L^3}^2 \mathrm{d}s \\
& \leqslant 2\kappa_2 \int_0^{t \wedge \tau_R} \|v(s)\|_{L^2}^2 \mathrm{d}s + C_R \int_0^{t \wedge \tau_R} \|v(s)\|_{H^1} \|v(s)\|_{L^2} \mathrm{d}s \\
& \leqslant \frac{\kappa_1}{2} \int_0^{t \wedge \tau_R} \|v(s)\|_{H^1}^2 \mathrm{d}s + C_R \int_0^{t \wedge \tau_R} \|v(s)\|_{L^2}^2 \mathrm{d}s.
\end{aligned}
$$

对于项 $K_2$，应用 $\langle a \times b, b \rangle = 0$，$\langle a \times b, c \rangle = -\langle a \times c, b \rangle$ 并且分部积分，由 (8.30) 可得

$$
\begin{aligned}
& K_2(t \wedge \tau_R) \\
& = \int_0^{t \wedge \tau_R} \langle v(s) \times \Delta z_1(s) - z_2(s) \times \Delta v(s), v(s) \rangle \mathrm{d}s \\
& \leqslant \int_0^{t \wedge \tau_R} \|\nabla z_2(s)\|_{L^2} \|\nabla v(s)\|_{L^2} \|v(s)\|_{L^\infty} \mathrm{d}s \\
& \leqslant \frac{\kappa_1}{4} \int_0^{t \wedge \tau_R} \|v(s)\|_{H^1}^2 \mathrm{d}s + \int_0^{t \wedge \tau_R} \|z_2(s)\|_{H^1}^2 \|v_1(s)\|_{H^1} \|v(s)\|_{L^2} \mathrm{d}s \\
& \leqslant \frac{\kappa_1}{2} \int_0^{t \wedge \tau_R} \|v(s)\|_{H^1}^2 \mathrm{d}s + C_R \int_0^{t \wedge \tau_R} \|v(s)\|_{L^2}^2 \mathrm{d}s.
\end{aligned}
$$

对于项 $K_3$，我们有 $\mathbb{E}(K_3(t \wedge \tau_R)) = 0$. 对于项 $K_4$ 和 $K_5$，应用 (8.9), Hölder 不等式，容易得出

$$K_i((t \wedge \tau_R)) \leqslant C_R \int_0^{t \wedge \tau_R} \|v(s)\|_{L^2}^2 \mathrm{d}s, i = 4, 5.$$

因此，对任意 $t \in [0, T]$, (8.31) 取期望并应用 $K_1 \sim K_5$ 的估计，可得

$$\mathbb{E}(\|v(t \wedge \tau_R)\|_{L^2}^2) + \kappa_1 \mathbb{E} \int_0^{t \wedge \tau_R} \|v(s)\|_{H^1}^2 \mathrm{d}s$$
$$\leqslant C_R \int_0^{t \wedge \tau_R} \|v(s)\|_{L^2}^2 \mathrm{d}s$$
$$\leqslant C_R \int_0^t \|v(s \wedge \tau_R)\|_{L^2}^2 \mathrm{d}s.$$

应用 Gronwall 不等式，对任意的 $t \in [0, T]$，我们有

$$\mathbb{E}(\|v(t \wedge \tau)\|_{L^2}^2) = 0.$$

因为当 $\mathbb{R} \to \infty$ 时，$\tau_R \to 0$，令 $\mathbb{R} \to \infty$ 并应用收敛定理可得唯一性. 我们的定理证毕.

### 8.3.3　更高的正则性

记 $D \subseteq \mathbb{R}$ 是一个有界区间. 我们定义 Neumann 边界条件下的 Laplacian 算子 $A : D(A) \subseteq L^2 \to L^2$.

$$\begin{cases} D(A) := \{z \in H^2 : Dz(x) = 0 \text{ 对于 } x \in \partial D\}, \\ Az := -\Delta z \text{ 对于 } z \in D(A). \end{cases} \tag{8.32}$$

注意到，算子 $A$ 是自反和非负的且 $D(A^{1/2})$ 与 $H^1$ 具有相同的范数. 更进一步，算子 $(A + \boldsymbol{I})^{-1}$ 是紧的.

对于任意数 $\beta \geqslant 0$，我们记 $X^\beta$ 为分数阶算子 $D(A^\beta)$ 的定义域，其范数为 $|x|_{X^\beta} = |(\boldsymbol{I} + A)^\beta x|$ 且记 $X^{-\beta}$ 为空间 $X^\beta$ 的对偶空间，并且嵌入 $X^\beta \subset L^2 = L^2 \subset X^{-\beta}$ 是 Gelfand 型. 注意到，对于 $\beta \in [0, \frac{3}{4})$,

$$X^\beta = H^{2\beta}.$$

现在，我们给出一个引理，其中 $z$ 可以有多种表达形式，从而允许我们挖掘半群 $(e^{-tA})$ 的正则性. 这里我们不做详细的证明，可参见参考文献 [52].

**引理 8.5** 对于每一个 $t \in [0, T]$, $\mathbb{P}$-a.s

$$
\begin{aligned}
z(t) = {} & e^{-\kappa_1 tA} z_0 + \gamma \int_0^t e^{-\kappa_1(t-s)A}(z(s) \times \Delta z(s)) \mathrm{d}s + \\
& \kappa_2 \int_0^t e^{-\kappa_1(t-s)A}[(1 + \mu|z|^2(s))z(s)] \mathrm{d}s + \\
& \int_0^t e^{-\kappa_1(t-s)A} z(s) \times G \mathrm{d}W(s) + \\
& \frac{1}{2} \int_0^t e^{-\kappa_1(t-s)A} \sum_{k \in N} (z(s) \times G_k) \times G_k \mathrm{d}s + \\
& \frac{1}{2} \sum_{k \in N} \int_0^t e^{-\kappa_1(t-s)A} \|z(s) \times G_k\|_{L^2}^2 \mathrm{d}s.
\end{aligned}
\tag{8.33}
$$

**定理 8.7** 假设 $p \in [1, \infty)$, 则对于每一个 $z_0 \in H^1$, 存在常数 $C_p = C_p(\kappa_1, T, \|z_0\|_{H^1})$, 使得方程 $(8.10) \sim (8.12)$ 的唯一解 $z$ 满足

$$\mathbb{E}\left(\int_0^T |\nabla z|_{L^4}^4 \mathrm{d}t + \int_0^T |\Delta z(t)|_{L^2}^2 \mathrm{d}t\right)^p \leqslant C_p. \tag{8.34}$$

**定义 8.5** 方程 $(8.10) \sim (8.12)$ 的一个弱鞍解

$$(\Omega, \mathcal{F}, \mathcal{F}_t, \mathbb{P}, W, z) \tag{8.35}$$

称为强解当且仅当它满足当 $p = 1$ 的条件 (8.34).

证明. 由唯一性, 我们仅需证明定理 8.3 中解的构造部分. 我们将分两步来证明. 在步骤 1 中, 我们将证明不等式 (8.34) 的第一部分对每一个 $p \in [1, \infty)$ 成立. 在步骤 2 中, 我们将证明不等式 (8.34) 的第二部分对每一个 $p \geqslant 1$ 成立.

我们将在后面应用半群 $(e^{-tA})$ 的下列性质. 半群 $(e^{-tA})$, 其中 $A$ 在 (8.32) 中有定义, 也就是说, 存在 $C > 0$ 使得如果 $1 \leqslant p \leqslant q \leqslant \infty$, 则

$$|e^{-tA}f|_{L^q} \leqslant \frac{C}{t^{\frac{1}{2}\left(\frac{1}{p}-\frac{1}{q}\right)}}|f|_{L^p}, \ f \in L^p, t > 0 \tag{8.36}$$

和

$$|\nabla e^{-tA}f|_{L^q} \leqslant \frac{C}{t^{\frac{1}{2}+\frac{1}{2}\left(\frac{1}{p}-\frac{1}{q}\right)}}|f|_{L^p}, \ f \in L^p, \tag{8.37}$$

对于证明的剩余部分, 固定 $T > 0$ 和数 $\delta \in \left(\frac{5}{8}, \frac{3}{4}\right)$. 固定 $\rho > 0$ 使得 $\|z_0\|_{H^1} \leqslant \rho$.

**步骤 1:** 应用引理 8.5, 我们记 $z$ 为六项的和,

$$z(t) = \sum_{i=0}^{5} m_i(t).$$

其中, $C$ 为依赖于 $p, T, \kappa_1, \rho$ 的常数. 不失一般性, 我们取 $\kappa_1 = \kappa_2 = \gamma = \mu = 1$.

现在, 我们分开考虑每一项. 首先, 我们将证明

$$\mathbb{E}\left(\int_0^T |z(t)|_{W^{1,4}}^4 \mathrm{d}t\right)^p \leqslant C(p, T, \kappa_1, \rho). \tag{8.38}$$

因为当 $\delta > \frac{5}{8}$ 时, $X^\delta \hookrightarrow W^{1,4}$, 我们仅需证明下面更强的估计

$$\mathbb{E}\left(\int_0^T |A^\delta z(t)|_{L^2}^4\right)^p \leqslant C(p, T, \kappa_1, \rho). \tag{8.39}$$

接下来, 我们开始估计项 $m_0$. 对于 $t \in (0, T]$, 我们有

$$|A^\delta e^{-tA}z_0|_{L^2}^4 \leqslant \frac{C}{t^{4\delta-2}}|z_0|_{H^1}^4.$$

因此，由 $\delta < \dfrac{3}{4}$，可得

$$\int_0^T |A^\delta m_0(t)|_{L^2}^4 \mathrm{d}t \leqslant C|z_0|_{H^1}^4. \tag{8.40}$$

对于项 $m_1$，假设 $f := z \times \Delta z$ 并应用 (8.36)，可得

$$|A^\delta e^{-(t-s)A} f(s)|_{L^2} \leqslant C(t-s)^{-\delta} |f(s)|_{L^2},\ 0 < s < t < T.$$

因此，应用 Young 不等式可得

$$\int_0^T |A^\delta m_1(t)|_{L^2}^4 \mathrm{d}t$$
$$\leqslant C \int_0^T \left[ \int_0^t (t-s)^{-\delta} |f(s)|_{L^2} \mathrm{d}s \right]^4 \mathrm{d}t$$
$$\leqslant C \left( \int_0^T s^{-\frac{4\delta}{3}} \mathrm{d}s \right)^3 \left( \int_0^T |f(s)|_{L^2}^2 \mathrm{d}s \right)^2.$$

因为 $\dfrac{4}{3}\delta < 1, z \in L^\infty([0,T] \times D)$ 和 $\Delta z \in L^2([0,T] \times D)$，所以可得

$$\mathbb{E}\left( \int_0^T |A^\delta m_1(t)|_{L^2}^4 \mathrm{d}t \right)^p \leqslant C(2p, T, \kappa_1, \rho). \tag{8.41}$$

因为存在常数 $C > 0$ 使得

$$\sum_{i=1}^\infty |G_i|_{L^\infty} + \sum_{i=1}^\infty |G_i|_{W^{1,3}} \leqslant C,$$

因此，类似于 $m_1$ 的估计，我们有

$$\mathbb{E}\left( \int_0^T |A^\delta m_i(t)|_{L^2}^4 \mathrm{d}t \right)^p \leqslant C(p, T, \kappa_1, \rho),\ i = 4, 5. \tag{8.42}$$

对于项 $m_2$，我们将应用事实 $f := |z|^2 z + z \in L^\infty(0, T; L^1)$ $e^{-tA}$ 的半群性质和估计 (8.36)，当 $p = 1$ 和 $q = 2$ 时，我们知道存在 $C > 0$，使得 $\mathbb{P}$-a.s.

$$|A^\delta e^{-(t-s)A} f(s)|_{L^2} \leqslant \frac{C}{(t-s)^{\delta+\frac{1}{4}}} \sup_{t \in [0,T]} |f(r)|_{L^1},\ 0 < s < t \in [0, T].$$

因此，

$$
\int_0^T \left| \int_0^t A^\delta e^{-(t-s)A} f(s) ds \right|_{L^2}^4 dt
$$

$$
\leqslant C |f|_{L^\infty(0,T;L^1)}^4 \int_0^T \left[ \int_0^t \frac{ds}{(t-s)^{\delta+\frac{1}{4}}} ds \right]^4 dt.
$$

因此，$\delta + \dfrac{1}{4} < 1$ 蕴含

$$
\mathbb{E} \int_0^T |A^\delta m_2(t)|_{L^2}^4 dt \leqslant C |f|_{L^\infty(0,T;L^2)}^4 \leqslant C(T,\rho). \tag{8.43}
$$

应用文献 [52] 中的引理 7.2 和 Burkholder-Davis-Gundy 不等式，对于 $k = 1,2,3,\cdots$ 和任意 $t \in [0,T]$，

$$
\mathbb{E} \left| \int_0^t A^\delta e^{-(t-s)A} z(s) \times G dW(s) \right|_{L^2}^4
$$

$$
\leqslant C(T) \mathbb{E} \left( \int_0^t \sum_{k\in N} |A^\delta e^{-\alpha(t-s)A} z(s) \times G_k|_{L^2}^2 ds \right)^2
$$

$$
= C(T) \mathbb{E} \left( \int_0^t \sum_{k\in N} |A^{\delta-\frac{1}{2}} e^{-(t-s)A} A^{\frac{1}{2}} z(s) \times G_k|_{L^2}^2 ds \right)^2
$$

$$
\leqslant C(T) \mathbb{E} \left[ \int_0^t \frac{\sum_{k\in N} |z(s)\times G_k|_{H^1}^2}{(t-s)^{2\delta-1}} ds \right]^2
$$

$$
\leqslant C(T) \mathbb{E} \left( \sup_{t\in[0,T]} |z(t)|_{H^1}^4 \right).
$$

因此，应用定理 8.3 可得

$$
\mathbb{E} \int_0^T |A^\delta m_3(t)|_{L^2}^4 dt \leqslant C(T,\rho). \tag{8.44}
$$

最后，结合估计 (8.40) ∼ (8.44)，可得 (8.39)，则 (8.38) 成立.

**步骤 2:** 接下来，对于泛函 $\|\nabla z(t)\|_{L^2}^2$ 应用 Itô 公式，并且对有关变量 $x$ 分部积分，由 (8.10)、(8.13) 可得

$$
\frac{1}{2} d\|\nabla z(t)\|_{L^2}^2 + \kappa_1 \|\Delta z(t)\|_{L^2}^2 dt +
$$

$$\kappa_2 \langle (1 + \mu|z|^2)\nabla z, \nabla z(t) \rangle_{L^2} \mathrm{d}t +$$

$$\kappa_2 \langle 2\mu(z \cdot \nabla z)z, \nabla z(t) \rangle_2 \mathrm{d}t$$

$$= \frac{1}{2} \langle \nabla[(z \times G) \times G], \nabla z \rangle_{L^2} \mathrm{d}t +$$

$$\frac{1}{2} \|\nabla(z \times G)\|_{L^2}^2 \mathrm{d}t + \langle \nabla(z \times G), \nabla z \rangle_{L^2} \mathrm{d}W$$

$$:= F_1 + F_2 + F_3. \tag{8.45}$$

现在, 我们估计 (8.45) 右边的每一项. 首先, 对于项 $F_1$, 应用 $z \in L^2([0,T] \times D)$,
Hölder 不等式和 Young 不等式, 可得

$$\mathbb{E} \int_0^T \langle \nabla[(z \times G) \times G], \nabla z \rangle_{L^2} \mathrm{d}t$$

$$\leqslant \mathbb{E} \int_0^T \|(z \times G) \times G\|_{H^1} \|\nabla z\|_{L^2} \mathrm{d}t$$

$$\leqslant \mathbb{E} \int_0^T \|\nabla(z \times G)G\|_{L^2} \|\nabla z\|_{L^2} + \|\nabla G(z \times G)\|_{L^2} \|\nabla z\|_{L^2} \mathrm{d}t +$$

$$\mathbb{E} \int_0^T \|(z \times G)\|_{L^2} \|G\|_{L^\infty} \|\nabla z\|_{L^2} \mathrm{d}t$$

$$\leqslant C\mathbb{E} \int_0^T \|\nabla(z \times G)\|_{L^2} \|\nabla z\|_{L^2} + \|z\|_{L^6} \|\nabla z\|_{L^2} \mathrm{d}t$$

$$\leqslant C\mathbb{E} \int_0^T (\|\nabla z\|_{L^2} + \|\nabla G\|_{L^3} \|z\|_{L^6}) \|\nabla z\|_{L^2} + \|z\|_{L^6} \|\nabla z\|_{L^2} \mathrm{d}t$$

$$\leqslant C\mathbb{E} \int_0^T \|\nabla z\|_{L^2}^2 \mathrm{d}t + C.$$

对于项 $F_2$, 应用 Hölder 不等式和 Young 不等式, 可得

$$\mathbb{E}\left[\int_0^T \|\nabla(z \times G)\|_{L^2}^2 \mathrm{d}t\right]$$

$$\leqslant \mathbb{E}\left(\int_0^T \|z \times G\|_{H^1}^2 \mathrm{d}t\right)$$

$$\leqslant \mathbb{E}\left[\int_0^T \|\nabla(z \times G)\|_{L^2}^2 + \|z \times G\|_{L^2}^2\right]$$

$$\leqslant \mathbb{E}\left[\int_0^T \|\nabla(z\times G)\|_{L^2}^2 + \|z\times G\|_{L^2}^2 \mathrm{d}t\right]$$

$$\leqslant \mathbb{E}\left(\int_0^T \|\nabla z\times G\|_{L^2}^2 + \|z\times\nabla G\|_{L^2}^2 + \|z\times G\|_{L^2}^2 \mathrm{d}t\right)$$

$$\leqslant C\mathbb{E}\left(\int_0^T \|\nabla z\|_{L^2}^2\|G\|_{L^\infty}^2 + \|z\|_{L^6}^2\|\nabla G\|_{L^3}^2 + \|z\|_{L^6}^2\|G\|_{L^3}^2\right)$$

$$\leqslant C\mathbb{E}\left(\int_0^T \|\nabla z\|_{L^2}^2 \mathrm{d}t\right) + C.$$

由随机项 $F_3$，应用 Burkholder-Davis-Gundy 不等式、Hölder 不等式和 Young 不等式，可得对小的 $\varepsilon > 0$ 和 $p \geqslant 1$,

$$\mathbb{E}\left(\sup_{t\in[0,T]} \int_0^t \langle\nabla(z\times G),\nabla z\rangle_{L^2}\mathrm{d}W\right)^p$$

$$\leqslant \mathbb{E}\left[\int_0^T \langle\nabla(z\times G),\nabla z\rangle_{L^2}^2 \mathrm{d}t\right]^{\frac{p}{2}}$$

$$\leqslant C\mathbb{E}\left[\int_0^T \|\nabla(z\times G)\|_{L^2}^2\|\nabla z\|_{L^2}^2 \mathrm{d}t\right]^{\frac{1}{2}}$$

$$\leqslant C\mathbb{E}\left[\int_0^T (\|\nabla z\times G\|_{L^2}^2 + \|\nabla G\times z\|_{L^2}^2)\|\nabla z\|_{L^2}^2 \mathrm{d}t\right]^{\frac{p}{2}}$$

$$\leqslant C\mathbb{E}\left[\int_0^T (\|\nabla z\|_{L^2}^2\|G\|_{L^\infty} + \|\nabla G\|_{L^3}\|z\|_{L^6}^2)\|\nabla z\|_{L^2}^2\right]^{\frac{p}{2}}$$

$$\leqslant \varepsilon\mathbb{E}\left(\sup_{t\in[0,T]}\|\nabla z(t)\|_{L^2}^{2p}\right) + C\mathbb{E}\int_0^T \|\nabla z(t)\|_{L^2}^{2p}\mathrm{d}t + C.$$

取 $p \in [2,\infty)$ 且记 $T \in (0,\infty)$. 我们来提升不等式 (8.45) 两边的指数 $p$，取期望并应用 Burkholder-Davis-Gundy (BDG) 不等式、Jensen 不等式和 Gronwall 不等式，可得对任意 $t \in [0,T]$,

$$\mathbb{E}\left(\sup_{t\in[0,T]}\|\nabla z(t)\|_{L^2}^{2p}\right) + \kappa_1\mathbb{E}\left(\int_0^T \|\Delta z(t)\|_{L^2}^2\mathrm{d}t\right)^p$$

$$\leqslant \mathbb{E}(\|\nabla z(0)\|_{L^2}^{2p}) + C \leqslant C.$$

则我们完成证明.

**定理 8.4 的证明:** 因为 Yamada 和 Watanabe 的定理表明弱解的存在性，且路径的唯一性蕴含强解的存在唯一性，再结合定理 8.6 和 8.7，可得定理 8.4.

## 8.3.4 不变测度

在本小节,我们将应用 Krylov-Bogoliubov 定理[45] 来证明不变测度的存在性.

对于固定的 $z_0 \in H^1$，我们记 $z(t, z_0)$ 为定理 8.4 中的唯一解，则 $\{z(t, z_0) : t \geqslant 0, z_0 \in H^1\}$ 在空间 $H^1$ 中形成强 Markov 过程. 我们记 $z_i = z(t, z_{0i})$ 为有关初值 $z_{0i} \in H^1, i = 1, 2$ 的解. 假设 $R > 0$，我们定义停止时间

$$\tau_R = \inf\{t \in [0, T] : \|z(t, z_{01})\|_{H^1} \wedge \|z(t, z_{02})\|_{H^1} \geqslant R\}.$$

我们有下列稳定性结果.

**引理 8.6** 在 (8.9) 条件下，对任意 $z_0 \in H^1$，存在常数 $C_{t,R}$，使得

$$\mathbb{E}(\|z(t \wedge \tau_R, z_{01}) - z(t \wedge \tau_R, z_{02})\|_{H^1}^2) \leqslant C_{t,R}\mathbb{E}(\|z_{01} - z_{02}\|_{H^1}^2).$$

证明. 记 $v(t) = z(t, z_{01}) - z(t, z_{02})$. 对 $\|v(t \wedge \tau_R)\|_{H^1}^2$ 应用公式 Itô 和分部积分，由 (8.10) 可得

$$\|z(t \wedge \tau_R)\|_{H^1}^2$$

$$= \|v(0)\|_{H^1}^2 + 2\kappa_1 \int_0^{t \wedge \tau_R} \langle \Delta z_1(s) - \Delta z_2(s), v(s) \rangle_{H^1} \mathsf{d}s +$$

$$2\int_0^{t \wedge \tau_R} \langle N(z_1(s)) - N(z_2(s)), v(s) \rangle_{H^1} \mathsf{d}s +$$

$$2\int_0^{t \wedge \tau_R} \langle \gamma z_1(s) \times \Delta z_1(s) - \gamma z_2(s) \times z_2(s), v(s) \rangle_{H^1} \mathsf{d}s +$$

$$2\sum_{k=1}^{\infty} \int_0^{t \wedge \tau_R} \langle z_1(r) \times G_k - z_2(r) \times G_k, v(r) \rangle_{H^1} \mathsf{d}\omega_k(s) +$$

$$\sum_{k=1}^{\infty} \int_0^{t \wedge \tau_R} \langle z_1(s) \times G_k \times G_k - z_2(s) \times G_k \times G_k, v(s) \rangle_{H^1} \mathrm{d}s +$$

$$\sum_{k=1}^{\infty} \int_0^{t \wedge \tau_R} \| v(s) \times G_k \|_{H^1}^2 \mathrm{d}s$$

$$:= \bar{I}_0 + \bar{I}_1 + \bar{I}_2 + \bar{I}_3 + \bar{I}_4 + \bar{I}_5 + \bar{I}_6, \tag{8.46}$$

其中，$N(z(s)) = -\kappa_2(1 + \mu|z(s)|^2)z(s)$. 接下来，我们逐项估计 $\bar{I}_1 \sim \bar{I}_6$. 对于项 $\bar{I}_1$，应用分部积分和 Hölder 不等式，可得

$$\begin{aligned}
\bar{I}_1(t \wedge \tau_R) &= 2\kappa_1 \int_0^{t \wedge \tau_R} \langle \Delta v(s), v(s) \rangle_{H^1} \mathrm{d}s \\
&= -2\kappa_1 \int_0^{t \wedge \tau_R} \langle (I - \Delta)v(s), (I - \Delta)v(s) \rangle \mathrm{d}s + \\
&\quad 2\kappa_1 \int_0^{t \wedge \tau_R} \langle v(s), (I - \Delta)v(s) \rangle \mathrm{d}s \\
&= -2\kappa_1 \int_0^{t \wedge \tau_R} \| v(s) \|_{H^2}^2 \mathrm{d}s + 2\kappa_2 \int_0^{t \wedge \tau_R} \| v(s) \|_{H^1}^2 \mathrm{d}s.
\end{aligned}$$

对于项 $\bar{I}_2$，我们应用分部积分法和 Hölder 不等式及 Young 不等式，可得

$$\begin{aligned}
\bar{I}_2(t \wedge \tau_R) &= -2\kappa_2 \int_0^{t \wedge \tau_R} \langle v(s), (I - \Delta)v(s) \rangle \mathrm{d}s - \\
&\quad 2\kappa_2 \mu \int_0^{t \wedge \tau_R} \langle |z_1|^2 z_1 - |z_2|^2 z_2, (I - \Delta)v(s) \rangle \mathrm{d}s \\
&\leqslant 2\kappa_2 \int_0^{t \wedge \tau} \| v(s) \|_{H^1}^2 \mathrm{d}s + \frac{\kappa_1}{8} \int_0^{t \wedge \tau_R} \| v(s) \|_{H^2}^2 \mathrm{d}s + \\
&\quad C \int_0^{t \wedge \tau_R} \| |v||U|^2 \|_{L^2}^2 \mathrm{d}s,
\end{aligned}$$

其中，$U = |z_1| + |z_2|$. 应用 Sobolev 嵌入定理和 Young 不等式及 (8.30)，我们有

$$\begin{aligned}
&C \int_0^{t \wedge \tau_R} \| |v||U|^2 \|_{L^2}^2 \mathrm{d}s \\
&\leqslant C \int_0^{t \wedge \tau_R} \| v \|_{L^\infty}^2 \| U \|_{L^4}^4 \mathrm{d}s
\end{aligned}$$

$$\leqslant C_R \int_0^{t\wedge\tau_R} \|v\|_{H^2} \|v\|_{L^2} \mathrm{d}s$$

$$\leqslant \frac{\kappa_1}{8} \int_0^{t\wedge\tau_R} \|v(s)\|_{H^2}^2 + C_R \int_0^{t\wedge\tau_R} \|v(s)\|_{L^2}^2 \mathrm{d}s.$$

对于项 $\bar{I}_3$，我们有

$$\bar{I}_3(t\wedge\tau_R) = 2\int_0^{t\wedge\tau_R} \langle \gamma z_1(s) \times \Delta z_1(s) - \gamma z_2(s) \times \Delta z_2(s), v(s) \rangle_{H^1} \mathrm{d}s$$

$$= 2\int_0^{t\wedge\tau_R} \langle \gamma z_1(s) \times \Delta z_1(s) - \gamma z_2(s) \times \Delta z_2(s), (I-\Delta)v(s) \rangle \mathrm{d}s$$

$$= 2\int_0^{t\wedge\tau_R} \langle \gamma z_1(s) \times \Delta v(s) - \gamma z(s) \times \Delta z_2(s), v(s) \rangle \mathrm{d}s +$$

$$2\int_0^{t\wedge\tau_R} \langle \gamma z_1(s) \times \Delta v(s) - \gamma v(s) \times \Delta z_2(s), -\Delta v(s) \rangle \mathrm{d}s$$

$$:= \bar{J}_1 + \bar{J}_2.$$

现在我们估计项 $\bar{J}_1$. 应用 Hölder 不等式和 Young 不等式以及 $\langle a \times b, a \rangle = 0$，我们有

$$\bar{J}_1 \leqslant C \int_0^{t\wedge\tau_R} \|z_1(s)\|_{L^\infty} \|\Delta v(s)\|_{L^2} \|v(s)\|_{L^2} \mathrm{d}s$$

$$\leqslant \frac{\kappa_1}{8} \int_0^{t\wedge\tau_R} \|v(s)\|_{H^2}^2 \mathrm{d}s + C_R \int_0^{t\wedge\tau_R} \|v(s)\|_{L^2}^2 \mathrm{d}s.$$

对于项 $\bar{J}_2$，应用 Hölder 不等式和 Young 不等式以及 $\langle a \times b, a \rangle = 0$，可得

$$\bar{J}_2 = 2\gamma \int_0^{t\wedge\tau_R} \langle v(s) \times \Delta z_2(s), \Delta v(s) \rangle \mathrm{d}s$$

$$\leqslant 2\gamma \int_0^{t\wedge\tau_R} \|v(s)\|_{L^\infty} \|\Delta z_2(s)\|_{L^2} \|\Delta v(s)\|_{L^2} \mathrm{d}s$$

$$\leqslant \frac{\kappa_1}{8} \int_0^{t\wedge\tau_R} \|v(s)\|_{H^2}^2 \mathrm{d}s + C \int_0^{t\wedge\tau_R} \|v(s)\|_{H^1}^2 \|\Delta v_2(s)\|_{L^2}^2 \mathrm{d}s$$

$$\leqslant \frac{\kappa_1}{2} \int_0^{t\wedge\tau_R} \|v(s)\|_{H^2}^2 + C_R \int_0^{t\wedge\tau_R} \|v(s)\|_{H^1}^2 \|\Delta z_2(s)\|_{L^2}^2 \mathrm{d}s.$$

对于项 $\bar{I}_4$，我们有 $\mathbb{E}(\bar{I}_4(t \wedge \tau_R)) = 0$. 对于项 $\bar{I}_5$，应用分部积分和 Hölder 不等式以及 Young 不等式，可得

$$
\int_0^{t \wedge \tau_R} \sum_{k=1}^{\infty} \langle z_1(s) \times G_k \times G_k - z_2(s) \times G_k \times G_k, v(s) \rangle_{H^1} \mathrm{d}s
$$
$$
= \int_0^{t \wedge \tau_R} \sum_{k=1}^{\infty} \langle z_1(s) \times G_k \times G_k - z_2(s) \times G_k \times G_k, (I - \Delta)v(s) \rangle_{L^2} \mathrm{d}s
$$
$$
\leqslant \frac{\kappa_1}{8} \int_0^{t \wedge \tau_R} \|v(s)\|_{H^2}^2 \mathrm{d}s + C \int_0^{t \wedge \tau_R} \|v(s)\|_{L^2}^2 \mathrm{d}s.
$$

对于项 $\bar{I}_6$，应用 Hölder 不等式和 Young 不等式以及 (8.9)，可得

$$
\int_0^{t \wedge \tau_R} \left\| \sum_{k=1}^{\infty} v(s) \times G_k \right\|_{H^1}^2 \mathrm{d}s
$$
$$
\leqslant \int_0^{t \wedge \tau_R} \left\| \sum_{k=1}^{\infty} v(s) \times G_k \right\|_{L^2}^2 \mathrm{d}s +
$$
$$
\int_0^{t \wedge \tau_R} \left\| \sum_{k=1}^{\infty} \nabla(v(s) \times G_k) \right\|_{L^2}^2 \mathrm{d}s
$$
$$
\leqslant \int_0^{t \wedge \tau_R} \left( \sum_{k=1}^{\infty} \|G_k\|_{L^\infty} \right) \|v(s)\|_{L^2}^2 \mathrm{d}s +
$$
$$
\int_0^{t \wedge \tau_R} \left( \sum_{k=1}^{\infty} \|G\|_{L^\infty} \right)^2 \|\nabla v(s)\|_{L^2}^2 \mathrm{d}s +
$$
$$
\int_0^{t \wedge \tau_R} \left\langle v(s) \times \sum_{k=1}^{\infty} \nabla G_k, v(s) \times \sum_{k=1}^{\infty} \nabla G_k \right\rangle \mathrm{d}s
$$
$$
\leqslant C_G \int_0^{t \wedge \tau_R} \|v(s)\|_{H^1}^2 \mathrm{d}s +
$$
$$
\int_0^{t \wedge \tau_R} \|v(s)\|_{L^6}^2 \sum_{k=1}^{\infty} (\|G_k\|_{W^{1,3}})^2 \mathrm{d}s
$$
$$
\leqslant C_G \int_0^{t \wedge \tau_R} \|v(s)\|_{H^1}^2 \mathrm{d}s.
$$

因此，把估计 $\bar{I}_1 \sim \bar{I}_6$ 代入到 (8.46) 并取期望，可得

$$\mathbb{E}(\|v(t \wedge \tau_R)\|_{H^1}^2)$$

$$\leqslant \mathbb{E}(\|z_{01} - z_{02}\|_{H^1}^2) + C_{G,R}\mathbb{E}\int_0^{t \wedge \tau_R}(1 + \|\Delta z_2(s)\|_{L^2}^2)\|v(s)\|_{H^1}^2 \mathrm{d}s$$

$$\leqslant \mathbb{E}(\|z_{01} - z_{02}\|_{H^1}^2) + C_{G,R}\mathbb{E}\int_0^t(1 + \|\Delta z_2(s)\|_{L^2}^2)\|v(s \wedge \tau_R)\|_{H^1}^2 \mathrm{d}s.$$

应用 Gronwall 不等式和定理 8.7，即可得引理 8.6 的结论.

现在我们介绍与 $\{z(t, z_0)\}$ 有关的变换子群. 记 $C_b(H^1)$ 为 $H^1$ 中的所有有界局部一致连续泛函的集合. 记 $C_b(H^1)$ 为 Banach 空间，其范数为

$$\|\varphi\|_{L^\infty} := \sup_{z \in H^1} |\varphi(z)|.$$

对于 $t > 0$，与 $\{z(t, z_0) : t \geqslant 0, z_0 \in H^1\}$ 有关的子群 $\mathcal{P}_t$ 定义为

$$(\mathcal{P}_t \varphi) = \mathbb{E}(\varphi(z(t, z_0)), \varphi \in C_b(H^1)).$$

我们有下面的定理:

**定理 8.8** 假设 (8.9) 成立，对每一个 $t > 0, \mathcal{P}_t$ 为 $C_b(H^1)$ 到它自己的映射，也就是说，$\{\mathcal{P}_t\}_{t \geqslant 0}$ 是 $C_b(H^1)$ 上的 Feller 子群.

证明. 假设 $\varphi \in C_b(H^1)$ 已知. 由 $\mathcal{P}_t$ 的定义，我们知道 $\mathcal{P}_t$ 在 $H^1$ 上是有界的. 为了证明 $\mathcal{P}_t$ 是局部一致连续的，我们仅需要证明对任意 $\varepsilon > 0, t > 0$ 和 $m \in \mathbb{N}$，存在 $\delta > 0$，使得

$$\sup_{z_{01}, z_{02} \in B_m} |\mathcal{P}_t \varphi(z_{01}) - \mathcal{P}_t \varphi(z_{02})| < \varepsilon, \tag{8.47}$$

其中，$B_m = \{z \in H^1 : \|z\|_{H^1} \leqslant m\}$. 定义停止时间

$$\tau_R = \inf\{t \in [0, T] : \|z(t, z_{01})\|_{H^1} \wedge \|z(t, z_{02})\|_{H^1} \geqslant R\}.$$

由 Chebyshev 不等式可得

$$\mathbb{E}|\varphi(z(t,z_{0i})) - \varphi(z(t \wedge \tau_R, z_{0i}))|$$

$$\leqslant 2\|\varphi\|_{L^\infty}\mathbb{P}(\tau_R < t)$$

$$\leqslant 2\|\varphi\|_{L^\infty} \sup_{z_{0i} \in B_m} \mathbb{E}(\sup_{s \in [0,t]} \|z(s,z_{0i})\|_{L^2}^2)/\mathbb{R}^2$$

$$\leqslant 2C_{t,m}\|\varphi\|_{L^\infty}/\mathbb{R}^2.$$

对于任意 $\varepsilon > 0$，选择足够大的 $\mathbb{R} > m$，我们有

$$\mathbb{E}|\varphi(z(t,z_{0i})) - \varphi(z(t \wedge \tau_R, z_{0i}))| \leqslant \frac{\varepsilon}{4}, i = 1,2. \tag{8.48}$$

对于固定的 $\mathbb{R}$，因为 $\varphi$ 是局部一致连续的，因此存在 $\delta_R$，使得对任意 $z_1, z_2 \in B_m$ 且 $\|z_1 - z_2\|_{H^1} \leqslant \delta_R$，

$$|\varphi(z_1) - \varphi(z_2)| \leqslant \frac{\varepsilon}{4}.$$

因此，对 $z_{01}, z_{02} \in B_m$ 且 $\|z_{01} - z_{02}\|_{H^1}^2 \leqslant \dfrac{\varepsilon\delta_R^2}{8C_{t,R}\|\varphi\|_{L^\infty}}$，应用引理 8.6 和 Chebyshev 不等式可得

$$\mathbb{E}|\varphi(z(t \wedge \tau_R, z_{01})) - \varphi(z(t \wedge \tau_R, z_{02}))|$$

$$= \int_{\Omega_{\delta_R}^+} |\varphi(z(t \wedge \tau_R, z_{01})) - \varphi(z(t \wedge \tau_R, z_{02}))|P(\mathrm{d}\omega) +$$

$$\int_{\Omega_{\delta_R}^+} |\varphi(z(t \wedge \tau_R, z_{01})) - \varphi(z(t \wedge \tau_R, z_{02}))|P(\mathrm{d}\omega)$$

$$\leqslant \frac{\varepsilon}{4} + 2\|\varphi\|_{L^\infty}\mathbb{P}(\|z(t \wedge \tau_R, z_{01}) - z(t \wedge \tau_R, z_{02})\|_{H^1} > \delta_R)$$

$$\leqslant \frac{\varepsilon}{4} + 2\|\varphi\|_{L^\infty}\frac{\mathbb{E}(\|z(t \wedge \tau_R, z_{01}) - z(t \wedge \tau_R, z_{02})\|_{H^1}^2)}{\delta_R^2}$$

$$\leqslant \frac{\varepsilon}{2}, \tag{8.49}$$

其中，$\Omega_{\delta_R}^+ = \{w : \|z(t \wedge \tau_R, z_{01}) - z(t \wedge \tau_R, z_{02})\|_{H^1} \leqslant \delta_R\}$，$\Omega_{\delta_R}^- = \{w : \|z(t \wedge \tau_R, z_{01}) - z(t \wedge \tau_R, z_{02})\|_{H^1} > \delta_R\}$. 取 $\delta = \dfrac{\sqrt{\varepsilon}\delta_R}{2\sqrt{2C_{t,R}\|\varphi\|_{L^\infty}}}$ 并应用 (8.48) 和 (8.49)，可得 (8.47)，则定理证毕.

**定理 8.9** 假设 (8.9) 成立，则存在子群 $\mathcal{P}_t$ 的不变测度集 $\mu_*$，使得对于任意 $t \geqslant 0$ 和 $\varphi \in C_b(H^1)$，

$$\int_{H^1} \mathcal{P}_t \varphi(z) \mu_*(\mathrm{d}z) = \int_{H^1} \varphi(z) \mu_*(\mathrm{d}z).$$

证明. 因为嵌入 $H^2 \hookrightarrow H^1$ 是紧的，可应用经典的 Krylov-Bogoliubov 定理 (参见参考文献 [45] 的定理 3.1.1) 来证明不变测度集的存在性. 我们仅需证明对 $\varepsilon > 0$，存在 $M > 0$，使得对所有 $T > 1$，

$$\frac{1}{T} \int_0^T \mathbb{P}(\|z(t)\|_{H^2}^2 > M)\mathrm{d}t < \varepsilon. \tag{8.50}$$

由引理 8.3 和引理 8.4 中的 (8.22)、(8.29)，当 $p = 1$，可得

$$\mathbb{E}(\|z(t)\|_{H^1}^2) + 2\kappa_1 \mathbb{E} \int_0^t \|z(s)\|_{H^2}^2 \mathrm{d}s$$

$$\leqslant \mathbb{E}(\|z_0\|_{H^1}^2) + C\mathbb{E} \int_0^t \|z(s)\|_{H^1}^2 \mathrm{d}s$$

$$\leqslant \mathbb{E}\|z_0\|_{H^1}^2 + Ct.$$

则存在某个常数 $C$ 依赖于参数和初始值 $z_0$，但不依赖于时间 $t$，使得对任意 $t \geqslant 1$，

$$\frac{1}{t} \mathbb{E} \int_0^t \|z(s)\|_{H^2}^2 \mathrm{d}s \leqslant C. \tag{8.51}$$

应用 Chebyshev 不等式，取 $M = \dfrac{C}{t\varepsilon}$，可得 (8.50). 结合定理 8.8 和 (8.50) 并应用参考文献 [45] 的推论 3.1.2，可得不变测度集的存在性，定理 8.9 证毕.

## 8.4 遍历性: 不变测度集的唯一性

本节我们将证明定理 8.5. 下列命题在我们的证明中起着关键性作用, 其证明参见 Haires 和 Mattingly 的参考文献 [70].

**命题 8.2** 假设 $\mathcal{P}_t$ 为强渐近性的 Feller 的 Markov 子群, 且对 $\mathcal{P}_t$ 中的每一个不变可测度集 $\mu_*$, 存在点 $x$, 满足 $x \in \sup\limits_{\mu_*}$, 则 $\mathcal{P}_t$ 存在几乎不变可测度集.

将该命题应用到 LLB 方程, 我们将下面的证明分为两部分. 首先, 我们证明带有散度噪声 (8.15) 的 LLB 方程的子群 $\mathcal{P}_t$ 具有渐近强 Feller 性质. 其次, 我们将证明不变测度的紧性质, 也就是 0 属于对于 $\mathcal{P}_t$ 的任意不变测度的紧支集.

### 8.4.1 渐近强 Feller 性质

为了强调解与噪声的依赖性, 我们记 $z(t, w; z_0) = \Phi_t(w, z_0)$. 这里 $\Phi_t : C([0, t];$ $\mathbb{R}^n) \times H^1 \to H^1$ 是一个解映射, 且满足 $\Phi_t(w, z_0)$ 是一个解, 其初值为 $z_0$, 噪声为 $w$.

对于任意的 $v \in L^2_{\text{loc}}(\mathbb{R}^+, \mathbb{R}^n)$, 关于 $w$ 的 $H^1$-值随机变量 $\Phi_t(w, z_0)$ 在 $v$ 方向的 Malliavin 导数为

$$D^\nu z(t, \omega; z_0) := \lim_{\varepsilon \to 0} \frac{\Phi_t(\omega + \varepsilon V; z_0) - \Phi_t(\omega; z_0)}{\varepsilon}, \ \mathbb{P}\text{-a.s.}, \tag{8.52}$$

其中, $V(t) = \displaystyle\int_0^t v(r)\mathrm{d}r$. 注意到极限对于 Wiener 测度是几乎确定成立的. 对于 $0 \leqslant s < t$, 假设 $\mathcal{J}_{s,t}\xi$ 是下面线性方程的解

$$\partial_t \mathcal{J}_{s,t}\xi = \kappa_1 \Delta \mathcal{J}_{s,t}\xi + \mathcal{K}(z(t, \omega; z_0), \mathcal{J}_{s,t}\xi), \ \mathcal{J}_{s,s}\xi = \xi, \tag{8.53}$$

其中, $\mathcal{K}$ 的第二部分是线性的, 且为

$$\mathcal{K}(\eta, \xi) = -\kappa_2 \xi - \kappa_2\mu[|\eta|^2\xi + 2(\xi \cdot \eta)\eta] + \gamma(\xi \times \Delta\eta + \eta \times \Delta\xi).$$

我们还注意到，$\mathcal{J}_{s,t}$ 满足性质：对于 $r \in [s,t]$，$\mathcal{J}_{s,t} = \mathcal{J}_{s,r}\mathcal{J}_{r,t}$. 当 $s = 0$ 时，我们记 $\mathcal{J}_t\xi = \mathcal{J}_{0,t}\xi$. 下面，我们将证明对每一个 $w$

$$(J_t\xi)(\omega) := \lim_{\varepsilon \to 0} \frac{\Phi_t(\omega + \varepsilon\xi) - \Phi_t(\omega; z_0)}{\varepsilon}, \ \mathbb{P}\text{-a.s..} \tag{8.54}$$

详细证明过程可见本节的最后. 注意到 $v$ 是随机的且与 $W$ 增长产生的过滤器不适应. 记 $\mathcal{A}_t v = \mathcal{D}^v z(t, w; z_0)$，则

$$\partial_t \mathcal{A}_t v = \kappa_1 \Delta \mathcal{A}_t v + \mathcal{K}(z(t, \omega; z_0), \mathcal{A}_t v) + Qv(t), \ \mathcal{A}_0 v = 0. \tag{8.55}$$

因为 $\mathcal{K}(\cdot, \cdot)$ 的第二部分是线性的，应用变量公式，容易得 $\mathcal{A}_t : L^2([0,t]; \mathbb{R}^N) \to H^1$ 为

$$\mathcal{A}_t v = \int_0^t \mathcal{J}_{s,t} Qv(s)\mathrm{d}s.$$

粗略地说，$\mathcal{J}_t\xi$ 是 $z(t, w; z_0)$ 的扰动，其是由初值 $z_0$ 的扰动 $\xi$ 产生的，但是 $\mathcal{A}_t$ 有关时间 $t$ 的扰动是由区间 $[0,t]$ 的 Wiener 空间的无限小变量产生的. 如果我们能找到一个 $v$ 使得它们产生相同的效应，也就是说，$\mathcal{J}_t\xi = \mathcal{A}_t\xi$，我们可以证明 $\mathcal{P}_t$ 是强 Feller 和遍历的[70]. 然而，由于 Malliavin 矩阵的非可逆性，对于带散度噪声的强 Feller 性在大多数情况下是不成立的.

因此，我们考虑微分 $\rho(t) = \mathcal{J}_t\xi - \mathcal{A}_t v$. 由参考文献 [70]，我们要证明当 $t \to \infty$ 时，$\rho(t)$ 指数衰减到 0. 此后，$v[0,t]$ 表示 $v$ 限制在区间 $[0,t]$. 由方程 (8.53)，我们知道 $\rho(t)$ 满足下列方程

$$\partial_t \rho = \kappa_1 \Delta \rho + \mathcal{K}(z(t, \omega; z_0), \rho) - Qv(t), \ \rho(0) = \xi. \tag{8.56}$$

假设 $H^1_\ell$ 是 $H^1$ 的下列有限维子空间 (被称为低维节点空间)

$$H^1_l := \mathsf{span}\{e_1, \cdots, e_n\}.$$

直和分解

$$H^1 = H_l^1 \oplus H_h^1,$$

对任意 $z \in H^1$

$$z = z_l + z_h, z_l \in H_l^1, z_h \in H_h^1.$$

空间 $H_h^1$ 称为高空间节点. 对任意 $v \in L^2$，定义

$$\Pi_l v := \Pi_{i=1}^n \langle (-\Delta) e_i, v \rangle_{L^2} e_i \in H_l^1$$

和

$$\Pi_h v := v - \Pi_l v \in L^2.$$

我们记 $v_l := \Pi_l v$ 和 $v_h := \Pi_h v$，则立即有下面的引理:

**引理 8.7** 对于任意 $z \in H^2$，

$$\|\Delta \Pi_h z\|_{L^2}^2 \geqslant \lambda_1 \|\nabla \Pi_h z\|_{L^2}^2.$$

证明主要结果前，我们先给出几个引理.

**引理 8.8** 对于任意 $\eta, \xi \in H^2$，记

$$G(\eta) := \|\eta\|_{H^2}^2 + \||\eta| \cdot |\nabla \eta|\|_{L^2}^2, \tag{8.57}$$

则

$$\langle \xi_h, \mathcal{K}(\eta, \xi) \rangle_{H^1} \leqslant \frac{1}{2} \|\Delta \xi_h\|_{H^0}^2 + C \cdot G(\xi) \cdot (\|\xi_h\|_{H^1}^2 + \|\xi_l\|_{H^1}^2)$$

和

$$\|\Pi_l \mathcal{K}(\eta, \xi)\|_{H^1}^2 \leqslant C_n \|\xi\|_{H^1}^2 \cdot (1 + \|\eta\|_{L^4}^4 + \|\eta\|_{H^1}^2),$$

其中，常数 $C_n$ 仅依赖于 $n$.

证明. 记 $\langle \eta_h, \mathcal{K}(\xi, \eta) \rangle_{H^1} = I_1 + I_2 + I_3 + I_4$, 其中

$$I_1 = -\kappa_2 \langle \xi_\eta, \xi_l + \xi_h \rangle_{H^1},$$

$$I_2 = -\kappa_2 \mu \langle \xi_h, |\eta|^2 (\xi_l + \xi_h) \rangle_{H^1},$$

$$I_3 = -\kappa_2 \mu \langle \xi_h, 2\eta^2 (\xi_l + \xi_h) \rangle_{H^1},$$

$$I_4 = \gamma \langle \xi_h, (\xi_l + \xi_h) \times \Delta \eta \rangle_{H^1},$$

$$I_5 = \gamma \langle \xi_h, \eta \times \Delta (\xi_l + \xi_h) \rangle_{H^1}.$$

对于项 $I_1$, 应用 Hölder 不等式, 我们有

$$I_1 \leqslant \kappa_2 \|\xi_h\|_{H^1}^2.$$

对于项 $I_2$, 我们应用 Hölder 不等式和 Young 不等式, 有

$$I_2 = -\kappa_2 \mu \langle \xi_h, |\eta|^2 (\xi_l + \xi_h) \rangle_{L^2} - \kappa_2 \mu \langle \nabla \xi_h, |\eta|^2 \nabla (\xi_l + \xi_h) \rangle_{L^2} -$$

$$\kappa_2 \mu \langle \nabla \xi_h, \nabla (|\eta|^2)(\xi_l + \xi_h) \rangle_{L^2}$$

$$\leqslant C \|\eta\|_{L^\infty}^2 \|\xi_h\|_{L^2}^2 + C \|\eta\|_{L^\infty}^2 \|\nabla \xi_h\|_{L^2} \|\nabla \xi\|_{L^2} +$$

$$C \|\nabla \xi_h\|_{L^6} \|\xi\|_{L^3} \|\nabla (|\eta|^2)\|_{L^2}$$

$$\leqslant C \|\eta\|_{H^1}^2 (\|\xi_h\|_{H^1}^2 + \|\xi_l\|_{H^1}^2) +$$

$$\frac{\kappa_1}{4} \|\xi_h\|_{H^2}^2 + C \|\xi\|_{H^1}^2 \||\eta| \cdot |\nabla |\eta|\|_{L^2}^2.$$

对于项 $I_3$, 下式成立

$$I_3 \leqslant I_2.$$

对于项 $I_4$，我们应用分部积分法，Hölder 不等式和 Young 不等式，有

$$I_4 = \gamma\langle\xi_h, (\xi_h + \xi_l) \times \Delta\eta\rangle_{L^2} - \gamma\langle\Delta\xi_h, (\xi_l + \xi_h) \times \Delta\eta\rangle_{H^1}$$

$$\leqslant \frac{\kappa_1}{4}\|\xi_h\|_{H^2}^2 + C\|\xi\|_{H^1}^2\|\eta\|_{H^2}^2.$$

对于项 $I_5$，我们应用分部积分法，Hölder 不等式和 Young 不等式以及 $\langle a \times b, a\rangle = 0$，有

$$I_5 = \gamma\langle\xi_h, \eta \times \Delta(\xi_l + \xi_h)\rangle_{L^2} - \gamma\langle\Delta\xi_h, \eta \times \Delta(\xi_l + \xi_h)\rangle_{L^2}$$

$$\leqslant \frac{\kappa_1}{4}\|\xi_h\|_{H^2}^2 + C\|\xi\|_{H^1}^2\|\eta\|_{H^2}^2 + C\|\Delta\xi_l\|_{L^2}^2\|\eta\|_{H^2}^2$$

$$\leqslant \frac{\kappa_1}{4}\|\xi_h\|_{H^2}^2 + C\|\xi\|_{H^1}^2\|\eta\|_{H^2}^2 + C\lambda_n\|\xi_l\|_{H^1}^2\|\eta\|_{H^2}^2.$$

我们注意到

$$\|\Pi_l\mathcal{K}(\eta,\xi)\|_{H^1}^2 = \sum_{i=1}^{m}\langle e_i, \mathcal{K}(\eta,\xi)\rangle_{H^1}^2 = \sum_{i=1}^{4}\sum_{j=1}^{4}J_{ij},$$

其中

$$J_{i1} = \kappa_2\langle e_i - \Delta e_i, \xi\rangle \leqslant C_{e_i}\|\xi\|_{L^2},$$

$$J_{i2} = -\kappa_2\mu\langle e_i - \Delta e_i, |\eta|^2\xi\rangle \leqslant C_{e_i}\|\xi\|_{L^2}\|\eta\|_{L^4}^2,$$

$$J_{i3} = -\kappa_2\mu\langle e_i - \Delta e_i, 2\eta^2\xi\rangle \leqslant C_{e_i}\|\xi\|_{L^2}\|\eta\|_{L^4}^2,$$

$$J_{i4} = \gamma\langle e_i - \Delta e_i, \xi \times \Delta\eta\rangle \leqslant C_{e_i}\|\xi\|_{H^1}\|\nabla\eta\|_{L^2},$$

$$J_{i5} = \gamma\langle e_i - \Delta e_i, \eta \times \Delta\xi\rangle \leqslant C_{e_i}\|\xi\|_{H^1}\|\nabla\eta\|_{L^2}.$$

结合以上估计，我们可得 $\Pi_l\mathcal{K}(\eta,\xi)$ 在 $H^1$ 的估计.

现在我们证明有关 $z(t)$ 的关键估计.

**引理 8.9** 对任意 $v > 0$，存在常数 $C_v, C_{\varepsilon_1, \lambda_1, v} > 0$ 使得对任意 $t > 0$ 和 $z_0 \in H^1$,

$$\mathbb{E} \exp \left\{ v \int_0^t \|z(s)\|_{H^2}^2 + \|\|z(s)\|\nabla z(s)\|\|_{L^2}^2 \mathrm{d}s \right\}$$

$$\leqslant \exp\{C_v\|z_0\|_{H^1}^2 + C_{\xi_1, \lambda_1, v} t\}.$$

证明. 对方程 (8.15) 应用 Itô 公式，可得

$$\mathrm{d}\|z(t)\|_{L^2}^2 = 2\kappa_1 \langle z(t), \Delta z(t) \rangle \mathrm{d}t - 2\kappa_2 \langle z(t), z(t) \rangle \mathrm{d}t -$$

$$2\kappa_2 \mu \langle {}^2 z(t), z(t) \rangle \mathrm{d}t + 2\gamma \langle z(t) \times \Delta z(t), z(t) \rangle \mathrm{d}t +$$

$$2 \langle z(t), \mathrm{d}\omega(t) \rangle + \xi_0 \mathrm{d}t. \tag{8.58}$$

分部积分，可得

$$\|z(t)\|_{L^2}^2 = \|z_0\|_{L^2}^2 - 2\kappa_1 \int_0^t \|\nabla z(s)\|_{L^2}^2 \mathrm{d}s -$$

$$2\kappa_2 \int_0^t \|z(s)\|_{L^2}^2 \mathrm{d}s - 2\kappa_2 \mu \int_0^t \|z(s)\|_{L^4}^4 \mathrm{d}s +$$

$$2 \int_0^t \langle z(t), \mathrm{d}\omega(s) \rangle + \xi_0 t.$$

应用 Hölder 不等式和 Young 不等式，可得

$$-2\kappa_2 \|z(s)\|_{L^2}^2 - 2\kappa_2 \mu \|z(s)\|_{L^4}^4 \leqslant C - \kappa_2 \mu \|z(s)\|_{L^2}^4.$$

应用参考文献 [71] 的引理 6.2，对任意 $t, v > 0$，我们有

$$\mathbb{E} \exp \left\{ C v \int_0^t \|z(s)\|_{H^1}^2 \mathrm{d}s \right\} \leqslant \exp\{v\|z_0\|_{L^2}^2 + C_{\xi_0, v} t\}. \tag{8.59}$$

对 (8.15) 应用 Itô 公式和 Hölder 不等式，可得

$$\mathrm{d}\|z(t)\|_{H^1}^2 = 2\kappa_1 \langle z(t), \Delta z(t) \rangle_{H^1} \mathrm{d}t - 2\kappa_2 \langle z(t), z(t) \rangle_{H^1} \mathrm{d}t -$$

$$2\kappa_2\mu\langle|z(t)|^2 z(t), z(t)\rangle_{H^1}\mathrm{d}t +$$

$$2\gamma\langle z(t)\times\Delta z(t), z(t)\rangle_{H^1}\mathrm{d}t + 2\langle z(t), \mathrm{d}\omega(t)\rangle_{H^1} + \xi_1\mathrm{d}t$$

$$\leqslant C(-G(z(t)) + \|z(t)\|_{H^1}^2)\mathrm{d}t + 2\langle z(t), \mathrm{d}\omega(t)\rangle_{H^1} + \xi_1\mathrm{d}t.$$

在区间 $[0, t]$ 上积分，再两边同时乘以 $v$ 并取指数，可得

$$\mathrm{e}^{v\|z(t)\|_{H^1}^2 - v\|z_0\|_{H^1}^2}$$

$$\leqslant \mathrm{e}^{-vG(z(s))\mathrm{d}s}\mathrm{e}^{Cv\int_0^t\|z(s)\|_{H^1}^2\mathrm{d}s}\mathrm{e}^{-v\int_0^t\|z(s)\|_{H^1}^2\mathrm{d}s + 2v\int_0^t\langle z(s), \mathrm{d}\omega(s)\rangle_{H^1}}\mathrm{e}^{\xi_1 t}.$$

记 $M_s = -v\int_0^t\|z(s)\|_{H^1}^2\mathrm{d}s + 2v\int_0^t\langle z(s), \mathrm{d}w(s)\rangle_{H^1}$，我们期望得到

$$\mathbb{E}\mathrm{e}^{vG(z(s))\mathrm{d}s}$$

$$\leqslant \mathbb{E}(\mathrm{e}^{-v\|z(t)\|_{H^1}^2 + v\|z_0\|_{H^1}^2}\cdot \mathrm{e}Cv\int_0^t\|z(s)\|_{H^1}^2\mathrm{d}s\cdot \mathrm{e}^{M(s)}\cdot \mathrm{e}^{\xi t}). \tag{8.60}$$

应用 (8.59) 和 $\mathrm{e}^{M(s)}$ 是指数衰减的事实，我们有

$$\mathbb{E}\mathrm{e}^{5M(s)} = \mathbb{E}\mathrm{e}^{5M(0)} = 1$$

和

$$\mathbb{E}\mathrm{e}^{-5v\|z(t)\|_{H^1}^2} \leqslant 1.$$

在 (8.60) 中应用 Hölder 不等式，我们有

$$\mathbb{E}\mathrm{e}^{vG(z(s))\mathrm{d}s} \leqslant \mathrm{e}^{v\|z_0\|_{H^1}^2}\cdot \mathrm{e}^{\xi_1 t}\cdot (\mathbb{E}\mathrm{e}^{Cv\int_0^t\|z(s)\|_{H^1}^2\mathrm{d}s})^{1/5}.$$

结合 (8.59) 可得

$$\mathbb{E}\mathrm{e}^{vG(z(s))\mathrm{d}s} \leqslant \mathrm{e}^{C\|z_0\|_{H^1}^2}\cdot \mathrm{e}^{Ct}.$$

我们的引理证毕.

接下来，应用前面的讨论和引理给出下面的命题. 注意到命题蕴含 $(\mathcal{P}_t)_{t\geqslant 0}$ 具有强的 Feller 渐近行为，参见参考文献 [70] 的命题 3.12.

**命题 8.3** 假设 $(\mathcal{P}_t)_{t\geqslant 0}$ 是 (8.15) 的半群，存在常数 $n_* := n_*(\varepsilon_1) \in \mathbb{N}$ 和常数 $C_0, C_1, \delta > 0$，使得对任意 $t > 0, z_0 \in H^1$ 和任意在 $H^1$ 上的 Fréchet 可微泛函 $\varphi$ 且 $\|\varphi\|_\infty, \|\nabla\varphi\|_\infty < +\infty$,

$$\|\nabla \mathcal{P}_t \varphi(z_0)\|_{H^1} \leqslant C_0 \cdot \exp\{C_1 \|z_0\|_{H^1}^2\} \cdot (\|\varphi\|_\infty + \mathrm{e}^{-\delta t}\|\nabla\varphi\|_\infty).$$

证明. 对于任意 $\xi \in H^1$ 和 $\|\xi\|_{H^1} = 1$，定义

$$\zeta_l(t) := \begin{cases} \xi_l \cdot \left(1 - \dfrac{t}{2\|\xi_l\|_{H^1}}\right), & t \in [0, 2\|\xi_l\|_{H^1}], \\ 0, & t \in (2\|\xi_l\|_{H^1}, \infty). \end{cases}$$

假设 $\zeta_h(t)$ 是下列线性方程的解

$$\partial_t \zeta_h(t) = \kappa_1 \Delta \Pi_h \zeta_h(t) + \Pi_h K(z(t), \zeta_h(t) + \zeta_l(t)), \quad \zeta_h(0) = \xi_{0h}. \tag{8.61}$$

记

$$\zeta(t) := \zeta_l(t) + \zeta_h(t)$$

和

$$v(t) := Q^{-1}\left(\frac{\zeta_l \cdot \mathbf{1}_{\{t < 2\|\zeta_l\|_{H^1}\}}}{2\|\zeta_l\|_{H^1}} + \kappa_1 \Delta \zeta_l(t) + \Pi_l K(z(t), \zeta(t))\right).$$

则 $v(t) \in H$ 是连续的. 从构造过程可知，$\zeta(t)$ 满足下列方程

$$\partial_t \zeta(t) = -\frac{1}{2}\frac{\zeta_l(t)}{\|\zeta_l(t)\|_{H^1}} + \kappa_1 \Delta \zeta_h(t) + \Pi_l K(z(t), \zeta_l + \zeta_h).$$

其初始值 $\zeta(0) = \xi$. 由 (8.56) 可知，$\rho(t)$ 和 $\zeta(t)$ 满足相同的方程，且有相同的初始值 $\rho(0) = \zeta(0) = \xi$，因此 $\rho = \zeta$.

接下来，我们将证明当 $t \to \infty$ 时，$\rho(t)$ 指数衰减到 $0$. 应用 (8.61)，引理 8.8 和引理 8.7，我们有

$$
\partial_t \|\zeta_h(t)\|_{H^1}^2 = -2\kappa_1 \|\Delta \Pi_h \zeta_h(t)\|_{H^0}^2 + 2\langle \zeta_h(t), \Pi_h K(z(t), \zeta(t)) \rangle_{H^1} -
$$

$$
2\kappa_1 \|\nabla \Pi_h \zeta_h(t)\|_{L^2}^2
$$

$$
\leqslant -\kappa_1 \|\Delta \Pi_h \zeta_h(t)\|_{H^0}^2 + C \cdot G(z(t)) \cdot (\|\zeta_h\|_{H^1}^2 + \|\zeta_l(t)\|_{H^1}^2)
$$

$$
\leqslant (-\kappa_1 \lambda_n + C \cdot G(z(t))) \cdot \|\zeta_h(t)\|_{H^1}^2 +
$$

$$
C(1 + \lambda_n) \cdot G(z(t)) \cdot \|\zeta_l(t)\|_{H^1}^2.
$$

注意到，对于 $t \geqslant 2, \|\zeta_l(t)\|_{H^1}^2 = 0$，以及应用 Gronwall 不等式，可得

$$
\|\zeta_h(t)\|_{H^1}^2 \tag{8.62}
$$

$$
\leqslant \|\zeta_h(0)\|_{H^1}^2 \exp\left\{-\kappa_1 \lambda_n t + C \int_0^t G(z(s)) \mathrm{d}s\right\} +
$$

$$
\exp\left\{-\kappa_1 \lambda_n (t - 2) + C \int_0^t G(z(s)) \mathrm{d}s\right\} \int_0^2 \|\zeta_l(s)\|_{H^1}^2 \mathrm{d}s. \tag{8.63}
$$

因为当 $n \to \infty$ 时，$\lambda_n \uparrow \infty$，应用引理 8.9，我们可得存在 $\delta > 0$ 和 $n_* = n_*(\varepsilon_1, \lambda_1) \in N$，使得对所有 $t \geqslant 0$,

$$
\mathbb{E}\|\zeta_h(t)\|_{H^1}^2 \leqslant C_{\varepsilon_1, \lambda_1} \cdot \mathrm{e}^{C\|z_0\|_{H^1}^2 - \gamma t}.
$$

因此，对任意 $t \geqslant 2$,

$$
\mathbb{E}\|\zeta(t)\|_{H^1} \leqslant C_{\varepsilon_1, \lambda_1} \cdot \mathrm{e}^{C\|z_0\|_{H^1}^2 - \delta t}. \tag{8.64}
$$

应用不等式 $x^p \leqslant p! \mathrm{e}^x, p \geqslant 1$ 和 (8.62)，我们有

$$
\mathbb{E}\|\zeta(t)\|_{H^1}^p \leqslant C_{\varepsilon_1, \lambda_1} \cdot \mathrm{e}^{C\|z_0\|_{H^1}^2 - \delta t}.
$$

另一方面，应用引理 8.8，我们有

$$\mathbb{E}|v(t)|^2 \leqslant C_n\{1_{t\leqslant 2} + \mathbb{E}[\|\xi(t)\|_{H^1}^2(1 + \|z(t)\|_{H^1}^2 + \|z(t)\|_{L^4}^4)]\}$$

$$\leqslant C_n[1_{t\leqslant 2} + (\mathbb{E}\|\xi(t)\|_{H^1}^4)^{1/2}(1 + \mathbb{E}\|z(t)\|_{H^1}^4 + \mathbb{E}\|z(t)\|_{L^4}^8)^{1/2}]. \quad (8.65)$$

因此，在区间 $[0,\infty)$ 上将 (8.65) 积分，并应用 (8.64) 和引理 8.4，当 $p = 4$，可得

$$\int_0^\infty \mathbb{E}|v(t)|^2 \mathrm{d}t \leqslant C \cdot \mathrm{e}^{C\|z_0\|_{H^1}^2} \cdot \left[1 + \int_0^\infty \mathrm{e}^{-\frac{\delta}{2}t}(1+t)^{\frac{5}{2}}\mathrm{d}t\right]$$

$$\leqslant C \cdot \mathrm{e}^{C\|z_0\|_{H^1}^2}. \quad (8.66)$$

注意到

$$\langle \nabla \mathcal{P}_t \varphi(z_0), \xi \rangle_{H^1}$$

$$= \mathbb{E}\langle (\nabla \varphi)(z(t; z_0), J_{0,t}\xi) \rangle_{H^1}$$

$$= \mathbb{E}\langle (\nabla \varphi)(z(t; z_0), A_t v(t)) \rangle_{H^1} + \mathbb{E}\langle (\nabla \varphi)(z(t; z_0), \rho_t \xi) \rangle_{H^1}$$

$$= \mathbb{E}(D^v(\varphi(z(t; z_0)))) + \mathbb{E}\langle (\nabla \varphi)(z(t; z_0), \rho_t) \rangle_{H^1}$$

$$= \mathbb{E}(\varphi(z(t; z_0)) \cdot \int_0^t v(s)\mathrm{d}W_s) + \mathbb{E}\langle (\nabla \varphi)(z(t; z_0), \rho_t) \rangle_{H^1}$$

$$\leqslant \|\varphi\|_\infty \left(\int_0^t \mathbb{E}|v(s)|^2 \mathrm{d}s\right)^{1/2} + \|\nabla\varphi\|_\infty \mathbb{E}\|\rho(t)\|_{H^1}, \quad (8.67)$$

其中，我们应用了分部积分公式. 结合 (8.66) $\sim$ (8.67)，完成证明.

## 8.4.2　不变测度的紧性质

**命题 8.4**　$0$ 点属于任意不变测度集 $\{\mathcal{P}_t\}_{t\geqslant 0}$ 的紧支集.

由参考文献 [72] 可知，命题 8.4 的证明需要以下引理：

**引理 8.10** 对于任意 $r_1, r_2 > 0$，存在 $T > 0$，使得

$$\inf_{\|z_0\|_{H^1} \leqslant r_1} \mathbb{P}\{\omega : \|z(T, \omega; z_0)\|_{H^1} \leqslant r_2\} > 0.$$

证明. 记 $v(t) := z(t) - w(t)$，则我们有

$$\begin{cases} v'(t) = \kappa_1 \Delta(v(t) + \omega(t)) - \kappa_2(v + \omega) - \\ \qquad \kappa_2 \mu |v + \omega|^2 (v + \omega) + \gamma(v + \omega) \times \Delta(v + \omega), \\ v(0) = u_0. \end{cases} \tag{8.68}$$

假设 $T > 0$ 及 $\varepsilon \in (0, 1)$，且假设

$$\sup_{t \in [0, T]} \|\omega(t)\|_{H^6} < \varepsilon. \tag{8.69}$$

方程 (8.68) 两边同时乘以 $v(t)$，可得

$$\frac{\mathrm{d}}{\mathrm{d}t} \|v(t)\|_{L^2}^2 = I_1 + I_2 + I_3 + I_4,$$

其中

$$I_1 := -2\kappa_1 \|\nabla v(t)\|_{L^2}^2 + 2\kappa_1 \langle \Delta \omega(t), v(t) \rangle_{L^2},$$

$$I_2 := -2\kappa_2 \langle v(t) + \omega(t), v(t) \rangle_{L^2},$$

$$I_3 := -2\kappa_2 \mu \langle |v + \omega|^2 (v + \omega), v(t) \rangle_{L^2},$$

$$I_4 := 2\gamma \langle (v + \omega) \times \Delta(v + \omega), v \rangle_{L^2}.$$

对于项 $I_1$，应用 Hölder 不等式和 (8.69)，我们有

$$I_1 \leqslant -2\kappa_1 \|\nabla v(t)\|_{L^2}^2 + C\varepsilon \|v(t)\|_{L^2}.$$

这里 $C$ 是一个常数 (后同).

对于项 $I_2$，应用 Hölder 不等式和 Young 不等式以及 (8.69)，可得

$$I_2 = -2\kappa_2\langle v(t), v(t) + \omega(t)\rangle_{L^2}$$

$$\leqslant -2\kappa_2\|v(t)\|_{L^2}^2 + C\varepsilon\|v(t)\|_{L^2}.$$

对于项 $I_3$，应用插值不等式、Hölder 不等式和 Young 不等式，我们有

$$-2\kappa_2\mu\langle \omega(t), |v + \omega|^2(v + \omega)\rangle_{L^2}$$

$$\leqslant C\|\omega(t)\|_{L^\infty}\cdot\|v(t) + \omega(t)\|_{L^3}^3$$

$$\leqslant C\varepsilon\cdot\|v(t)\|_{L^3}^3 + C\varepsilon^4$$

$$\leqslant C\varepsilon\cdot\|\nabla v(t)\|_{L^2}^{3/2} + C\varepsilon^4$$

$$\leqslant \delta\|\nabla v(t)\|_{L^2}^2 + C\varepsilon^4\cdot\|v(t)\|_{L^2}^6 + C\varepsilon^4.$$

因此

$$I_3 \leqslant -2\kappa_2\mu\|v + \omega\|_{L^4}^4 + \delta\|\nabla v(t)\|_{L^2}^2 + C\varepsilon^4\cdot\|v(t)\|_{L^2}^6 + C\varepsilon^4.$$

对于项 $I_4$，应用事实 $\langle a\times b, a\rangle = 0$ 以及 Hölder 不等式和 Young 不等式，我们有

$$I_4 \leqslant \delta\|\nabla v(t)\|_{L^2}^2 + C\varepsilon\cdot\|v(t)\|_{L^2}^6 + C\varepsilon.$$

结合以上的估计 $I_1\sim I_4$，下式成立

$$\frac{\mathrm{d}}{\mathrm{d}t}\|v(t)\|_{L^2}^2 \leqslant -\kappa_1\|\nabla v(t)\|_{L^2}^2 + C\varepsilon\cdot\|v(t)\|_{L^2}^6 + C\varepsilon$$

$$\leqslant -\frac{\kappa_1}{\lambda_1}\|v(t)\|_{L^2}^2 + C\varepsilon\cdot\|v(t)\|_{L^2}^6 + C\varepsilon.$$

上面这个结果我们应用了不等式 (8.14). 由 (8.69) 可知，$\|v(t)\|_{L^2}^2$ 依赖于 $\varepsilon$. 参考文献 [71] 的引理 6.1，对任意 $\varepsilon_0, h > 0$，我们选择 $T_0 > 0$ 足够大和 $\varepsilon$ 足够小，

使得

$$\sup_{t\in[0,T_0]} \|v(t)\|_{L^2} \leqslant 2r_1 \tag{8.70}$$

和

$$\sup_{t\in[T_0,T_0+h]} \|v(t)\|_{L^2} < \varepsilon_0. \tag{8.71}$$

接下来，我们估计 $v(t)$ 的 $H^1$ 范数. 方程 (8.68) 两边同时乘以 $(\boldsymbol{I} - \Delta)v(t)$，我们有

$$\frac{\mathrm{d}}{\mathrm{d}t}\|v(t)\|_{H^1}^2 := J_1 + J_2 + J_3 + J_4,$$

其中

$$J_1 := 2\kappa_1\langle v(t), \Delta(v(t) + \omega(t))\rangle_{H^1},$$

$$J_2 := -2\kappa_2\langle v(t), v(t) + \omega(t)\rangle_{H^1},$$

$$J_3 := -2\kappa_2\mu\langle v(t) + \omega(t), |v + \omega(t)|^2(v + \omega)\rangle_{H^1} +$$
$$2\kappa_2\mu\langle\omega(t), |v + \omega|^2(v + \omega)\rangle_{H^1},$$

$$J_4 := 2\gamma\langle(v + \omega) \times \Delta(v + \omega), v + \omega\rangle_{H^1} -$$
$$2\gamma\langle(v + \omega) \times \Delta(v + \omega), \omega\rangle_{H^1}.$$

对于项 $J_1$，应用 Hölder 不等式和 Young 不等式以及 (8.69)，可得

$$J_1 \leqslant -2\kappa_1\|v(t)\|_{H^2}^2 + C\varepsilon + C\varepsilon\|v(t)\|_{L^2}^2.$$

对于项 $J_2 \sim J_4$，类似于 $J_1$，我们有

$$J_2 \leqslant -2\kappa_2\|v(t)\|_{H^1}^2 + C\varepsilon + C\varepsilon\|v(t)\|_{L^2},$$

$$J_3 \leqslant -2\kappa_2\mu\|v(t) + \omega(t)\|_{L^4}^4 + \delta\|\nabla v\|_{L^2}^2 + C\varepsilon\|v(t)\|_{L^2}^6 + C\varepsilon,$$

$$J_4 \leqslant \delta\|v(t)\|_{H^2}^2 + C\varepsilon \cdot \|v(t)\|_{L^2}^6 + C\varepsilon.$$

结合以上的估计 $J_1 \sim J_4$，可得

$$\frac{\mathrm{d}}{\mathrm{d}t}\|v(t)\|_{H^1}^2 \leqslant -\kappa_1\|v(t)\|_{H^2}^2 + C \cdot \|v(t)\|_{L^2}^2 + C\varepsilon \cdot \|v(t)\|_{L^2}^6 + C\varepsilon$$

$$\leqslant -C_0\|v(t)\|_{H^1}^2 + C \cdot \|v(t)\|_{L^2}^2 + C\varepsilon\|v(t)\|_{L^2}^6 + C\varepsilon.$$

应用 Gronwall 不等式，对任意 $0 < t_1 < t_2$，我们有

$$\|v(t_2)\|_{H^1}^2$$
$$\leqslant \mathrm{e}^{-C_0(t_2-t_1)}\|v(t_1)\|_{H^1}^2 +$$
$$\frac{1}{C_0}\left(C \sup_{t\in[t_1,t_2]}\|v(t)\|_{L^2}^2 + C\varepsilon \sup_{t\in[t_1,t_2]}\|v(t)\|_{L^2}^6 + C\varepsilon\right)$$
$$\leqslant C_{C_0}(r_1^6 + 1).$$

取 $t_1 = 0$ 和 $t_2 = T_0$，并应用 (8.70)，可得

$$\|v(T_0)\|_{H^1}^2$$
$$\leqslant r_1^2 + \frac{1}{C_0}\left(C \sup_{t\in[t_1,t_2]}\|v(t)\|_{L^2}^2 + C\varepsilon \sup_{t\in[t_1,t_2]}\|v(t)\|_{L^2}^6 + C\varepsilon\right)$$
$$\leqslant C_{C_0}(r_1^6 + 1).$$

取 $t_1 = T_0$ 和 $t_2 = T_0 + h$，可得

$$\|v(T_0 + h)\|_{H^1}^2$$
$$\leqslant \mathrm{e}^{-C_0 h}C(r_1^6 + 1) +$$
$$\frac{C}{C_0}\left(\sup_{t\in[T_0,T_0+h]}\|v(t)\|_{L^2}^2 + \varepsilon \sup_{t\in[T_0,T_0+h]}\|v(t)\|_{L^2}^6 + C\varepsilon\right).$$

结合 (8.71)，对于足够大的 $T$ 和足够小的 $\epsilon > 0$，

$$\|v(T)\|_{H^1} \leqslant r_2/2.$$

因此，存在 $T$ 足够大和 $\epsilon$ 足够小，使得对任意 $\|z_0\|_{H^1} \leqslant r_1$，

$$\|z(T, \omega; z_0)\|_{H^1} \leqslant r_2.$$

定义

$$\Omega_\epsilon := \left\{ \omega : \sup_{t \in [0,T]} \|\omega(t, \omega)\|_{H^6} < \varepsilon \right\},$$

我们有

$$\Omega_\varepsilon \subseteq \bigcap_{\|z_0\|_{H^1} \leqslant r_1} \{\omega : \|z(T, \omega; z_0)\|_{H^1} \leqslant r_2\}.$$

应用事实 $\Omega_\epsilon$ 是 $\Omega$ 中的开集以及 $\mathbb{P}(\Omega_\epsilon) > 0$，我们可得引理 8.10 的结果.

**命题 8.3 的证明:** 对于 $r > 0$，假设 $B_r := \{z_0 \in H^1 : \|z_0\|_{H^1} \leqslant r\}$ 对每一个不变测度 $\tilde{\mu}$ 取 $r_1 > r$，使得

$$\tilde{\mu}(B_{r_1}) \geqslant 1/2.$$

应用引理 8.10，对任意 $r_2 > 0$ 和某个 $t > 0$，我们有

$$
\begin{aligned}
\tilde{\mu}(B_{r_2}) &= \mathcal{P}_t^* \tilde{\mu}(B_{r_2}) \\
&= \int_{H^1} (\mathcal{P}_{t_1} B_{r_2})(z_0) \tilde{\mu}(\mathrm{d}z_0) \\
&\geqslant \int_{B_{r_1}} (\mathcal{P}_{t_1} B_{r_2})(z_0) \tilde{\mu}(\mathrm{d}z_0) \\
&\geqslant \tilde{\mu}(B_{r_1}) \cdot \inf_{z_0 \in B_{r_1}} (\mathcal{P}_{t_1} B_{r_2})(z_0)
\end{aligned}
$$

$$> 0.$$

这意味着 $0$ 属于 $\tilde{\mu}$ 的紧集.

**定理 8.5 的证明:** 根据参考文献 [70] 的推论 3.16 以及命题 8.3 和命题 8.4, 即可得定理 8.5 的证明.

### 8.4.3 梯度流方程的证明

在本小节中, 我们要证明 (8.54). 证明方法与 (8.52) 类似.

**引理 8.11** 对于任意的 $T > 0$, 存在常数 $C_T > 0$, 使得对每一个 $w$ 和 $z_0 \in H^1$,

$$\sup_{t \in [0,T]} \|z(t,w)\|_{H^1}^2 + \int_0^T \|z(t,w)\|_{H^2}^2$$

$$\leqslant C_T \left(1 + \|z_0\|_{H^1}^4 + \sup_{t \in [0,T]} \|w(t,w)\|_{H^5}^8 \right) e^{\sup_{t \in [0,T]} \|w(t)\|_{H^2}^2}.$$

证明. 在引理 8.10 的证明中, 我们给出了项 $J_i, i = 1, 2, 3, 4$ 的定义 (见第 229 页). 下面我们分别给出项 $J_i$ 的估计. 对于项 $J_1$, 应用 Hölder 不等式和 (8.69), 我们有

$$J_1 \leqslant -2\kappa_1 \|\nabla v(t)\|_{L^2}^2 + 2\|\Delta w(t)\|_{L^2} \cdot \|v(t)\|_{L^2}.$$

对于项 $J_2$, 应用 Hölder 不等式和 Young 不等式, 可得

$$J_2 \leqslant 4\kappa_2 \|v(t)\|_{L^2}^2 + C\|w(t)\|_{L^2}^2.$$

对于项 $J_3$, 我们有

$$J_3 \leqslant -2\kappa_2\mu \|v(t) + w(t)\|_{L^4}^4 + 2\kappa_2\mu \langle w(t), |v + w|^2(v + w) \rangle_{L^2}.$$

应用 Hölder 不等式和 Young 不等式, 我们有

$$2\kappa_2\mu \langle w(t), |v + w|^2(v + w) \rangle_{L^2}$$

$$\leqslant 2\kappa_2\mu\|w(t)\|_{L^\infty}\cdot\|v(t)+w(t)\|_{L^3}^3$$

$$\leqslant 2\kappa_2\mu\|w(t)\|_{L^\infty}\cdot\|v(t)+w(t)\|_{L^4}^3$$

$$\leqslant \kappa_2\mu\|v(t)+w(t)\|_{L^4}^4 + C\|w(t)\|_{L^\infty}^4.$$

则

$$J_3 \leqslant -\kappa_2\mu\|v(t)+w(t)\|_{L^4}^4 + C\|w(t)\|_{L^\infty}^4.$$

对于项 $J_4$，应用公式 $\langle a\times b,a\rangle = 0$、Hölder 不等式和 Young 不等式，可得

$$J_4 \leqslant \delta\|\nabla v(t)\|_{L^2}^2 + C\|\nabla w(t)\|_{L^\infty}^2\|v(t)\|_{L^2}^2.$$

因此

$$\frac{\mathrm{d}}{\mathrm{d}t}\|v(t)\|_{L^2}^2 \leqslant (C+\|\nabla w(t)\|_{L^\infty}^2)\|v(t)\|_{L^2}^2 + C(\|w(t)\|_{H^2}^4 + \|w(t)\|_{H^2}^2).$$

由 Gronwall 不等式，可得

$$\sup_{t\in[0,T]}\|v(t)\|_{L^2}^2$$

$$\leqslant C_T\left(\|v_0\|_{L^2}^2 + \sup_{t\in[0,T]}(\|w(t)\|_{H^2}^4 + \|w(t)\|_{H^2}^2)\right)e^{\sup_{t\in[0,T]}\|w(t)\|_{H^2}^2}. \tag{8.72}$$

类似于引理 8.10 的证明，我们有

$$\frac{\mathrm{d}}{\mathrm{d}t}\|v(t)\|_{H^1}^2 \leqslant -\kappa_1\|v(t)\|_{H^2}^2 + C(1+\|\omega(t)\|_{H^5}^4 + \|\omega(t)\|_{H^5}^2\|v(t)\|_{L^2}^2).$$

结合 (8.72) 和 Gronwall 不等式，即可得到我们想证的不等式.

对 $v_0\in H^1$，我们考虑初值的一个小扰动 a.e., $z_\varepsilon(0) = z_0 + \varepsilon v_0$. 将方程 (8.72) 对应的解记为 $z_\varepsilon(t)$.

假设

$$v_\varepsilon := \frac{z_\varepsilon(t) - z(t)}{\varepsilon},$$

则 $v_\varepsilon(t)$ 满足

$$v'_\varepsilon(t) = \kappa_1 \Delta v_\varepsilon(t) - 2\kappa_2 v_\varepsilon(t) - 2\kappa_2\mu|z_\varepsilon(t)|^2 v_\varepsilon(t) -$$

$$2\kappa_2\mu(|z_\varepsilon(t)|^2 - |z(t)|^2)z(t)/\varepsilon +$$

$$\gamma v_\varepsilon(t) \times \Delta z_\varepsilon(t) + \gamma z_\varepsilon(t) \times \Delta v_\varepsilon(t), \tag{8.73}$$

其中，初值 $v_\varepsilon(0) = v_0$.

我们有下面的引理:

**引理 8.12** 对任意 $T > 0$，存在常数 $C_T > 0$，使得对任意 $\varepsilon \in (0,1)$，

$$\sup_{t\in[0,T]} \|v_\varepsilon(t)\|_{H^1}^2 + \int_0^T \|v_\varepsilon(t)\|_{H^2}^2 \mathrm{d}t \leqslant C_T.$$

证明. 方程 (8.73) 两边同时乘以 $(\boldsymbol{I} - \Delta)v_\varepsilon(t)$，并应用 Hölder 不等式、Young 不等式和 Sobolev 不等式，我们得到

$$\frac{\mathrm{d}}{\mathrm{d}t}\|v_\varepsilon(t)\|_{H^1}^2$$

$$\leqslant -\kappa_1\|v_\varepsilon(t)\|_{H^2}^2 - 2\kappa_2\|v_\varepsilon(t)\|_{H^1}^2 + C\|v_\varepsilon(t)\|_{L^6}^2 \cdot \|z_\varepsilon(t)\|_{L^6}^4 +$$

$$C\|v_\varepsilon(t)\|_{H^1}^2 \cdot \|z_\varepsilon(t)\|_{H^1}^2 + C\|v_\varepsilon(t)\|_{L^6}^2 \cdot (\|z_\varepsilon(t)\|_{L^6}^4 + \|z(t)\|_{L^6}^4 + 1)$$

$$\leqslant -\kappa_1\|v_\varepsilon(t)\|_{H^2}^2 + C(\|z_\varepsilon(t)\|_{H^2}^2 + \|z_\varepsilon(t)\|_{H^1}^4 + \|z(t)\|_{H^1}^4 + 1) \cdot \|v_\varepsilon(t)\|_{H^1}^4.$$

结合引理 8.11 和 Gronwall 不等式，即可得本引理的不等式.

现在，我们想证明 (8.54). 记

$$j_\varepsilon(t) := v_\varepsilon(t) - \mathcal{J}_t v_0,$$

其中，$\mathcal{J}_t \nu_0$ 满足 (8.53). 因此，我们可推出 $j_\varepsilon(t)$ 满足下面的方程

$$j'_\varepsilon(t) = \kappa_1 \Delta j_\varepsilon(t) - \kappa_2 j_\varepsilon(t) - \sum_{i=1}^{5} H_i(t), \tag{8.74}$$

其中

$$H_1(t) := \kappa_2 \mu (|z_\varepsilon(t)|^2 - |z(t)|^2) v_\varepsilon(t),$$

$$H_2 := \kappa_2 \mu |z(t)|^2 j_\varepsilon(t),$$

$$H_3(t) := \varepsilon \kappa_2 \mu |v_\varepsilon(t)|^2 z(t),$$

$$H_4(t) := 2\kappa_2 \mu \langle z(t), j_\varepsilon(t) \rangle z(t),$$

$$H_5(t) := \gamma j_\varepsilon(t) \times \Delta(z_\varepsilon(t) - z(t)) + \gamma(z_\varepsilon(t) - z(t)) \times \Delta j_\varepsilon(t).$$

方程 (8.74) 两边同时乘以 $(\boldsymbol{I} - \Delta) j_\varepsilon(t)$，并应用 Hölder 和 Young 不等式，我们有

$$\frac{\mathrm{d}}{\mathrm{d}t} \|j_\varepsilon(t)\|_{H^1}^2$$

$$\leqslant -2\kappa_1 \|j_\varepsilon(t)\|_{H^2}^2 - \kappa_2 \|j_\varepsilon(t)\|_{L^2}^2 +$$

$$C \sum_{i=1}^{4} \|H_i(t)\|_{L^2}^2 + \langle H_5, (\boldsymbol{I} - \Delta) j_\varepsilon(t) \rangle.$$

此处和下面出现的 $C$ 是一个与 $\varepsilon$ 无关的常数. 下面我们应用 Hölder 不等式和 Young 不等式以及 Sobolev 不等式来估计项 $H_1 \sim H_5$. 对于项 $H_1(t)$，我们有

$$\|H_1(t)\|_{L^2}^2 \leqslant C\varepsilon^2 \cdot \|v_\varepsilon(t)\|_{H^1}^4 (\|z_\varepsilon(t)\|_{H^1}^2 + \|z(t)\|_{H^1}^2).$$

对于项 $H_2(t)$，可得

$$\|H_2(t)\|_{L^2}^2 \leqslant C\|z(t)\|_{H^1}^4 \cdot \|j_\varepsilon(t)\|_{H^1}^2.$$

对于项 $H_3(t)$，

$$\|H_3(t)\|_{L^2}^2 \leqslant C\varepsilon^2 \|v_\varepsilon(t)\|_{H^1}^4 \cdot \|z(t)\|_{H^1}^2.$$

对于项 $H_4(t)$，

$$\|H_4(t)\|_{L^2}^2 \leqslant C\|z(t)\|_{H^1}^4 \cdot \|j_\varepsilon(t)\|_{H^1}^2.$$

对于项 $H_5(t)$，我们有

$$\langle H_5(t), (\boldsymbol{I} - \Delta)j_\varepsilon(t)\rangle \leqslant \kappa_1 \|j_\varepsilon\|_{H^2}^2 + C\|z_\varepsilon(t) + z(t)\|_{H^2}^2 \cdot \|j_\varepsilon(t)\|_{H^1}^2.$$

由以上估计和引理 8.11、8.12，可得

$$\frac{\mathrm{d}}{\mathrm{d}t} \|j_\varepsilon(t)\|_{H^1}^2 \leqslant C\varepsilon^2 + C(1 + \|z(t)\|_{H^2}^2 + \|z_\varepsilon(t)\|_{H^2}^2) \cdot \|j_\varepsilon(t)\|_{H^1}^2.$$

应用 Gronwall 不等式，我们有

$$\|j_\varepsilon(t)\|_{H^1}^2 \leqslant C\varepsilon^2 \exp\left\{ C + C\int_0^t (\|z_\varepsilon(s)\|_{H^2}^2 + \|z(s)\|_{H^2}^2)\mathrm{d}s \right\}.$$

结合引理 8.11 和引理 8.12，我们可得出 (8.54).

# 第9章
# 耦合自旋极化输运方程的 Landau-Lifshitz-Bloch 方程的初值问题

在物理学中，Landau-Lifshitz-Bloch 方程适用于大范围的温度，因此可以用来研究铁磁体中磁化矢量的动力学性质. 该方程已经得到了广泛的研究，并且已经获得了许多重要和有趣的结果. 本章中研究的是耦合自旋极化输运方程的 Landau-Lifshitz-Bloch 方程的初值问题，建立了整体光滑解的存在唯一性.

## 9.1　耦合自旋极化输运方程的 Landau–Lifshitz–Bloch 方程

众所周知，Landau-Lifshitz-Gilbert 方程描述如下

$$Z_t = Z \times \Delta Z - \lambda Z \times (Z \times \Delta Z), Z \in \mathbb{S}^2, \tag{9.1}$$

其中, $Z(x,t) = (Z_1(x,t), Z_2(x,t), Z_3(x,t))$ 为磁化矢量. $\lambda > 0$ 为 Gilbert 常数. "$\times$" 表示向量的外积. 为了描述铁磁体中磁化矢量 $Z$ 在大范围的温度下的动力学特性, Garanin 等人[32,33] 用平均场近似从统计力学中导出 Landau–Lifshitz–Bloch (LLB) 方程. 在高温 ($\theta \geqslant \theta_c$, $\theta_c$-Curie 值) 下，LLB 模型通常用来描述非恒定模量磁场的动力学.

Landau–Lifshitz–Bloch 方程如下:

$$M_t = -\gamma M \times \boldsymbol{H}^{\text{eff}} + \frac{L_1}{|M|^2}(M \cdot \boldsymbol{H}^{\text{eff}})M -$$

$$\frac{L_2}{|M|^2} M \times (M \times \boldsymbol{H}^{\mathrm{eff}}), \tag{9.2}$$

其中，$\gamma, L_1, L_2$ 为常数，$\boldsymbol{H}^{\mathrm{eff}}$ 为有效场. 我们还可以重写 (9.2) 为

$$m_t = -\gamma m \times \boldsymbol{H}^{\mathrm{eff}} + \frac{\gamma a_\parallel}{|m|^2} -$$
$$\frac{\gamma a_\perp}{|m|^2} m \times (m \times \boldsymbol{H}^{\mathrm{eff}}),$$

其中，$\gamma a_\parallel = L_1, \gamma a_\perp = L_2$. $a_\parallel$ 和 $a_\perp$ 为依赖于温度的无量纲阻尼参数，并且定义如下[18]:

$$a_\parallel(\theta) = \frac{2\theta}{3\theta_c}\lambda, \ a_\perp(\theta)$$
$$= \begin{cases} \lambda\left(1 - \dfrac{\theta}{3\theta_c}\right), & \text{if } \theta < \theta_c, \\ a_\parallel(\theta), & \text{if } \theta \geqslant \theta_c, \end{cases}$$

其中，$\lambda > 0$ 是一个常数. 在参考文献 [13] 中，作者指出如果 $L_1 = L_2$，则方程 (9.2) 可以化简为如下形式:

$$z_t = k_1 \Delta z + \gamma z \times \Delta z - k_2(1 + \mu|z|^2)z, \ (k > 0), \tag{9.3}$$

其中，系数 $k_1, k_2, \gamma, \mu > 0$，且方程 (9.2) 的整体弱解的存在性已经得到.

2007 年，C. J. Garcia-Cervera 和王小平[73] 考虑了自旋极化输运方程的弱解

$$\frac{\partial s}{\partial t} = -\mathrm{div}J_s - D_0(x)s - D_0(x)s \times m,$$
$$\frac{\partial m}{\partial t} = -m \times (h + s) + \alpha m \times \frac{\partial m}{\partial t},$$
$$s(x,0) = s_0(x), m_0(x,0) = m_0(x), \tag{9.4}$$

其中，$(s, m)$ 是未知函数，$s = (s_1, s_2, s_3) : \Omega \to \mathbb{R}^3$ 表示自旋加速，$m = (m_1, m_2, m_3) : \Omega \to \mathbb{R}^3$ 为磁化场，$S^2$ 为 $\mathbb{R}^3$ 中的单位球面，$J_s$ 是自旋电流.

$$J_s = m \otimes J_e - D_0(x)[\nabla s - \beta m \otimes (\nabla s \cdot m)], \tag{9.5}$$

$J_e$ 是外加电流，$0 < \beta < 1$ 为自旋极化参数，$D_0(x)$ 为依赖于材料的扩散参数. (9.4) 中的第二个方程中，$h = -\nabla_m \Phi + h_d + \Delta m$ 表示各向异性，交换和自感应能量. 为了简单起见，我们考虑周期边界条件和假设扩散物质 $D_0(x)$ 是常数，在此文中考虑 $D_0(x) \equiv 1$. 此外，我们忽略了各向异性能量 $\nabla_m \Phi$ 和自诱导的 $h_d$. 在这些假设下，空间维数在 $\mathbb{R}^d, d = 2, 3$，在小初值条件下，Guo 和 Pu[74] 证明了自旋极化输运方程 (9.1) 全局光滑解的存在性. 在这一章节中，考虑以下的自旋极化输运方程：

$$z_t = \Delta z + z \times (\Delta z + s) - k(1 + \mu|z|^2)z, \tag{9.6}$$

$$\frac{\partial s}{\partial t} = -\mathrm{div}J_s - s - s \times z, \tag{9.7}$$

$$z_0(x, 0) = z_0(x), \ s(x, 0) = s_0(x), \tag{9.8}$$

其中

$$J_s = z \otimes J_e - [\nabla s - \beta z \otimes (\nabla s \cdot z)], \tag{9.9}$$

$J_e$ 是关于 $x$ 的未知函数，常数 $k, \mu, \beta > 0$.

## 9.2　整体光滑解的存在性

由文献 [75] 可以知道存在 $T > 0$，使得问题 (9.6) $\sim$ (9.8) 在 $[0, T]$ 上存在一个光滑解. 事实上，很容易验证在 $L^2(\mathbb{R}^2)$ 中，$\mathrm{e}^{t\Delta}$ 是由 $\Delta$ 产生的分析半群，记

$$X = \{w | w \in C([0, T]; H^m(\mathbb{R}^2)), t^\alpha w \in C^\alpha([0, T]; H^m(\mathbb{R}^2)), w(0) = w_0\}$$

和

$$Y = \{w | w \in X, \|w\|_{C([0,T];H^m(\mathbb{R}^2))} + [t^\alpha w]_{C^\alpha([0,T];H^m(\mathbb{R}^2))} \leqslant \delta\},$$

其中，$0 < \alpha < 1, m \geqslant 2, w = (z, s)^\tau$. 定义 $Y$ 上的非线性算子 $\Gamma, \Gamma(w) = v$，其中 $v = (v_1, v_2)^\tau$ 是以下方程组的解

$$
\begin{cases}
v_{1t} = \Delta v_1 + z \times (\Delta z + s) - k(1 + \mu|z|^2)z, \ v_1(0) = z_0, \\
v_{2t} = \Delta v_2 - \mathsf{div}(z \otimes J_e) - \mathsf{div}\beta[z \otimes (\nabla s \cdot z)], \ v_2(0) = s_0.
\end{cases}
\tag{9.10}
$$

由参考文献 [75] 的定理 4.3.5 可以得到，对于任意的 $w \in Y, \Gamma(w) \in C([0, T];$ $H^m(\mathbb{R}^2))$ 和 $t^\alpha \Gamma(w) \in C^\alpha([0, T]; H^m(\mathbb{R}^2))$，则利用类似于定理 8.1.1 中的证明方法，存在 $T > 0$ 和 $\delta > 0$，使得 $\Gamma : Y \to Y$ 是可压的，则问题 $(9.6) \sim (9.8)$ 存在唯一光滑解. 为了证明整体解的存在性，需要给出问题 $(9.6) \sim (9.8)$ 的光滑解的先验估计.

以下 Gagliardo-Nirenberg 不等式在本章中将被频繁使用.

**引理 9.1** (Gagliardo-Nirenberg 不等式) *假设* $z \in L^q(\Omega), D^m z \in L^r(\Omega), \Omega \subset \mathbb{R}^n,$ $1 \leqslant q, r \leqslant \infty, 0 \leqslant j \leqslant m$，*则*

$$
\|D^j z\|_{L^p(\Omega)} \leqslant C(j, m; p, r, q)\|z\|_{W_r^m(\Omega)}^a \|z\|_{L^q(\Omega)}^{1-a},
\tag{9.11}
$$

*其中*，$C(j, m; p, r, q)$ *是正常数，并且*

$$
\frac{1}{p} = \frac{j}{n} + a\left(\frac{1}{r} - \frac{m}{n}\right) + (1 - a)\frac{1}{q}, \quad \frac{j}{m} \leqslant a \leqslant 1.
$$

**引理 9.2** *假设初值* $z_0 \in L^\infty$，*则对于问题* $(9.6) \sim (9.8)$ *的光滑解，有以下估计*

$$
\|z(\cdot, t)\|_{L^\infty} \leqslant \|z_0(x)\|_{L^\infty}, \ \forall t \geqslant 0.
\tag{9.12}
$$

**证明.** 做 $|z|^{p-2}z(p > 2)$ 和方程 (9.6) 的标量积，并将结果在 $\mathbb{R}^2$ 上积分，可得

$$
\int_{\mathbb{R}^2} |z|^{p-2}z \cdot z_t \mathsf{d}x
$$

$$
= \int_{\mathbb{R}^2} |z|^{p-2}z \cdot \Delta z \mathsf{d}x + \int_{\mathbb{R}^2} |z|^{p-2}z \cdot z \times (\Delta z + s) \mathsf{d}x -
$$

$$k \int_{\mathbb{R}^2} |z|^{p-2} u \cdot (1 + \mu|z|^2) z \mathrm{d}x$$

$$\leqslant - \int_{\mathbb{R}^2} |z|^{p-2} \nabla z \cdot \nabla z \mathrm{d}x - (p-2) \int_{\mathbb{R}^2} |z|^{p-4} (z \cdot \nabla z)^2 \mathrm{d}x$$

$$\leqslant 0,$$

即

$$\frac{1}{p} \frac{\mathrm{d}}{\mathrm{d}t} \|z(\cdot, t)\|_{L^p}^p \leqslant 0,$$

由此可得

$$\|z(\cdot, t)\|_{L^p} \leqslant \|z_0(x)\|_{L^p}, \tag{9.13}$$

令 $p \to \infty$，可得估计 (9.12).

为了简化记号，记

$$\| \cdot \|_{L^p} = \| \cdot \|_p, p \geqslant 2.$$

**引理 9.3** 假设 $d = 2, z_0(x) \in L^2, s_0(x) \in L^2, j_e(x) \in H^m (m \geqslant 2)$ 和 $\beta\|z_0\|_\infty^2 \ll 1$，则对于问题 (9.6)~(9.8) 的光滑解，有

$$\|z(\cdot, t)\|_2^2 + \|s(\cdot, t)\|_2^2 + \int_0^t (\|\nabla z\|_2^2 + \|\nabla s\|_2^2) \mathrm{d}x \leqslant C, \forall t \geqslant 0, \tag{9.14}$$

其中，$C$ 依赖于 $k, \mu, \|z_0(x)\|_2^2$ 和 $\|s_0(x)\|_2^2$.

证明. 做 $z$ 和方程 (9.6) 的标量积，并将结果在 $\mathbb{R}^2$ 上积分，可得

$$\frac{1}{2} \frac{\mathrm{d}}{\mathrm{d}t} \|z(\cdot, t)\|_2^2 + \|\nabla z(\cdot, t)\|_2^2 + k \int_{\mathbb{R}^2} (1 + \mu|z|^2)|z|^2 \mathrm{d}x = 0, \tag{9.15}$$

其中，$k > 0, \mu > 0$.

做 $s$ 和方程 (9.7) 的标量积，并将结果在 $\mathbb{R}^2$ 上积分，则

$$
\frac{1}{2}\frac{\mathrm{d}}{\mathrm{d}t}\|s(\cdot,t)\|_2^2 + \|\nabla s(\cdot,t)\|_2^2 + \|s(\cdot,t)\|_2^2
$$

$$
= -\int_{\mathbb{R}^2} s\cdot\mathrm{div}(z\otimes J_e(x))\mathrm{d}x + \beta\int_{\mathbb{R}^2} s\cdot\mathrm{div}(z\otimes(\nabla s\cdot z))\mathrm{d}x
$$

$$
\leqslant \|\nabla s(\cdot,t)\|_2\|z(\cdot,t)\|_2\|J_e(x)\|_\infty - \beta\int_{\mathbb{R}^2}\nabla s\cdot z\otimes(\nabla s\cdot z)\mathrm{d}x
$$

$$
\leqslant \|\nabla s(\cdot,t)\|_2\|z(\cdot,t)\|_2\|J_e(x)\|_{H^2} + \beta\int_{\mathbb{R}^2}(\nabla s\cdot z)^2\mathrm{d}x
$$

$$
\leqslant \|\nabla s(\cdot,t)\|_2\|z(\cdot,t)\|_2\|J_e(x)\|_{H^2} + \beta\|z(\cdot,t)\|_\infty^2\|\nabla s(\cdot,t)\|_2^2
$$

$$
\leqslant \frac{1}{4}\|\nabla s(\cdot,t)\|_2^2 + C\|z(\cdot,t)\|_2^2\|J_e(x)\|_{H^2}^2 + \frac{1}{4}\|\nabla s(\cdot,t)\|_2^2
$$

$$
\leqslant \frac{1}{2}\|\nabla s(\cdot,t)\|_2^2 + C, \tag{9.16}
$$

其中，常数 $C$ 依赖于 $\|z_0(x)\|_2^2$，其中我们用到了 Hölder's 不等式和 $\beta\|z_0\|_\infty^2\ll 1$.

将 (9.15) 和 (9.16) 相加，可得

$$
\frac{\mathrm{d}}{\mathrm{d}t}(\|z(\cdot,t)\|_2^2 + \|s(\cdot,t)\|_2^2) + \|\nabla z(\cdot,t)\|_2^2 + \|\nabla s(\cdot,t)\|_2^2 \leqslant C, \tag{9.17}
$$

则由 Gronwall 不等式，可以得到估计 (9.14)，则引理 9.3 得证.

**引理 9.4** 假设 $z_0(x)\in H^m, s_0(x)\in H^m, j_e(x)\in H^m\ (m\geqslant 2)$ 和 $\beta\|z_0\|_\infty^2\ll 1$，则对于问题 $(9.6)\sim(9.8)$ 的光滑解，有

$$
\|\nabla z(\cdot,t)\|_2^2 + \|\nabla s(\cdot,t)\|_2^2 + \int_0^t(\|\Delta z(\cdot,t)\|_2^2 + \|\Delta s(\cdot,t)\|_2^2)\mathrm{d}t
$$

$$
\leqslant C(\|z_0(x)\|_{H^1}, \|s_0(x)\|_{H^1}) \tag{9.18}
$$

和

$$
\|\Delta z(\cdot,t)\|_2^2 + \|\Delta s(\cdot,t)\|_2^2 + \int_0^t(\|\nabla\Delta z(\cdot,t)\|_2^2 + \|\nabla\Delta s(\cdot,t)\|_2^2)\mathrm{d}t
$$

$$
\leqslant C(\|z_0(x)\|_{H^2}, \|s_0(x)\|_{H^2}). \tag{9.19}
$$

证明. 做 $\Delta z$ 和方程 (9.6) 的标量积，并将结果在 $\mathbb{R}^2$ 上积分，可得

$$\int_{\mathbb{R}^2} z_t \cdot \Delta z \mathrm{d}x$$
$$= \int_{\mathbb{R}^2} \Delta z \cdot \Delta z \mathrm{d}x + \int_{\mathbb{R}^2} z \times s \cdot \Delta z \mathrm{d}x - k \int_{\mathbb{R}^2} (1 + \mu|z|^2) z \cdot \Delta z \mathrm{d}x,$$

其中

$$- k \int_{\mathbb{R}^2} (1 + \mu|z|^2) z \cdot \Delta z \mathrm{d}x$$
$$= k\|\nabla z\|_2^2 + \int_{\mathbb{R}^2} k\mu|z|^2 \nabla z \cdot \nabla z \mathrm{d}x + \int_{\mathbb{R}^2} k\mu \nabla z^2 \cdot \nabla z^2 \mathrm{d}x.$$

由 Hölder 不等式，可得

$$\int_{\mathbb{R}^2} z \times s \cdot \Delta z \mathrm{d}x \leqslant \|z\|_\infty \|s\|_2 \|\Delta z\|_2.$$

再由 Gagliardo-Nirenlerg 不等式，可得

$$\frac{1}{2} \frac{\mathrm{d}}{\mathrm{d}t} \|\nabla z(\cdot, t)\|_2^2 + \|\Delta z(\cdot, t)\|_2^2 + k\|\nabla z(\cdot, t)\|_2^2 +$$
$$\int_{\mathbb{R}^2} k\mu|z|^2 |\nabla z|^2 \mathrm{d}x + \int_{\mathbb{R}^2} k\mu (\nabla|z|^2)^2 \mathrm{d}x$$
$$\leqslant \|z\|_\infty \|s\|_2 \|\Delta z\|_2 \leqslant \|s\|_2 \|z\|_2^{\frac{1}{2}} \|\Delta z\|_2^{\frac{3}{2}}$$
$$\leqslant \frac{1}{2} \|\Delta z(\cdot, t)\|_2^2 + C(\|s_0\|_2^2 + \|z_0\|_2^2)^2 \|z_0\|_2^2,$$

其中用到了估计 (9.14)，因此可得

$$\frac{\mathrm{d}}{\mathrm{d}t} \|\nabla z(\cdot, t)\|_2^2 + \|\Delta z(\cdot, t)\|_2^2 + k\|\nabla z(\cdot, t)\|_2^2 \leqslant C(\|s_0\|_2^2 + \|z_0\|_2^2)^2 \|z_0\|_2^2. \qquad (9.20)$$

由 Gronwall 不等式，可得

$$\|\nabla z(\cdot, t)\|_2^2 + \int_0^t (\|\Delta z(\cdot, t)\|_2^2 + k\|\nabla z(\cdot, t)\|_2^2) \mathrm{d}t \leqslant C. \qquad (9.21)$$

做 $\Delta^2 z$ 和方程 (9.6) 的标量积，并将结果在 $\mathbb{R}^2$ 上积分，可得

$$\int_{\mathbb{R}^2} z_t \cdot \Delta^2 z \mathrm{d}x = \int_{\mathbb{R}^2} \Delta z \cdot \Delta^2 z \mathrm{d}x + \int_{\mathbb{R}^2} z \times (\Delta z + s) \cdot \Delta^2 z \mathrm{d}x - $$
$$k \int_{\mathbb{R}^2} (1 + \mu|z|^2) z \cdot \Delta^2 z \mathrm{d}x. \tag{9.22}$$

由 Gagliardo-Nirenlerg 不等式，可得

$$\|\nabla z\|_{L^\infty} \leqslant C \|\nabla z\|_{H^2}^{\frac{1}{2}} \|\nabla z\|_2^{\frac{1}{2}}.$$

因此，由 Hölder 不等式，估计 (9.14) 和 (9.21)，可得

$$\int_{\mathbb{R}^2} z \times (\Delta z + s) \cdot \Delta^2 z \mathrm{d}x$$
$$= -\int_{\mathbb{R}^2} \nabla z \times (\Delta z + s) \cdot \nabla \Delta z \mathrm{d}x - $$
$$\int_{\mathbb{R}^2} z \times \nabla s \cdot \nabla \Delta z \mathrm{d}x$$
$$\leqslant \|\nabla z\|_\infty (\|\Delta z\|_2 + \|s\|_2) \|\nabla \Delta z\|_2 + $$
$$\|z\|_\infty \|\nabla s\|_2 \|\nabla \Delta z\|_2$$
$$\leqslant \frac{1}{6} \|\nabla \Delta z\|_2^2 + C(1 + \|\Delta z\|_2^4) + $$
$$\frac{1}{6} \|\nabla \Delta z\|_2^2 + C(1 + \|\Delta z\|_2^2) \|\nabla s\|_2^2$$
$$\leqslant \frac{1}{3} \|\nabla \Delta z\|_2^2 + C(1 + \|\Delta z\|_2^2)(1 + \|\Delta z\|_2^2 + \|\nabla s\|_2^2) \tag{9.23}$$

和

$$\left| k \int_{\mathbb{R}^2} (1 + \mu|z|^2) z \cdot \Delta^2 z \mathrm{d}x \right|$$
$$= \left| k \int_{\mathbb{R}^2} (\nabla \Delta z \cdot \nabla z + \mu \nabla(|z|^2 z) \cdot \nabla \Delta z) \mathrm{d}x \right| \tag{9.24}$$
$$\leqslant k \|\nabla \Delta z\|_2 \|\nabla z\|_2 (1 + 3\mu \|z\|_{L^\infty}^2)$$

$$\leqslant \frac{1}{6}\|\nabla\Delta z\|_2^2 + C(1 + \|\Delta z\|_2^4), \tag{9.25}$$

其中利用了 Sobolev 嵌入 $H^2 \subset L^\infty$. 联合 (9.22)、(9.23) 和 (9.25)，可得

$$\frac{\mathrm{d}}{\mathrm{d}t}\|\Delta z\|_2^2 + \|\nabla\Delta z\|_2^2 \leqslant C(1 + \|\Delta z\|_2^2)(1 + \|\Delta z\|_2^2 + \|\nabla s\|_2^2). \tag{9.26}$$

由广义 Gronwall 不等式可知，如果 $f' = C(f \cdot g) + C, f \leqslant C\exp(\int_0^t g\mathrm{d}t) + C$，

分别用 $\|\Delta z\|_2^2$ 和 $\|\nabla s\|_2^2$ 代替 $f$ 和 $g$，由 (9.14) 可得 $\int_0^t g\mathrm{d}t$ 的有界性，可得

$$\|\Delta z\|_2^2 + \int_0^t \|\nabla\Delta z\|_2^2\mathrm{d}x \leqslant C. \tag{9.27}$$

做 $\Delta s$ 和方程 (9.7) 的标量积，并将结果在 $\mathbb{R}^2$ 上积分，可得

$$\int_{\mathbb{R}^2} s_t \cdot \Delta s\mathrm{d}x$$
$$= \int_{\mathbb{R}^2} \Delta s \cdot \Delta s\mathrm{d}x - \int_{\mathbb{R}^2} \mathrm{div}(z \otimes J_e(x)) \cdot \Delta s\mathrm{d}x +$$
$$\beta\int_{\mathbb{R}^2} \mathrm{div}[z \otimes (\nabla s \cdot z)] \cdot \Delta s\mathrm{d}x - \tag{9.28}$$
$$\int_{\mathbb{R}^2} s \cdot \Delta s\mathrm{d}x - \int_{\mathbb{R}^2} s \times z \cdot \Delta s\mathrm{d}x. \tag{9.29}$$

利用 Hölder 不等式，可得

$$-\int_{\mathbb{R}^2} \mathrm{div}(z \times J_e(x)) \cdot \Delta s\mathrm{d}x$$
$$\leqslant \|J_e(x)\|_\infty\|\nabla z\|_2\|\Delta s\|_2 + \|z\|_4\|\nabla J_e(x)\|_4\|\Delta s\|_2 \tag{9.30}$$
$$\leqslant \|\nabla z\|_2\|\Delta s\|_2\|J_e(x)\|_{H^2} + C\|z\|_{H^1}\|J_e(x)\|_{H^2}\|\Delta s\|_2$$
$$\leqslant C\|J_e(x)\|_{H^2}(\|\nabla z\|_2 + \|z\|_{H^1})\|\Delta s\|_2$$
$$\leqslant \frac{1}{6}\|\Delta s\|_2^2 + C\|z_0\|_{H^1}, \tag{9.31}$$

其中利用了引理 9.3，公式 (9.21) 和 Sobolev 嵌入 $H^1 \subset L^4, H^2 \subset L^\infty$.

利用 Gagliardo-Nirenberg 不等式和估计 (9.21)、(9.27)，可得

$$
\begin{aligned}
\beta &\int_{\mathbb{R}^2} \mathrm{div}[z \otimes (\nabla s \cdot z)] \cdot \Delta s \mathrm{d}x \\
&= \beta \int_{\mathbb{R}^2} (\Delta s \cdot z) z \cdot \Delta s \mathrm{d}x + \beta \int_{\mathbb{R}^2} [\nabla z \cdot (\nabla s \cdot z)] \cdot \Delta s \mathrm{d}x + \\
&\quad \beta \int_{\mathbb{R}^2} (\nabla s \cdot \nabla z) z \cdot \Delta s \mathrm{d}x \\
&\leqslant \beta \|z\|_\infty^2 \|\Delta s\|_2^2 + 2\beta \|z\|_\infty \|\nabla z\|_4 \|\nabla s\|_4 \|\Delta s\|_2 \\
&\leqslant \frac{1}{12} \|\Delta s\|_2^2 + C(\|\nabla z\|_{H^1} \|\Delta s\|_2^{\frac{1}{2}} \|\nabla s\|_2^{\frac{1}{2}} \|\Delta s\|_2) \\
&\leqslant \frac{1}{12} \|\Delta s\|_2^2 + C(\|\nabla s\|_2^2 \|\Delta s\|_2^4) \\
&\leqslant \frac{1}{6} \|\Delta s\|_2^2 + C\|\nabla s\|_2^2,
\end{aligned}
\tag{9.32}
$$

$$
\tag{9.33}
$$

其中还用到了条件 $\beta \|z\|_\infty \ll 1$ 和 Sobolev 嵌入 $H^1 \subset L^4$.

类似地，可得

$$
\begin{aligned}
-&\int_{\mathbb{R}^2} s \times z \cdot \Delta s \mathrm{d}x \\
&\leqslant \|z\|_\infty \|s\|_2 \|\Delta s\|_2 \leqslant C\|\Delta z\|_2^{\frac{1}{2}} \|z\|_2^{\frac{1}{2}} \|s\|_2 \|\Delta s\|_2 \tag{9.34} \\
&\leqslant \frac{1}{6} \|\Delta s\|_2^2 + \frac{1}{2} \|\Delta z\|_2^2 + C. \tag{9.35}
\end{aligned}
$$

将估计 (9.31)、(9.33)、(9.35) 代入 (9.28)，可得

$$
\begin{aligned}
\frac{1}{2} &\frac{\mathrm{d}}{\mathrm{d}t} \|\nabla s(\cdot, t)\|_2^2 + \|\Delta s(\cdot, t)\|_2^2 + \|\nabla s(\cdot, t)\|_2^2 \\
&\leqslant \int_{\mathbb{R}^2} \mathrm{div}[z \otimes J_e(x)] \cdot \Delta s \mathrm{d}x - \beta \int_{\mathbb{R}^2} \mathrm{div}[z \otimes (\nabla s \cdot z)] \cdot \Delta s \mathrm{d}x - \\
&\quad \int_{\mathbb{R}^2} s \times z \cdot \Delta s \mathrm{d}x \tag{9.36} \\
&\leqslant \frac{1}{2} \|\Delta s\|_2^2 + \frac{1}{2} \|\Delta z\|_2^2 + C(1 + \|\nabla s\|_2^2). \tag{9.37}
\end{aligned}
$$

联合 (9.21) 和 (9.37)，可得

$$\frac{\mathrm{d}}{\mathrm{d}t}(\|\nabla z(\cdot,t)\|_2^2 + \|\nabla s(\cdot,t)\|_2^2) +$$

$$\|\Delta z(\cdot,t)\|_2^2 + \|\Delta s(\cdot,t)\|_2^2 + k\|\nabla z(\cdot,t)\|_2^2 + \|\nabla s(\cdot,t)\|_2^2 \tag{9.38}$$

$$\leqslant C(1 + \|\nabla s\|_2^2). \tag{9.39}$$

利用估计 (9.14)、(9.21) 和 Gronwall 不等式，可得估计 (9.18).

做 $\Delta^2 s$ 和方程 (9.7) 的标量积，并将结果在 $\mathbb{R}^2$ 上积分，可得

$$\int_{\mathbb{R}^2} s_t \cdot \Delta^2 s \mathrm{d}x$$

$$= \int_{\mathbb{R}^2} \Delta s \cdot \Delta^2 s \mathrm{d}x -$$

$$\int_{\mathbb{R}^2} \mathrm{div}(z \otimes J_e(x)) \cdot \Delta^2 s \mathrm{d}x +$$

$$\beta \int_{\mathbb{R}^2} \mathrm{div}[z \otimes (\nabla s \cdot z)] \cdot \Delta^2 s \mathrm{d}x -$$

$$\int_{\mathbb{R}^2} s \cdot \Delta^2 s \mathrm{d}x - \int_{\mathbb{R}^2} s \times z \cdot \Delta^2 s \mathrm{d}x, \tag{9.40}$$

其中

$$\int_{\mathbb{R}^2} \mathrm{div}(z \otimes J_e(x)) \cdot \Delta^2 s \mathrm{d}x$$

$$\leqslant \|J_e(x)\|_\infty \|\Delta z\|_2 \|\nabla \Delta s\|_2 + 2\|\nabla J_e(x)\|_\infty \|\nabla z\|_2 \|\Delta s\|_2 +$$

$$\|z\|_\infty \|\Delta J_e(x)\|_2 \|\nabla \Delta s\|_2 \tag{9.41}$$

$$\leqslant \frac{1}{6}\|\nabla \Delta s\|_2^2 + C(\|J_e(x)\|_{H^2}^2 + \|\nabla J_e(x)\|_{H^2}^2 +$$

$$\|\Delta J_e(x)\|_2^2)(\|\Delta z\|_2^2 + \|\nabla z\|_2^2) \tag{9.42}$$

$$\leqslant \frac{1}{6}\|\nabla \Delta s\|_2^2 + C(1 + \|\Delta z\|_2^2). \tag{9.43}$$

由 Gagliardo-Nirenlerg 不等式，可得

$$\|\nabla z\|_4 \leqslant C\|\nabla z\|_{H^1}^{\frac{1}{2}}\|\nabla z\|_2^{\frac{1}{2}},$$

$$\|\Delta z\|_4 \leqslant C\|\Delta z\|_{H^1}^{\frac{1}{2}}\|\Delta z\|_2^{\frac{1}{2}}. \tag{9.44}$$

利用 Hölder 不等式，可得

$$\beta \int_{\mathbb{R}^2} \mathrm{div}[z \otimes (\nabla s \cdot z)] \cdot \Delta^2 s \mathrm{d}x$$

$$\leqslant \beta(\|z\|_\infty^2\|\nabla\Delta s\|_2 + \|z\|_\infty\|\Delta s\|_4\|\nabla z\|_4 +$$

$$\|z\|_\infty\|\Delta z\|_4\|\nabla s\|_4 + \|\nabla z\|_4^2\|\nabla s\|_4)\|\nabla\Delta s\|_2 \tag{9.45}$$

$$\leqslant C(\|\nabla\Delta s\|_2 + \|\Delta s\|_{H^1}^{\frac{1}{2}}\|\Delta s\|_2^{\frac{1}{2}}\|\nabla z\|_{H^1}^{\frac{1}{2}}\|\nabla z\|_2^{\frac{1}{2}} +$$

$$\|\Delta z\|_{H^1}^{\frac{1}{2}}\|\Delta z\|_2^{\frac{1}{2}}\|\nabla s\|_{H^1}^{\frac{1}{2}}\|\nabla s\|_2^{\frac{1}{2}} + \tag{9.46}$$

$$\|\nabla z\|_{H^1}\|\nabla z\|_2\|\nabla s\|_{H^1}^{\frac{1}{2}}\|\nabla s\|_2^{\frac{1}{2}})\|\nabla\Delta s\|_2$$

$$\leqslant \frac{1}{6}\|\nabla\Delta s\|_2^2 + \frac{1}{2}\|\nabla\Delta z\|_2^2 + C(1 + \|\Delta s\|_2^2 +$$

$$\|\Delta s\|_2^4 + \|\Delta z\|_2^2 + \|\Delta z\|_2^4) \tag{9.47}$$

和

$$-\int_{\mathbb{R}^2} s \times z \cdot \Delta^2 s \mathrm{d}x$$

$$= \int_{\mathbb{R}^2} \nabla(s \times z) \cdot \nabla\Delta s \mathrm{d}x \tag{9.48}$$

$$\leqslant \|z\|_\infty\|\nabla s\|_2\|\nabla\Delta s\|_2 + \|s\|_\infty\|\nabla z\|_2\|\nabla\Delta s\|_2$$

$$\leqslant C(\|\Delta z\|_2 + \|\Delta s\|_2)\|\nabla\Delta s\|_2$$

$$\leqslant \frac{1}{6}\|\nabla\Delta s\|_2^2 + C(1 + \|\Delta z\|_2^2 + \|\Delta s\|_2^2). \tag{9.49}$$

因此, 将估计 (9.43)、(9.47)、(9.49) 代入 (9.40), 可得

$$\frac{1}{2}\frac{\mathrm{d}}{\mathrm{d}t}\|\Delta s(\cdot,t)\|_2^2 + \|\nabla\Delta s(\cdot,t)\|_2^2 + \|\Delta s(\cdot,t)\|_2^2$$

$$\leqslant \int_{\mathbb{R}^2} \operatorname{div}(z\otimes J_e(x))\cdot\Delta s\mathrm{d}x - $$

$$\beta\int_{\mathbb{R}^2}\operatorname{div}[z\otimes(\nabla s\cdot z)]\cdot\Delta s\mathrm{d}x - $$

$$\int_{\mathbb{R}^2} s\times z\cdot\Delta^2 s\mathrm{d}x \tag{9.50}$$

$$\leqslant \frac{1}{2}\|\nabla\Delta s\|_2^2 + \frac{1}{2}\|\nabla\Delta z\|_2^2 + $$

$$C(1+\|\Delta z\|_2^2+\|\Delta z\|_2^4+\|\Delta s\|_2^2+\|\Delta s\|_2^4). \tag{9.51}$$

将 (9.26) 和 (9.51) 相加, 可得

$$\frac{\mathrm{d}}{\mathrm{d}t}(\|\Delta z\|_2^2+\|\Delta s\|_2^2)+\|\nabla\Delta z\|_2^2+\|\nabla\Delta s\|_2^2$$

$$\leqslant C(1+\|\Delta z\|_2^2+\|\Delta z\|_2^4+\|\Delta s\|_2^2+\|\Delta s\|_2^4). \tag{9.52}$$

由 Gronwall 不等式, 可证估计 (9.19).

**引理 9.5** 假设 $z_0(x)\in H^m, s_0(x)\in H^m, j_e(x)\in H^m(m\geqslant 2)$ 和 $\beta\|z_0\|_\infty\ll 1$, 则对于问题 (9.6)~(9.8) 的任意光滑解满足以下的先验估计:

$$\sup_{t\in[0,T]}\{\|D^m z(\cdot,t)\|_2^2+\|D^m s(\cdot,t)\|_2^2\}+$$

$$\int_0^T(\|D^{m+1}z(\cdot,t)\|_2^2+\|D^{m+1}s(\cdot,t)\|_2^2)\mathrm{d}t$$

$$\leqslant C_{m+1}, \tag{9.53}$$

$\forall T>0, t\in[0,T]$, 其中, 常数 $C$ 依赖于 $T$ 和 $\|z_0\|_{H^m}$、$\|s_0\|_{H^m}$.

证明. 利用归纳法很容易证明这个引理. 事实上, 根据引理 9.3 和引理 9.4, 当 $m=0,1,2$ 时, 估计 (9.53) 成立.

做 $\Delta^3 z$ 和方程 (9.6) 的标量积，并将结果在 $\mathbb{R}^2$ 上积分，可得

$$\int_{\mathbb{R}^2} z_t \cdot \Delta^3 z \mathrm{d}x$$

$$= \int_{\mathbb{R}^2} \Delta z \cdot \Delta^3 z \mathrm{d}x + \int_{\mathbb{R}^2} z \times (\Delta z + s) \cdot \Delta^3 z \mathrm{d}x -$$

$$k \int_{\mathbb{R}^2} (1 + \mu |z|^2) z \cdot \Delta^3 z \mathrm{d}x. \tag{9.54}$$

利用 Hölder 不等式、Sobolev 嵌入定理和估计 (9.18)、(9.19)，则

$$\int_{\mathbb{R}^2} z \times (\Delta z + s) \cdot \Delta^3 z \mathrm{d}x$$

$$= \int_{\mathbb{R}^2} \Delta [z \times (\Delta z + s)] \cdot \Delta^2 z \mathrm{d}x$$

$$\leqslant \int_{\mathbb{R}^2} \left( 2\nabla z \times \nabla \Delta z + \sum_{j=0}^{2} \binom{2}{j} \nabla^j z \cdot \nabla^{2-j} s \right) \cdot \Delta^2 z \mathrm{d}x$$

$$\leqslant C \left( \|\nabla z\|_\infty \|\nabla \Delta z\|_2 + \sum_{j=0}^{1} \|\nabla^j z\|_\infty \|\nabla^{2-j} s\|_2 \right) \|\Delta^2 z\|_2 \mathrm{d}x$$

$$\leqslant \frac{1}{4} \|\Delta^2 z\|_2^2 + C(1 + \|\nabla \Delta z\|_2^2 + \|\nabla \Delta z\|_2^4). \tag{9.55}$$

类似地，

$$\left| k \int_{\mathbb{R}^2} (1 + \mu |z|^2) z \cdot \Delta^3 z \mathrm{d}x \right|$$

$$= \left| k \int_{\mathbb{R}^2} \Delta (z + \mu |z|^2 z) \cdot \Delta^2 z \mathrm{d}x \right|$$

$$\leqslant C (\|\Delta z\|_2 + \|z\|_\infty \|\nabla z\|_4^2 + \|z\|_\infty^2 \|\Delta z\|_2) \|\Delta^2 z\|_2$$

$$\leqslant \frac{1}{4} \|\nabla \Delta z\|_2^2 + C, \tag{9.56}$$

其中利用了 Sobolev 嵌入 $H^2 \subset L^\infty$、$H^1 \subset L^4$ 和估计 (9.18)、(9.19).

联合 (9.54)、(9.55) 和 (9.56)，则

$$\frac{\mathrm{d}}{\mathrm{d}t} \|\nabla \Delta z\|_2^2 + \|\Delta^2 z\|_2^2 \leqslant C(1 + \|\nabla \Delta z\|_2^2 + \|\nabla \Delta z\|_2^4). \tag{9.57}$$

做 $\Delta^3 s$ 和方程 (9.7) 的标量积，并将结果在 $\mathbb{R}^2$ 上积分，可得

$$\int_{\mathbb{R}^2} s_t \cdot \Delta^3 s \mathrm{d}x$$

$$= \int_{\mathbb{R}^2} \Delta s \cdot \Delta^3 s \mathrm{d}x - \int_{\mathbb{R}^2} \nabla \cdot (z \otimes J_e(x)) \cdot \Delta^3 s \mathrm{d}x +$$

$$\beta \int_{\mathbb{R}^2} \nabla \cdot [z \otimes (\nabla s \cdot z)] \cdot \Delta^3 s \mathrm{d}x -$$

$$\int_{\mathbb{R}^2} s \cdot \Delta^3 s \mathrm{d}x - \int_{\mathbb{R}^2} s \times z \cdot \Delta^3 s \mathrm{d}x, \tag{9.58}$$

其中，上式的第三部分可以估计如下

$$\int_{\mathbb{R}^2} \nabla \cdot (z \otimes J_e(x)) \cdot \Delta^3 s \mathrm{d}x$$

$$= \int_{\mathbb{R}^2} \Delta \nabla \cdot (z \otimes J_e(x)) \cdot \Delta^2 s \mathrm{d}x$$

$$\leqslant C(\|J_e(x)\|_\infty \|\nabla \Delta z\|_2 + 3\|\nabla J_e(x)\|_\infty \|\Delta z\|_2 +$$

$$3\|\nabla z\|_4 \|\Delta J_e(x)\|_4 + \|z\|_\infty \|\nabla \Delta J_e(x)\|_2) \|\Delta^2 s\|_2$$

$$\leqslant \frac{1}{6} \|\Delta^2 s\|_2^2 + C(1 + \|\nabla \Delta z\|_2^2) \tag{9.59}$$

和

$$\beta \int_{\mathbb{R}^2} \nabla \cdot [z \otimes (\nabla s \cdot z)] \cdot \Delta^3 s \mathrm{d}x$$

$$= \beta \int_{\mathbb{R}^2} \Delta \nabla \cdot [z \otimes (\nabla s \cdot z)] \cdot \Delta^2 s \mathrm{d}x$$

$$\leqslant C(\|z\|_\infty \|\nabla \Delta z\|_4 \|\nabla s\|_4 + \|z\|_\infty \|\Delta z\|_4 \|\Delta s\|_4 +$$

$$\|\nabla z\|_\infty \|\nabla s\|_4 \|\Delta z\|_4 + \|z\|_\infty \|\nabla z\|_4 \|\nabla \Delta s\|_4 +$$

$$\|\nabla z\|_\infty^2 \|\Delta s\|_2 + \|z\|_\infty^2 \|\Delta^2 s\|_2) \|\Delta^2 s\|_2$$

$$\leqslant C(\|\nabla \Delta z\|_2^{\frac{1}{2}} \|\nabla \Delta z\|_{H^1}^{\frac{1}{2}} + \|\nabla z\|_{H^2}^{\frac{1}{2}} \|\nabla z\|_2^{\frac{1}{2}} \|\nabla s\|_{H^1}^{\frac{1}{2}} \|\nabla s\|_2^{\frac{1}{2}} \|\Delta z\|_2^{\frac{1}{2}} \|\Delta z\|_{H^1}^{\frac{1}{2}} +$$

$$\|\Delta z\|_{H^1}^{\frac{1}{2}} \|\Delta z\|_2^{\frac{1}{2}} \|\nabla s\|_{H^1}^{\frac{1}{2}} \|\nabla s\|_2^{\frac{1}{2}} + \|\nabla z\|_2^{\frac{1}{2}} \|\nabla z\|_{H^1}^{\frac{1}{2}} \|\nabla \Delta s\|_2^{\frac{1}{2}} \|\nabla \Delta s\|_{H^1}^{\frac{1}{2}} +$$

$$\|\nabla z\|_2 \|\nabla z\|_{H^1} \|\Delta s\|_2 + \|\Delta^2 s\|_2) \|\Delta^2 s\|_2$$

$$\leqslant \frac{1}{6}\|\Delta^2 s\|_2^2 + \frac{1}{2}\|\Delta^2 z\|_2^2 + C(1 + \|\nabla \Delta s\|_2^2 + \|\nabla \Delta s\|_2^4 + \|\nabla \Delta z\|_2^4), \tag{9.60}$$

以及

$$-\int_{\mathbb{R}^2} s \times z \cdot \Delta^3 s \mathrm{d}x$$

$$= \int_{\mathbb{R}^2} \Delta(s \times z) \cdot \Delta^2 s \mathrm{d}x$$

$$\leqslant \|z\|_\infty \|\Delta s\|_2 \|\Delta^2 s\|_2 + 2\|\nabla z\|_4 \|\nabla s\|_4 \|\Delta^2 s\|_2 +$$

$$\|s\|_\infty \|\Delta z\|_2 \|\Delta^2 s\|_2$$

$$\leqslant C(\|\Delta s\|_2 + \|\nabla z\|_{H^1}^{\frac{1}{2}} \|\nabla z\|_2^{\frac{1}{2}} \|\nabla s\|_{H^1}^{\frac{1}{2}} \|\nabla s\|_2^{\frac{1}{2}} +$$

$$\|\Delta s\|_2 \|\Delta z\|_2) \|\nabla \Delta s\|_2$$

$$\leqslant \frac{1}{6}\|\Delta^2 s\|_2^2 + C. \tag{9.61}$$

联合 (9.58)、(9.59)、(9.60) 和 (9.61)，则有

$$\frac{1}{2}\frac{\mathrm{d}}{\mathrm{d}t}\|\nabla \Delta s(\cdot, t)\|_2^2 + \|\Delta^2 s(\cdot, t)\|_2^2 + \|\nabla \Delta s(\cdot, t)\|_2^2$$

$$\leqslant \int_{\mathbb{R}^2} \nabla \cdot (z \otimes J_e(x)) \cdot \Delta^3 s \mathrm{d}x -$$

$$\beta \int_{\mathbb{R}^2} \nabla \cdot [z \otimes (\nabla s \cdot z)] \cdot \Delta^3 s \mathrm{d}x -$$

$$\int_{\mathbb{R}^2} s \times z \cdot \Delta^3 s \mathrm{d}x \tag{9.62}$$

$$\leqslant \frac{1}{2}\|\Delta^2 s\|_2^2 + \frac{1}{2}\|\Delta^2 z\|_2^2 +$$

$$C(1 + \|\nabla \Delta z\|_2^4 + \|\nabla \Delta s\|_2^2 + \|\nabla \Delta s\|_2^4). \tag{9.63}$$

将 (9.57) 和 (9.63) 相加，可得

$$\frac{\mathrm{d}}{\mathrm{d}t}(\|\nabla \Delta z\|_2^2 + \|\nabla \Delta s\|_2^2) + \|\Delta^2 z\|_2^2 + \|\Delta^2 s\|_2^2$$

$$\leqslant C(1 + \|\nabla\Delta z\|_2^2 + \|\nabla\Delta z\|_2^4 + \|\nabla\Delta s\|_2^2 + \|\nabla\Delta s\|_2^4). \tag{9.64}$$

利用 Gronwall 不等式, 则

$$\sup_{t\in[0,T]} \{\|D^3 z(\cdot,t)\|_2^2 + \|D^3 s(\cdot,t)\|_2^2\} +$$
$$\int_0^T (\|D^4 z(\cdot,t)\|_2^2 + \|D^4 s(\cdot,t)\|_2^2)\mathrm{d}t \leqslant C_4. \tag{9.65}$$

假设估计 (9.53) 对于 $m = K \geqslant 3$ 是成立的, 则可以得到

$$\sup_{t\in[0,T]} \{\|D^K z(\cdot,t)\|_2^2 + \|D^K s(\cdot,t)\|_2^2\} +$$
$$\int_0^T (\|D^{K+1} z(\cdot,t)\|_2^2 + \|D^{K+1} s(\cdot,t)\|_2^2)\mathrm{d}t$$
$$\leqslant C_{K+1}, \tag{9.66}$$

其中, 常数 $C_{M+1}$ 依赖于 $T$ 和 $\|z_0\|_{H^K}$、$\|s_0\|_{H^K}$.

我们要证明 (9.53) 关于 $m = K + 1$ 成立. 做 $\Delta^{K+1}z$ 和方程 (9.6) 的标量积, 并将结果在 $\mathbb{R}^2$ 上积分, 可得

$$\frac{1}{2}\frac{\mathrm{d}}{\mathrm{d}t}\|\nabla^{K+1} z\|_2^2 + \|\nabla^{K+2} z\|_2^2$$
$$= -\int_{\mathbb{R}^2} \{\nabla^K[z \times (\Delta z + s)]\} \cdot \nabla^{K+2} z\mathrm{d}x -$$
$$k\int_{\mathbb{R}^2} \{\nabla^K(z + \mu|z|^2 z)\} \cdot \nabla^{K+2} z\mathrm{d}x. \tag{9.67}$$

由 Hölder 不等式, 得

$$\left|\int_{\mathbb{R}^2} \{\nabla^K[z \times (\Delta z + s)]\} \cdot \nabla^{K+2} z\mathrm{d}x\right|$$
$$\leqslant \sum_{j=1}^K \binom{K}{j} \int_{\mathbb{R}^2} |(\nabla^j z \times \nabla^{K+2-j} z) \cdot \nabla^{K+2} z|\mathrm{d}x +$$

$$\sum_{j=0}^{K} \binom{K}{j} \int_{\mathbb{R}^2} |(\nabla^j z \times \nabla^{K-j} s) \cdot \nabla^{K+2} z| \mathrm{d}x$$

$$\leqslant C \Bigg[ \sum_{j=1}^{2} \|\nabla^j z\|_{L^\infty} \|\nabla^{K+2-j} z\|_2 + \sum_{j=0}^{2} \|\nabla^j z\|_{L^\infty} \|\nabla^{K-j} s\|_2 +$$

$$\chi(K \geqslant 2) \sum_{j=3}^{K-1} \|\nabla^j z\|_4 (\|\nabla^{K+2-j} z\|_4 + \|\nabla^{K-j} s\|_4) +$$

$$\|\nabla^K z\|_2 \|s\|_{L^\infty} \Bigg] \|\nabla^{K+2} z\|_2,$$

其中，特征函数

$$\chi(K \geqslant 2) = \begin{cases} 1, & K \geqslant 2, \\ 0, & 0 \leqslant K \leqslant 1. \end{cases}$$

由 Sobolev 嵌入定理和估计 (9.66)，得

$$\left| \int_{\mathbb{R}^2} \{\nabla^K [z \times (\Delta z + s)]\} \cdot \nabla^{K+2} z \mathrm{d}x \right|$$

$$\leqslant \frac{1}{4} \|\nabla^{K+2} z\|_2^2 + C(1 + \|\nabla^{K+1} z\|_2^2 + \|\nabla^{K+1} z\|_2^4), \tag{9.68}$$

其中用到了 Sobolev 嵌入

$$H^{K+1} \subset W^{2,\infty}, \; H^K \subset W^{j,\infty}, \; j = 0, 1$$

和

$$H^{j+1} \subset W^{j,4}, \; j = 0, 1, \cdots, K.$$

类似地，由估计 (9.66) 和 Sobolev 嵌入

$$H^{j+1} z \subset W^{j,6} z, \; j = 0, 1, \cdots, K,$$

可得

$$\left| k \int_{\mathbb{R}^2} [\nabla^K (z + \mu |z|^2 z)] \cdot \nabla^{K+2} z \mathrm{d}x \right|$$

$$\leqslant k\|\nabla^{K+2}z\|_2\|\nabla^K z\|_2 +$$

$$C \sum_{j_1+j_2+j_3=K} \|\nabla^{j_1}z\|_6\|\nabla^{j_2}z\|_6\|\nabla^{j_3}z\|_6\|\nabla^{K+2}z\|_2$$

$$\leqslant \frac{1}{4}\|\nabla^{K+2}z\|_2^2 + C(1 + \|\nabla^{K+1}z\|_2^2). \tag{9.69}$$

将估计 (9.68)、(9.69) 代入 (9.67)，则有

$$\frac{\mathsf{d}}{\mathsf{d}t}\|\nabla^{K+1}z\|_2^2 + \|\nabla^{K+2}z\|_2^2 \leqslant C(1 + \|\nabla^{K+1}z\|_2^2 + \|\nabla^{K+1}z\|_2^4). \tag{9.70}$$

做 $\Delta^{K+1}s$ 和方程 (9.7) 的标量积，并将结果在 $\mathbb{R}^2$ 上积分，可得

$$\frac{1}{2}\frac{\mathsf{d}}{\mathsf{d}t}\|\nabla^{K+1}s\|_2^2 + \|\nabla^{K+2}s\|_2^2 + \|\nabla^{K+1}s\|_2^2$$

$$= -\int_{\mathbb{R}^2}\{\nabla^{K+1}\cdot(z\otimes J_e(x))\cdot\nabla^{K+2}s\mathsf{d}x +$$

$$\beta\int_{\mathbb{R}^2}\nabla^{K+1}\cdot[z\otimes(\nabla s\cdot z)]\cdot\nabla^{K+2}s\mathsf{d}x -$$

$$\int_{\mathbb{R}^2}\nabla^K(s\times z)\cdot\nabla^{K+2}s\mathsf{d}x. \tag{9.71}$$

由 Hölder 不等式，可得

$$\left|-\int_{\mathbb{R}^2}\nabla^K(s\times z)\cdot\nabla^{K+2}s\mathsf{d}x\right|$$

$$\leqslant \sum_{j=0}^{K}\binom{K}{j}\int_{\mathbb{R}^2}|(\nabla^j s\times\nabla^{K-j}z)\cdot\nabla^{K+2}z|\mathsf{d}x$$

$$\leqslant C\bigg(\sum_{j=0}^{2}\|\nabla^j s\|_\infty\|\nabla^{K-j}z\|_2 + \chi(K\geqslant 2)$$

$$\sum_{j=3}^{K-1}\|\nabla^j s\|_4\|\nabla^{K-j}z\|_4 + \|\nabla^K s\|_2\|z\|_\infty\bigg)\|\nabla^{K+2}s\|_2. \tag{9.72}$$

利用 Sobolev 嵌入定理和估计 (9.66)，得

$$\left|\int_{\mathbb{R}^2}\nabla^K(s\times z)\cdot\nabla^{K+2}s\mathsf{d}x\right| \leqslant \frac{1}{6}\|\nabla^{K+2}s\|_2^2 + C. \tag{9.73}$$

类似地，得

$$\left| \iint_{\mathbb{R}^2} \nabla^{K+1} \cdot (z \otimes J_e(x)) \cdot \nabla^{K+2} s \mathrm{d}x \right|$$

$$\leqslant \sum_{j=0}^{K+1} \binom{K+1}{j} \int_{\mathbb{R}^2} |(\nabla^j z \times \nabla^{K+1-j} J_e(x)) \cdot \nabla^{K+2} s| \mathrm{d}x$$

$$\leqslant C \bigg( \sum_{j=0}^{2} \|\nabla^j z\|_\infty \|\nabla^{K+1-j} J_e(x)\|_2 +$$

$$\chi(K \geqslant 2) \sum_{j=3}^{K} \|\nabla^j z\|_4 \|\nabla^{K+1-j} J_e(x)\|_4 +$$

$$\|\nabla^{K+1} z\|_2 \|J_e(x)\|_\infty \bigg) \|\nabla^{K+2} s\|_2$$

$$\leqslant \frac{1}{6} \|\nabla^{K+2} s\|_2^2 + C(1 + \|\nabla^{K+1} z\|_2^2) \tag{9.74}$$

和

$$\left| \beta \int_{\mathbb{R}^2} \nabla^{K+1} \cdot [z \otimes (\nabla s \cdot z)] \cdot \nabla^{K+2} s \mathrm{d}x \right|$$

$$\leqslant \sum_{j_1 + j_2 + j_3 = K+1} \|\nabla^{j_1} z\|_6 \|\nabla^{j_2+1} s\|_6 \|\nabla^{j_3} z\|_6 \|\nabla^{K+2} s\|_2$$

$$\leqslant \frac{1}{6} \|\nabla^{K+2} s\|_2^2 + \frac{1}{2} \|\nabla^{K+2} z\|_2^2 C(1 + \|\nabla^{K+1} s\|_2^2 +$$

$$\|\nabla^{K+1} s\|_2^4 + \|\nabla^{K+1} z\|_2^4). \tag{9.75}$$

将估计 (9.72)、(9.73)、(9.74) 代入 (9.71)，则有

$$\frac{\mathrm{d}}{\mathrm{d}t} \|\nabla^{K+1} s\|_2^2 + \|\nabla^{K+2} s\|_2^2$$

$$\leqslant C(1 + \|\nabla^{K+1} s\|_2^2 + \|\nabla^{K+1} s\|_2^4 + \|\nabla^{K+1} z\|_2^2 + \|\nabla^{K+1} z\|_2^4). \tag{9.76}$$

利用估计 (9.70)、(9.76)，并利用 Gronwall 不等式，可得 (9.53)，$m = K+1$. 引理得证.

## 9.3　整体光滑解的唯一性

在这一部分，我们证明解的唯一性. 假设存在两个不同的解 $(z_j, s_j)\,(j = 1, 2)$.
令 $(\varphi, \psi) = (z_1 - z_2, s_1 - s_2)$，则 $(\varphi, \psi)$ 满足以下方程组

$$\frac{\partial \varphi}{\partial t} - \Delta \varphi - \varphi \times (\Delta z_1 + s_1) - z_2 \times (\Delta \varphi + \psi)$$

$$= -k(1 + \mu |z_1|^2)\varphi - k\mu(z_1 + z_2) \cdot \varphi z_2, \tag{9.77}$$

$$\frac{\partial \psi}{\partial t} - \Delta \psi + \mathrm{div}(\psi \otimes J_e(x)) + \psi + \psi \times z_1 + s_2 \times \varphi$$

$$= -\mathrm{div}[\varphi \otimes (\nabla s_1 \cdot z_1) + z_2 \otimes (\nabla \psi \cdot z_1) + z_2 \otimes (\nabla s_2 \cdot \varphi)] \tag{9.78}$$

$$\varphi(x, 0) = 0, \ \psi(x, 0) = 0. \tag{9.79}$$

做方程 (9.77) 和 $\varphi - \Delta \varphi$ 的标量积并将结果在 $\mathbb{R}^2$ 上积分，可得

$$\frac{1}{2}\frac{\mathrm{d}}{\mathrm{d}t}(\|\varphi(\cdot, t)\|_2^2 + \|\nabla \varphi(\cdot, t)\|_2^2) + (\|\nabla \varphi(\cdot, t)\|_2^2 + \|\Delta \varphi(\cdot, t)\|_2^2)$$

$$= -\int_{\mathbb{R}^2} [\varphi \times (\Delta z_1 + s_1)] \cdot \Delta \varphi \mathrm{d} + x$$

$$\int_{\mathbb{R}^2} (z_2 \times \Delta \varphi) \cdot \varphi \mathrm{d}x + \int_{\mathbb{R}^2} (z_2 \times \psi) \cdot (\varphi - \Delta \varphi) -$$

$$k \int_{\mathbb{R}^2} [(1 + \mu |z_1|^2)\varphi + \mu(z_1 + z_2) \cdot \varphi z_2] \cdot (\varphi - \Delta \varphi)\mathrm{d}x$$

$$\leqslant C[(\|\Delta z_1\|_2 + \|s_1\|_2)\|\varphi\|_{L^\infty}\|\Delta \varphi\|_2 + \|z_2\|_{L^\infty}\|\varphi\|_2\|\Delta \varphi\|_2 +$$

$$\|z_2\|_{L^\infty}\|\psi\|_2(\|\varphi\|_2 + \|\Delta \varphi\|_2) + (1 + \|z_1\|_{L^\infty}^2 +$$

$$\|z_2\|_{L^\infty}^2)\|\varphi\|_2(\|\varphi\|_2 + \|\Delta \varphi\|_2)].$$

利用 Gagliardo-Nirenberg 不等式，可得

$$\|\varphi\|_{L^\infty} \leqslant C\|\varphi\|_2^{\frac{1}{2}} \|\varphi\|_{H^2}^{\frac{1}{2}}. \tag{9.80}$$

利用估计 (9.53) 和不等式 (9.80)，可得

$$\frac{1}{2}\frac{\mathrm{d}}{\mathrm{d}t}(\|\varphi(\cdot,t)\|_2^2 + \|\nabla\varphi(\cdot,t)\|_2^2) + (\|\nabla\varphi(\cdot,t)\|_2^2 + \|\Delta\varphi(\cdot,t)\|_2^2)$$

$$\leqslant \frac{1}{4}\|\Delta\varphi(\cdot,t)\|_2^2 + C(\|\varphi(\cdot,t)\|_2^2 + \|\psi(\cdot,t)\|_2^2). \tag{9.81}$$

做方程 (9.78) 和 $\psi - \Delta\psi$ 的标量积并将结果在 $\mathbb{R}^2$ 上积分，可得

$$\frac{1}{2}\frac{\mathrm{d}}{\mathrm{d}t}(\|\psi(\cdot,t)\|_2^2 + \|\nabla\psi(\cdot,t)\|_2^2) +$$

$$(\|\psi(\cdot,t)\|_2^2 + 2\|\nabla\psi(\cdot,t)\|_2^2 + \|\Delta\psi(\cdot,t)\|_2^2)$$

$$= -\int_{\mathbb{R}^2}(\psi \times z_1 + s_2 \times \varphi)\cdot(\psi - \Delta\psi)\mathrm{d}x -$$

$$\int_{\mathbb{R}^2}\mathrm{div}(\psi \otimes J_e(x))\cdot(\psi - \Delta\psi)\mathrm{d}x -$$

$$\int_{\mathbb{R}^2}\mathrm{div}[\varphi \otimes (\nabla s_1 \cdot z_1) + z_2 \otimes (\nabla\psi \cdot z_1) +$$

$$z_2 \otimes (\nabla s_2 \cdot \varphi)]\cdot(\psi - \Delta\psi)\mathrm{d}x$$

$$\leqslant C[\|z_1\|_\infty\|\psi\|_2\|\Delta\psi\|_2 + \|s_2\|_\infty\|\varphi\|_2(\|\psi\|_2 + \|\Delta\psi\|_2) +$$

$$(\|J_e(x)\|_\infty\|\nabla\psi\|_2 + \|\nabla J_e(x)\|_\infty\|\psi\|_2)(\|\psi\|_2 + \|\Delta\psi\|_2) +$$

$$(\|z_1\|_\infty\|\nabla\varphi\|_4\|\nabla s_1\|_4 + \|z_1\|_\infty\|\varphi\|_\infty\|\Delta s_1\|_2 +$$

$$\|\varphi\|_\infty\|\nabla s_1\|_4\|\nabla z_1\|_4)(\|\psi\|_2 + \|\Delta\psi\|_2) +$$

$$(\|z_1\|_\infty\|\nabla z_2\|_4\|\nabla\psi\|_4 + \|z_1\|_\infty\|z_2\|_\infty\|\Delta\psi\|_2 +$$

$$\|z_2\|_\infty\|\nabla\psi\|_4\|\nabla z_1\|_4)(\|\psi\|_2 + \|\Delta\psi\|_2) +$$

$$(\|\varphi\|_\infty\|\nabla z_2\|_4\|\nabla s_2\|_4 + \|z_2\|_\infty\|\varphi\|_\infty\|\Delta s_2\|_2 +$$

$$\|z_2\|_\infty\|\nabla s_2\|_4\|\nabla\varphi\|_4)(\|\psi\|_2 + \|\Delta\psi\|_2)].$$

利用 Gagliardo-Nirenberg 不等式，可得

$$\|\nabla\varphi\|_4 \leqslant C\|\varphi\|_2^{\frac{1}{2}}\|\varphi\|_{H^1}^{\frac{1}{2}}, \tag{9.82}$$

$$\|\nabla\psi\|_4 \leqslant C\|\psi\|_2^{\frac{1}{2}}\|\psi\|_{H^1}^{\frac{1}{2}}, \tag{9.83}$$

$$\|\psi\|_{L^\infty} \leqslant C\|\psi\|_2^{\frac{1}{2}}\|\psi\|_{H^2}^{\frac{1}{2}}. \tag{9.84}$$

利用估计 (9.53) 和不等式 (9.80)、(9.82)，可得

$$\frac{1}{2}\frac{\mathrm{d}}{\mathrm{d}t}(\|\psi(\cdot,t)\|_2^2 + \|\nabla\psi(\cdot,t)\|_2^2) + (\|\nabla\psi(\cdot,t)\|_2^2 + \|\Delta\psi(\cdot,t)\|_2^2)$$

$$\leqslant \frac{1}{2}\|\Delta\psi(\cdot,t)\|_2^2 + \frac{1}{4}\|\Delta\varphi(\cdot,t)\|_2^2 + C(\|\varphi(\cdot,t)\|_2^2 +$$

$$\|\psi(\cdot,t)\|_2^2 + \|\nabla\varphi(\cdot,t)\|_2^2 + \|\nabla\psi(\cdot,t)\|_2^2). \tag{9.85}$$

将 (9.81) 和 (9.85)相加并且运用 Gronwall 不等式，可得

$$\|\varphi(\cdot,t)\|_2^2 + \|\nabla\varphi(\cdot,t)\|_2^2 + \|\psi(\cdot,t)\|_2^2 + \|\nabla\psi(\cdot,t)\|_2^2 = 0. \tag{9.86}$$

因此，当 $m \geqslant 2$ 时，整体解 $(z,s)$ 是唯一的.

本章主要结果如下:

**定理 9.1** *假设初值 $z_0 \in H^m(m \geqslant 2)$, $s_0 \in H^m$, $J_e(x) \in H^m(m \geqslant 2)$，则对于任意的 $T > 0$，问题 (9.6)$\sim$(9.8) 存在唯一光滑解 $(z,s)$，且满足*

$$\partial_t^j\partial_x^\alpha z \in L^\infty([0,T];L^2(\mathbb{R}^2)),$$

$$\partial_t^j\partial_x^\alpha z \in L^\infty([0,T];L^2(\mathbb{R}^2)),$$

$$\partial_t^k\partial_x^\beta s \in L^\infty([0,T];L^2(\mathbb{R}^2)),$$

$$\partial_t^k\partial_x^\beta s \in L^\infty([0,T];L^2(\mathbb{R}^2)),$$

*其中，$2j + |\alpha| \leqslant m$ 和 $2k + \beta \leqslant m + 1$.*

# 参考文献

[1] GUO B L, LI Q X, ZENG M. Smooth solutions of the Landau-Lifshitz-Bloch equation[J]. Journal of Applied Analysis and Computation, 2021, 11(6): 2713–2721.

[2] LI J, GUO B L, ZENG L, et al. Global weak solution and smooth solution of the periodic initial value problem for the generalized Landau-Lifshitz-Bloch equation in high dimensions[J]. Discrete and Continuous Dynamical Systems - Series B, 2020, 25(4): 1345–1360.

[3] GUO B L, LI F F, Global smooth solution for the compressible Landau-Lifshitz-Bloch equation[J]. Journal of Applied Analysis and Computation, 2019, 9(6): 2454–2463.

[4] GUO B L, LI F F, Global smooth solution for the spin polarized transport equation with Landau-Lifshitz-Bloch Equation in Dimension Three. Discrete and Continuous Dynamical Systems - Series B, 2020, 25(7): 2825–2840.

[5] LANDAU L D, LIFSHITZ E M. On the theory of the dispersion of magnetic permeability in ferromagnetic bodies[J]. Physikalische Zeitschrift der Sowjetunion, 1935, 8: 153–169.

[6] BERTOTTI G, MAYERGOYZ I, SERPICO C. Nonlinear Magnetization Dynamics in Nanosystems[M]. Amsterdam: Elsevier, 2009.

[7] 郭柏灵, 丁时进. 自旋波与铁磁链方程 [M]. 杭州: 浙江科学技术出版社, 2000.

[8] CHANG N H, SHATAH J, UHLENBECK K. Schrodinger maps[J]. Communications on Pure and Applied Mathematics, 2000, 53(5): 590–602.

[9] STRUWE M. On the evolution of harmonic mappings of Riemannian surfaces[J]. Commentarii Mathematici Helvetici, 1985, 60: 485–502.

[10] GUO B L, HONG M C. The Landau-Lifshitz equation of the ferromagnetic spin chain and harmonic maps[J]. Calculus of Variations and Partial Differential Equations, 1993, 1(3): 311–334.

[11] WEINAN E, WANG X P. Numerical methods for the Landau-Lifshitz equation[J]. Siam Journal on Numerical Analysis, 2000, 38(5): 1647–1665.

[12] GARANIN D A. Fokker-Planck and Landau-Lifshitz-Bloch equations for classical ferromagnets[J]. Physical Review B, 1997, 55: 3050–3057.

[13] NGAN LE K. Weak solutions of the Landau-Lifshitz-Bloch equation[J]. Journal of Differential Equations, 2016, 261: 6699–6717.

[14] ATXITIA U, NIEVES P, CHUBYKALO-FESENKO O. The Landau-Lifshitz-Bloch equation for ferrimagnetic materials[J]. Physical Review. B: Condensed Matter, 2012, 86(10): 104414.

[15] EVANS R F L, HINZKE D, ATXITIA U, et al. Stochastic form of the Landau-Lifshitz-Bloch equation[J]. Physical Review B, 2012, 85(1): 014433.

[16] BAŇAS L, BRZEŹNIAK Z, NEKLYUDOV M, et al. Stochastic Ferromagnetism-Analysis and Numerics[M]//De Gruyter Studies in Mathematics: 58, Berlin: Gruyter, 2013.

[17] BERTI A, GIORGI C. Derivation of the Landau-Lifshitz-Bloch equation from continuum thermodynamics[J]. Physica B: Condensed Matter, 2016, 500: 142–153.

[18] BERTI V, FABRIZIO M, GIORGI C. A three-dimensional phase transition model in ferromagnetism: Existence and uniqueness[J]. Journal of Mathematical Analysis and Applications, 2009, 355: 661–674.

[19] LANDAU L D, LIFSHITZ E M. On the theory of the dispersion of magnetic permeability in ferromagnetic bodies. Phys. Z. Sowj., 1935, 8: 153. Reproduced in Collected Papers of L. D. Landau, New York: Pergamon Press 1965, 101–114.

[20] GUO B L, DING S J. Landau-Lifshitz Equations: Frontiers of Research with the Chinese Academy of Sciences: vol. 1[M]. New Jersey: World Scientific Publishing Co. Pty. Ltd.: 2008.

[21] DING S J, WANG C Y. Finite time singularity of the Landau-Lifshitz-Gilbert equation[J]. International Mathematics Research Notices, 2007.

[22] GUO B L, HONG M C. The Landau-Lifshitz equation of the ferromagnetic spin chain and harmonic maps[J]. Calculus of Variations and Partial Differential Equations, 1993, 1(3): 311–334.

[23] GUSTAFSON S, NAKANISHI K, TSAI T P. Asymptotic stability, concentration, and oscillation in harmonic map heat-flow, Landau-Lifshitz, and schrödinger maps on $\mathbb{R}^2$[J]. Communications in Mathematical Physics, 2010, 300(1): 205–242.

[24] BEJENARU I, IONESCU A D, KENIG C E, et al. Global Schrödinger maps in dimensions $d \geqslant 2$: small data in the critical Sobolev spaces[J]. Annals of Mathematics, 2011, 173: 1443–1506.

[25] BEJENARU I, TARTARU D. Near soliton evolution for equivariant Schrödinger maps in two spatial dimensions[J]. Memoirs of the American Mathematical Society, 2014, 228: 1069.

[26] DING W Y, WANG Y D. Schrödinger flow of maps into symplectic manifolds[J]. Science in China Series A-Mathmatics, 1998, 41(7): 746–755.

[27] DING W Y, WANG Y D. Local Schrödinger flow into Kähler manifolds[J]. Science in China Series A-Mathmatics, 2001, 44(11): 1446–1464.

[28] GUO B L, HAN Y Q. Global regular solutions for Landau-Lifshitz equation[J]. Frontiers of Mathematics in China, 2006, 1(4): 538–568.

[29] MERLE F, RAPHFAI P, RODNIANSKI I. Blow up dynamics for smooth equivariant solutions to the energy critical Schrödinger map[J]. Inventiones Mathematicae, 2013, 193(2): 249–365.

[30] SULEM P L, SULEM C, BARDOS C. On the continuous limit for a system

of classical spins[J]. Communications in Mathematical Physics, 1986, 107: 431–454.

[31] ZHOU Y L, GUO B L, TAN S B. Existence and uniqueness of smooth solution for system of ferromegnetic chain[J]. Science in China Series A-Mathmematics, 1991, 34(3): 257–266.

[32] GARANIN D A, ISHCHENKO V V, PANINA L V. Dynamics of an ensemble of single-domain magnetic particles[J]. Theoretical and Mathematical Physics, 1990, 82(2): 169–179.

[33] GARANIN D A. Generalized equation of motion for a ferromagnet[J]. Physica A-Statistical Mechanics and Its Applications, 1991, 172(3): 470–491.

[34] ARENDT W. Semigroups and evolution equations: Functional calculus, regularity and kernel estimates. In: Handbook of Differential Equations, Volume 1 (eds. C.M. Dafermos and E. Frireisl)[M]. North Holland: Elsevier, 2002.

[35] FOGEDBY H C. Theoretical aspects of mainly low dimensional magnetic systems[J]. Lecture Notes Phys. Berlin: Springer-Verlag, 1980, 131.

[36] GUO B L, HAN Y Q. Global smooth solution of hydrodynamical equation for the Heisenberg paramagnet[J]. Mathematical Methods in the Applied Sciences, 2004, 27: 182–191.

[37] BROKATE M, SPREKELS J. Hysteresis and Phase Transitions[M]. New York: Springer, 1996.

[38] LANDAU L D, LIFSHITZ E M, PITAEVSKII L P. Electrodynamics of Continuous Media[M]. Oxford: Pergamon Press, 1984.

[39] BERTI V, FABRIZIO M, GIORGI C. Well-posedness for solid-liquid phase transitions with a fourth-order nonlinearity[J]. Physica D-Nonlinear Phenomena, 2007, 236(1): 13–21.

[40] FABRIZIO M. Ginzburg-Landau equations and first and second order phase transitions[J]. International Journal of Engineering Science, 2006, 44(8–9): 529–539.

[41] GREENBERG J M, MACCAMY R C, COFFMAN C V. On the long-time behavior of ferroelectric systems[J]. Physica D-Nonlinear Phenomena, 1999, 134(3): 362–383.

[42] L.D. Landau, E.M. Lifshitz, Electrodynamics of Continuous Media, 2nd ed., Pergamon, New York, 1984.

[43] FRÖHLICH H. Theory of Dielectrics[M]. Oxford: Oxford University Press, 1949.

[44] LANDAU L D, LIFSHITZ E M. Electrodynamics of Continuous Media[M]. Oxford: Pergamon Press, 1960.

[45] PRATO G D, ZABCZYK J. Ergodicity for Infinite Dimensional Systems[M]. Cambridge: Cambridge University Press, 1996.

[46] ZHONG W. Physics of ferroelectric (in Chinese)[M]. Beijing: Science Press, 2000.

[47] GUO B L, ZENG M. Solutions for the fractional Landau-Lifshitz equation[J]. Journal of Mathematical Analysis and Applications, 2010, 361(1): 131–138.

[48] PU X K, GUO B L. The fractional Landau-Lifshitz-Gilbert equation and the heat flow of harmonic maps[J]. Calculus of Variations and Partial Differential Equations, 2011, 42(1–2): 1–19.

[49] ELLAHIANI I, ESSOUFI E H, TILIOUA M. Global existence of weak solutions to a three-dimensional fractional model in magneto-viscoelastic interactions[J]. Boundary Value Problems, 2017, 1: 122.

[50] ATXITIA U, CHUBYKALO-FESENKO O, KAZANTSEVA N, et al. Micromagnetic modeling of laser-induced magnetization dynamics using the Landau-Lifshitz-Bloch equation[J]. Applied Physics Letters, 2007, 91(23): 2507.

[51] JIANG S, JU Q C, WANG H Q. Martingale weak solutions of the stochastic Landau-Lifshitz-Bloch equation[J/OL]. Journal of Differential Equations, 2018, 266(5): https://doi.org/10.1016/j.jde.2018.08.038.

[52] PRATO G D, ZABCZYK J. Stochastic Equations in Infinite Dimensions[M]. Cambridge: Cambridge University Press, 1992.

[53] GILBERT T. A Lagrangian formulation of the gyromagnetic equation of the magnetic field[J]. Phys. Rev., 1955, 100: 1243–1255.

[54] EVANS R F L, HINZKE D, ATXITIA U, et al. Stochastic form of the Landau-Lifshitz-Bloch equation[J]. Physical Review B, 2012, 85(1): 014433.

[55] NÉEL L. Bases d'une nouvelle théorie générale du champ coercitif[J]. Annales de l'université de Grenoble, 1946, 22: 299–343.

[56] BROWN W F. Thermal fluctuations of a single-domain particle[J]. Physical Review, 1963, 130(5): 1677–1686.

[57] KAMPPETER T K, MERTENS F G. Stochastic vortex dynamics in two-dimensional easy-plane ferromagnets: Multiplicative versus additive noise[J]. Physical Review B, 1999, 59(17): 11349–11357.

[58] BAŇAS L, BRZEŹNIAK Z, PROHL A. Computational studies for the stochastic Landau-Lifshitz-Gilbert equation[J]. SIAM Journal on Scientific Computing, 2013, 35(1): B62–B81.

[59] BAŇAS L, BRZEŹNIAK Z, NEKLYUDOV M, et al. A convergent finite-element-based discretization of the stochastic Landau-Lifshitz-Gilbert equation[J]. IMA Journal of Numerical Analysis, 2013.

[60] BRZEZNIAK Z, GOLDYS B, JEGARAJ T. Weak solutions of a stochastic Landau-Lifshitz-Gilbert equation[J]. Applied Mathematics Research Express, 2012: 33.

[61] BERKOV D V. Magnetization dynamics including thermal fluctuations[M]//VÁZQUEZ B M, Handbook of Magnetism and Advanced Magnetic Materials: 2. Chichester: Wiley, 2007.

[62] GARCIA-PALACIOS J L, LÁZARO F J. Langevin-dynamics study of the dy-

namical properties of small magnetic particles[J]. Physical Review B, 1998, 58(22): 14937–14958.

[63] ALOUGES F, SOYEUR A. On global weak solutions for Landau-Lifshitz equations: Existence and nonuniqueness[J]. Nonlinear Analysis: Theory, Methods & Applications, 1992, 18(11): 1071–1084.

[64] CARBOU G, FABRIE P. Regular solutions for Landau-Lifschitz equation in a bounded domain[J]. Differential Integral Equations, 2001, 14: 213–229.

[65] CIMRÁK I. A survey on the numerics and computations for the Landau-Lifshitz equation of micromagnetism[J]. Archives of Computational Methods in Engineering, 2008, 15: 277–309.

[66] KRUZÍK M, PROHL A. Recent developments in the modeling, analysis, and numerics of ferromagnetism[J]. SIAM Review, 2006, 48: 439–483.

[67] MELCHER C. Global Solvability of the Cauchy Problem for the Landau-Lifshitz-Gilbert Equation in Higer Dimensions[J]. Indiana University Mathematics Journal, 2012, 61(3): 1175–1200.

[68] BRZEŹNIAK Z, LI L. Weak solutions of the stochastic Landau-Lifshitz-Gilbert equation with non-zero anisotrophy energy[J]. Applied Mathematics Research Express, 2016.

[69] GOLDYS B, LE K N, TRAN T. A finite element approximation for the stochastic Landau-Lifshitz-Gilbert equation[J]. Journal of Differential Equations, 2016, 260: 937–970.

[70] HAIRER M, MATTINGLY J C. Ergodicity of the 2d Navier-Stokes equations with degenerate stochastic forcing[J]. Annals of Mathematics, 2006, 164: 993–1032.

[71] RÖCKNER M, ZHANG X C. Stochastic tamed 3d Navier-Stokes equations: existence, uniqueness and ergodicity[J]. Probability Theory and Related Fields, 2009, 145: 211–267.

[72] WEINAN E, MATTINGLY J C. Ergodicity for the Navier-Stokes equation with degenerate random forcing: Finite-dimensional approximation[J]. Communications on Pure and Applied Mathematics, 2001, 54(11): 1386–1402.

[73] GARCIA-CERVERA C, WANG X P. Spin-polarized currents in ferromagnetic multilayers[J]. Journal of Computational Physics, 2007, 224(2): 699–711.

[74] GUO B L, PU X. Global smooth solutions of the spin polarized transport equation[J]. Electronic Journal of Differential Equations, 2008, 63: 359–370.

[75] LUNARDI A. Analytic Semigroups and Optimal Regularity in Parabolic Problems[M]. Basel: Birkhäser, 1995.